AF 122750

Wie kommunizieren Start-ups?

Lydia Prexl ist seit vielen Jahren in der Unternehmenskommunikation aktiv – als Freiberuflerin, Dozentin und PR-Managerin. 2019 wechselte sie zu einem Start-up in Heidelberg und baute die Kommunikation dort von der Pike auf. Für das vorliegende Buch trommelte sie viele erfahrene Kolleg:innen aus der Start-up-Welt zusammen, um anderen Kommunikator:innen bei ihren Herausforderungen im Alltag praktische Tipps und Einblicke an die Hand zu geben.

Lydia Prexl

Wie kommunizieren Start-ups?

CEO-Branding, Social Media, Public Relations und Mitarbeiterkommunikation

mit einem Geleitwort von Frank Thelen

UVK Verlag · München

Umschlagabbildung: © anilakkus · iStock
Avatare im Buch: © faisafvrr

Bibliografische Information der Deutschen Nationalbibliothek
Die Deutsche Nationalbibliothek verzeichnet diese Publikation in der Deutschen Nationalbibliografie; detaillierte bibliografische Daten sind im Internet über http://dnb.dnb.de abrufbar.

DOI: https://doi.org/10.24053/9783739881966

© UVK Verlag 2022
– ein Unternehmen der Narr Francke Attempto Verlag GmbH + Co. KG
Dischingerweg 5 · D-72070 Tübingen

Das Werk einschließlich aller seiner Teile ist urheberrechtlich geschützt. Jede Verwertung außerhalb der engen Grenzen des Urheberrechtsgesetzes ist ohne Zustimmung des Verlages unzulässig und strafbar. Das gilt insbesondere für Vervielfältigungen, Übersetzungen, Mikroverfilmungen und die Einspeicherung und Verarbeitung in elektronischen Systemen.

Alle Informationen in diesem Buch wurden mit großer Sorgfalt erstellt. Fehler können dennoch nicht völlig ausgeschlossen werden. Weder Verlag noch Autor:innen oder Herausgeber:innen übernehmen deshalb eine Gewährleistung für die Korrektheit des Inhaltes und haften nicht für fehlerhafte Angaben und deren Folgen. Diese Publikation enthält gegebenenfalls Links zu externen Inhalten Dritter, auf die weder Verlag noch Autor:innen oder Herausgeber:innen Einfluss haben. Für die Inhalte der verlinkten Seiten sind stets die jeweiligen Anbieter oder Betreibenden der Seiten verantwortlich.

Internet: www.narr.de
eMail: info@narr.de

Satz: pagina GmbH, Tübingen
CPI books GmbH, Leck

ISBN 978-3-7398-3196-1 (Print)
ISBN 978-3-7398-8196-6 (ePDF)
ISBN 978-3-7398-0584-9 (ePub)

Inhalt

Worte vorab von Frank Thelen 9

Diese Expert:innen kommen zu Wort 11

Worte vorab von Lydia Prexl 23

1 Vom Was und Warum der Unternehmenskommunikation 25
    1.1 Public Relations aus wissenschaftlicher Sicht 26
    1.2 Public Relations und Marketing – Versuch einer Abgrenzung 31
    1.3 Warum PR? Die Sicht eines Gründers 34

2 Ist das noch PR? Von verwandten Disziplinen der Unternehmenskommunikation 39
    2.1 Zwischen PR und Marketing 40
    2.2 Die Brand als umspannender Rahmen der Außen- und Innendarstellung 43
    2.3 Employer Branding – Vom Warum zum Wie 49
    2.4 Die Candidate Experience als Teilaspekt des Employer Branding 60

3 PR ja, aber wie? Von Strategie, Taktik und Erfolgskontrolle 67
    3.1 PR-Strategie 67
    3.2 Von den richtigen PR-Instrumenten 71
    3.3 Die Messbarkeit von PR 75
    3.4 Die Medien-Clipping-Analyse 79

4 Organisatorische Herausforderungen im Start-up 83
    4.1 Kommunikation strategisch organisieren 84
    4.2 Unternehmenskommunikation als One-Woman-Show . . . 88

	4.3	Vom Scale-up zum Dax-Konzern	93
	4.4	Internationale PR	97
	4.5	Wie eine gute Zusammenarbeit mit PR-Agenturen gelingt	102
5	**Wo geht es in die Zeitung? Die Kunst der Media Relations**		**113**
	5.1	Media Relations aus Sicht des Interviewten	115
	5.2	Media Relations – Why should they care?	118
	5.3	Die Zusammenarbeit zwischen PR und Journalismus	123
	5.4	Von den Besonderheiten der Nachrichtenagenturen	126
	5.5	Wirtschaftsjournalismus	130
	5.6	Start-up-Geschichten zwischen New Work und New Economy	135
	5.7	Start-up Geschichten	139
	5.8	Lifestyle-Journalismus	143
	5.9	Podcasts als Medium	147
	5.10	TV-Geschichten	150
6	**Subdisziplinen der PR und besondere kommunikative Anlässe**		**155**
	6.1	Produktkommunikation	157
	6.2	Consumer-PR	166
	6.3	Datengeschichten	170
	6.4	Public Relations im B2B-Kontext	173
	6.5	Launch-Kommunikation	177
	6.6	Funding-Kommunikation	181
	6.7	Investorenkommunikation	186
	6.8	CEO-Kommunikation	190
	6.9	CSR-Kommunikation	195
7	**Von TikTok bis Twitter: Social-Media-Kommunikation**		**199**
	7.1	Social-Media-Strategie	200
	7.2	Social-Media-Kanäle und Messbarkeit	205
	7.3	Wie fängt man an? Social-Media-Aufbau und Storytelling	213
	7.4	Ein Bild sagt mehr als 1.000 Worte – Foto- und Videografie	221

8	Public Affairs und Krisenkommunikation	227
	8.1 Public Affairs	228
	8.2 Krisenkommunikation aus Unternehmenssicht	234
	8.3 Krisenkommunikation – Die Beratersicht	238

9	Von innen nach außen – Weshalb gute Unternehmenskommunikation bei den Mitarbeiter:innen beginnt	245
	9.1 Werte und Herausforderungen in der internen Kommunikation	247
	9.2 Organisation, Aufgaben und Erfolgsmessung	252
	9.3 Von den richtigen Kanälen und Formaten	258
	9.4 Werkzeuge der internen Kommunikation: Intranet und Fokusgruppen	264
	9.5 Change-Kommunikation	268
	9.6 Der Einfluss der internen Kommunikation auf Unternehmenskultur und Zusammenhalt	272
	9.7 Interne CEO-Kommunikation	277
	9.8 Herausforderungen der internen Kommunikation in Zeiten von Wachstum und Internationalisierung	281

10	Den Start-up-Schuhen entwachsen – Wie sich Unternehmenskommunikation verändert	289
	10.1 Aus zwei mach eins: Merger-Kommunikation	290
	10.2 Von der Integration in einen Familienkonzern – Exit-Kommunikation	294
	10.3 Zwischen Regulatorik und Kür – IPO-Kommunikation	299

Stichwörter, Namen, Unternehmen 304

Worte vorab von Frank Thelen

Aus meiner langjährigen Erfahrung im Aufbau von Unternehmen und der Zusammenarbeit mit Start-ups weiß ich, dass das Thema Kommunikation bei vielen Gründer:innen oftmals nicht an erster Stelle steht. Insbesondere im Technologiebereich, auf den wir uns mit Freigeist fokussieren, liegt der alleinige Fokus anfangs oftmals auf dem Produkt und der Entwicklung der Technologie. Auch ich habe mich damals bei meiner ersten Firma ausschließlich auf die Produktentwicklung konzentriert – heute weiß ich, dass das ein Fehler war. Denn herausragende Kommunikation ist einer der zentralen Bausteine für Erfolg. Es ist die Grundlage, um Kund:innen zu gewinnen, aber auch um Investor:innen und vor allem Talente für die Firma zu begeistern.

Die größten Unternehmer:innen der heutigen Zeit sind charismatische Persönlichkeiten, denen es gelungen ist, andere Leute für ihre Visionen zu begeistern. Gerade in Deutschland sind wir, was die Kommunikation und große Visionen angeht, zurückhaltend. Umso wichtiger ist es, dass wir lernen, dem Thema Unternehmenskommunikation und Markenaufbau die nötige Aufmerksamkeit zu schenken.

Das vorliegende Buch gibt Einblicke aus erster Hand. Lydia Prexl lässt Kommunikationsprofis aus ganz Europa zu Wort kommen – Verantwortliche der internen und externen Kommunikation, Journalist:innen und viele andere Expert:innen der Start-up-Szene.

Dabei geht es nicht um Theorie, sondern um die Praxis. Wie ist die Kommunikation im Start-up organisiert? Was sind thematische Schwerpunkte? Wie werden Kommunikationsziele festgelegt und wie Erfolge gemessen? Was sind Erfolgsgeheimnisse guter Pressearbeit und wie definieren Kommunikationsverantwortliche, ob sie einen guten Job machen? Wie setzt man ein Intranet und gute interne Kommunikationskanäle mit kleinem Budget um; und wie wird man den hohen Erwartungen der Gründer:innen und der Geschäftsführung gerecht?

Auf diese und viele weitere Fragen will dieses Buch Antworten geben, die direkt aus der Welt der Start-ups kommen. Es ist ein Werk, das einen Blick hinter die Kulissen, in die Köpfe von Presseverantwortlichen, Medienvertreter:innen und Gründer:innen erlaubt.

Als Investor arbeite ich täglich mit vielen Start-ups zusammen. Ich habe hunderte Gründer:innen pitchen gehört, habe selbst Unternehmen gegründet und versucht, andere Menschen für meine Vision zu begeistern. Durch meine TV-Präsenz und meine öffentliche Stellung weiß ich um die „Macht" von Kommunikation und PR. Für viele unserer Portfolio-Unternehmen ist meine Bekanntheit in Deutschland und mein Netzwerk in der Medienwelt ein wertvolles Asset. Aber auch ohne diesen „unfairen Vorteil" lässt sich tolle Kommunikationsarbeit leisten – mit Passion und Geduld.

Ich hoffe, dieses Buch begeistert dich für das Thema Kommunikation und setzt einen insbesondere für Deutschlands Start-up-Landschaft wichtigen Impuls. Mit seinen Learnings aus erster Hand, lehrreichen Tipps und konkreten Beispiele zeigt es nachvollziehbare Lösungswege für viele der kommunikativen Herausforderungen von Start-ups. Aber nicht nur die Start-up-Welt kann hiervon profitieren, sondern alle Menschen, die im beruflichen Umfeld mit Stakeholder:innen kommunizieren und andere überzeugen wollen.

Bonn, Dezember 2021
Frank Thelen

Diese Expert:innen kommen zu Wort

Maria Andersen | Beraterin für People Experience | → 9.6
Maria arbeitete nach ihrem Abschluss zunächst in den Bereichen Kommunikation und Marketing, doch ihr Herz schlägt für die interne Kommunikation. Als Internal-Communications-Managerin arbeitete Maria direkt an der Schnittstelle von Kultur, Strategie und Content und entwickelte interne Kommunikationsinitiativen. Heute berät sie Teams und Führungskräfte, wie sie eine gute Arbeitnehmer:innenerfahrung schaffen und ihre Botschaft gut transportieren können.

Chiara Baroni | Revolut | → 6.2
Chiara ist seit über zehn Jahren in der deutschen PR-Branche unterwegs – davon überwiegend im PR-Agenturgeschäft und seit Ende 2018 auf Unternehmensseite. Aktuell arbeitet sie bei dem britischen FinTech Revolut und betreut die gesamte Kommunikation des Unternehmens in der DACH-Region – von Finanz- bis hin zu Product- und Brand-PR.

Katharina Berlet | Mister Spex | → 10.3
Nach ersten journalistischen Gehversuchen beim Lokalradio und bei der Westdeutschen Zeitung entschied sich Katharina Anfang der 2000er-Jahre für einen beruflichen Einstieg in die PR auf Agenturseite. 2015 wechselte sie als Vice President Corporate Communication & PR auf Unternehmensseite zu Mister Spex, wo sie die interne und externe Unternehmenskommunikation sowie Brand- und Lifestyle-PR verantwortet. 2021 begleitete sie den Gang an die Frankfurter Wertpapierbörse.

Philipp Blankenagel | Capnamic Ventures, &Blankenagel | → 6.7
Philipp leitet die Kommunikation und das Marketing des Tech-Investors Capnamic Ventures und berät zudem Start-ups in allen Belangen der Öffentlichkeitsarbeit. Zuvor war er Teil des Gründungsteams der Solarisbank, baute dort die Kommunikation auf und begleitete in vier Jahren das Wachstum des Unternehmens von zehn auf über 300 Mitarbeiter:innen.

Melanie Bochmann | Delivery Hero | → 4.3
Melanie stieg im Januar 2018 bei Delivery Hero ein und leitet nun das Corporate-Communications-Team. Damals bestand das Kommunikationsteam aus zwei Personen – mittlerweile ist das Team auf ungefähr 20 angewachsen

– Tendenz steigend. Ein Wachstum, das auch Herausforderungen mit sich bringt.

Nicole Breforth | Raisin DS | → 10.1
Nicole baut seit Dezember 2018 für Raisin die Kommunikation auf und internationalisierte sowie professionalisierte sie. Ihre Wurzeln liegen eigentlich in der Filmwirtschaft und -finanzierung, doch Nicole merkte schnell, dass sie insbesondere die ganzheitliche Kommunikation interessiert, und zwar vor allem von komplexen, technischen Themen und neuartigen Geschäftsmodellen. Vor Raisin leitete sie unter anderem die Kommunikation für Kochzauber und orderbird.

Marina Burtyleva | N26 | → 2.3
Marina, geboren an einem der kältesten Orte der Welt (Sibirien), ist Employer Brand Lead bei N26. Sie blickt auf über zehn Jahre Erfahrung im Bereich Branding in ganz unterschiedlichen Branchen zurück – von der Medizin bis zu Luxus-Hochzeiten in Russland und den Vereinigten Arabischen Emiraten.

Katharina Buttenberg | HelloFresh | → 2.2
Katharina ist Senior Vice President Global Brand bei HelloFresh und verantwortet in dieser Rolle die Bereiche Marktforschung, Brand Strategy, Marketing Communications, Creative und das Foto- und Videostudio. Vor HelloFresh baute sie Marken in verschiedenen digitalen Unternehmen auf und um und promovierte zur Entstehung von Marken in Start-ups.

Sarah Christiansen | smava | → 4.1
Sarah ist seit zehn Jahren als PR-Managerin für die strategische Produktkommunikation verschiedener Start-ups aus unterschiedlichen Branchen zuständig. In jedem dieser Unternehmen erlebte und begleitete sie Wachstum und Wandel – oft auch im Rahmen der internen Kommunikation.

Nora Denner | Johannes Gutenberg-Universität Mainz | → 1.1
Nora ist seit 2016 wissenschaftliche Mitarbeiterin am Lehr- und Forschungsbereich Unternehmenskommunikation/PR am Institut für Publizistik der Johannes Gutenberg-Universität Mainz. Zuvor studierte sie Kommunikationswissenschaften in Erfurt, München, Austin und Madrid und sammelte praktische Erfahrungen in den Bereichen interne Unternehmenskommunikation, Public Relations und Marktforschung.

Diese Expert:innen kommen zu Wort

Alexandra Dröner | Zalando | → 7.1
Alexandra ist bereits seit sechs Jahren in Zalandos globalem Social-Media-Team tätig; seit Jahresbeginn leitet sie es. Gemeinsam mit vier Kolleg:innen arbeitet sie gemeinsam mit den Kampagnenteams und anderen Anspruchsgruppen wie dem globalen PR-Team an der Konzeption und Umsetzung von Markenkampagnen auf eigenen und verdienten Kanälen *(owned and earned)* sowie für Influencer:innen-Kanäle.

Thorsten Düß | Weber Shandwick | → 8.3
Thorsten arbeitet seit vielen Jahren in der Kommunikationsbranche – immer auf Seite der Beratung. Bei Weber Shandwick, einer internationalen Public-Relations-Agentur, verantwortet er den Fachbereich Corporate Communications, zu dem auch die Issues- und Krisenkommunikation gehört. Er besitzt einen M. A. in Politikwissenschaften und einen MBA in Communication and Leadership.

Elisabeth Euler | Getsafe | → 3.4
Elisabeth studierte Anglistik und Amerikanistik in Mannheim und stieg bei Getsafe als Volontärin ein. Die Analyse der Medienclippings zählt zu ihren wiederkehrenden Aufgaben, die zwar mitunter mühsam, doch von hoher Bedeutung für die Erfolgskontrolle ist.

Klaas Flechsig | Stripe | → 2.1
Bereits seit 2006 ist Klaas für US-Technologie-Unternehmen tätig. Mit Google und Stripe entschied er sich für Unternehmen, die zum Zeitpunkt seines Einstiegs jedoch schon keine Start-ups mehr waren, sondern sich zu Großunternehmen wandelten. Klaas begann seine Kommunikationslaufbahn 2010 als Pressesprecher bei Google, nachdem er zunächst vier Jahre im Sales-Bereich gearbeitet hatte. 2016 wechselte er zu Stripe, wo er die Kommunikation in Nordeuropa aufbaute und nun leitet.

Ina Froehner | Scalable Capital | → 6.6
Ina kommuniziert seit 2009 für Technologie- und Start-up-Unternehmen und seit 2017 vornehmlich für FinTechs. Ihr Handwerk hat Ina in Kommunikationsagenturen in Berlin und New York erlernt. Seit Mai 2021 leitet sie als Head of Communications die Unternehmenskommunikation bei Scalable Capital. Nebenbei engagiert sie sich ehrenamtlich im Präsidium des Bundesverbands der Kommunikatoren (BdKom) als Bildungsbeauftragte für die Nachwuchsförderung.

Georg Hauer | HAWK:AI | → 5.1
Als General Manager bei N26 leitete Georg 15 Länder und vertrat das Unternehmen auch gegenüber den Medien. So gab er bereits für deutsche, irische und polnische Medien Interviews; kennt die Pressearbeit aber auch von der funktionalen Seite, da er zwischenzeitlich das globale Kommunikationsteam von N26 leitete und internationalisierte. Heute ist Georg COO und CFO bei HAWK:AI.

Katharina Heller | Heller Yeah Communications | → 4.5
Katharina ist bereits seit über zehn Jahren in der Kommunikation unterwegs – unter anderem arbeitete sie bei Zalando in der Produktkommunikation, später als Pressesprecherin und Kommunikationsstrategin für acht europäische Länder, zuletzt verantwortete sie alle PR- uns Social-Media-Maßnahmen bei N26. 2019 machte sich Katharina selbständig und gründete die Kommunikationsberatung Heller Yeah Communications.

Alina Hess | Dept Agency | → 7.2
Alina war schon als Kind von der Macht eines Fotos begeistert. Seitdem versucht sie, die Macht der Bilder zu verstehen, und befasst sich seit 2014 stark mit der Entwicklung der sozialen Medien. Beruflich bewegte sich Alina fünf Jahre lang in der Berliner Start-up-Branche und arbeitete unter anderem bei foodora, Coya und zuletzt Trade Republic. 2021 entschied sie sich, auf die Agenturseite zu wechseln, und leitet aktuell ein achtköpfiges Social-Media- und Influencer:innen-Team bei der Dept Agency in Berlin.

Sarah Heuberger | Gründerszene | → 5.7
Sarah ist seit Mai 2019 Journalistin bei Gründerszene/Business Insider. Sie ist Co-Host von „So geht Startup", dem Interviewpodcast von Gründerszene. Nach ihrem Kulturwissenschaftsstudium in Lüneburg, Bilbao und Göttingen arbeitete sie zunächst für Magazine wie Wired und Berlin Valley.

Christian Hillemeyer | Babbel | → 6.1
Christian ist seit fast 15 Jahren in der Kommunikation. In seinem Fall eher unfreiwillig über die Musik, doch das Thema PR ließ ihn nicht mehr los. Nach Stationen bei MTV, nugg.ad/Deutsche Post und Payleven/Rocket Internet verantwortet er nun seit acht Jahren die Kommunikation bei Babbel.

Diese Expert:innen kommen zu Wort

Isabell Horvath | Celonis | → 6.4
Isabell Horvath blickt auf mehr als 20 Jahre Erfahrung in der internen und externen Kommunikation zurück, die sie insbesondere in der IT-Branche gesammelt hat. Seit Oktober 2019 leitet sie die Kommunikation bei Celonis.

Joël Kaczmarek | digital kompakt | → 5.9
Joël beschäftigt sich beruflich damit, die deutsche Digitalwirtschaft und Unternehmertum im Allgemeinen zu erkunden und dieses Wissen mit anderen zu teilen. Dies macht er vor allem durch seinen Podcast „digiatl kompakt" – allerdings hat er den Anspruch, auf Basis dieses Podcasts auch noch weitere Produkte zu entwickeln.

Julia Kiener | Social-Media-Strategin | → 7.3
Julia berät Kund:innen als externe Expertin zu digitaler und Social-Media-Kommunikation, Strategie und Marketing – von Start-ups bis hin zu großen Konzernen. Bevor sie den Sprung in die Selbstständigkeit wagte, arbeitete sie für ein Start-up, die Hamburger Kommunikationsagentur Faktor 3 und für Google Deutschland als Social-Media-Managerin.

Kathrin Kirchler | Personio | → 6.5
Kathrin ist seit August 2019 für die Kommunikation bei Personio verantwortlich und hat dort die PR in sechs Märkten aufgebaut. Zuvor war sie in der Unternehmenskommunikation von jameda und als Beraterin bei Ketchum tätig.

Barbara Klingelhöfer | Voices PR | → 6.8
Barbara ist Co-Gründerin von Voices PR und spezialisiert auf Founder- und C-Level-Kommunikation für Tech- und Digital-Start-ups. Zu ihren Schwerpunkten zählen PR-Strategien, Themen- und Agendasetting und Ghostwriting. Sie studierte Politik-, Literatur- und Buchwissenschaft und arbeitet seit 15 Jahren in der PR, davon seit zehn Jahren für die FinTech-Branche.

Alexandra Koehler | Forto | → 3.2
Alexandra kennt viele Seiten: Agentur, Corporate und Start-up. Seit Oktober 2020 ist Alexandra Senior PR-Managerin bei Forto (ehemals FreightHub). Bevor sie in die Welt der Logistik eintauchte, sammelte Alexandra jahrelang Erfahrungen in Agenturen wie Strichpunkt Design und Schoeller & von Rehlingen sowie in der Automobilindustrie bei Daimler Trucks. Mit der

Horn Factory hat sie außerdem eine Marke ins Leben gerufen, unter der sie eigene Schmuckkollektionen aus Horn vertreibt.

Benjamin Kratz | Urban Sports Club | → 9.7
Benjamin verantwortet seit April 2019 die interne Kommunikation bei Urban Sports Club. Vor seinem Wechsel in die interne Kommunikation sammelte er Erfahrungen bei den Berliner Werbe- und PR-Agenturen Scholz & Friends und Media Consulta, wo er als PR-Berater, Projektmanager, Content-Stratege und Content-Konzeptioner tätig war.

David Krebs | Sharpist | → 3.3
David studierte Kommunikationswissenschaft in München und Wien, bevor er in die Arbeitswelt einstieg. Nach vier Jahren als Presseverantwortlicher in der (Mikro-)Mobilitätsbranche – und tiefen sowie lehrreichen Einblicken in die Krisenkommunikation – orientierte er sich im Sommer 2021 um und leitet nun die Kommunikation bei Sharpist, einem Anbieter für digitales Eins-zu-Eins-Coaching.

Larissa Kreutzberg | Expertin für interne Kommunikation | → 9.5
Als Generalistin hat Larissa Erfahrung in PR, Unternehmenskommunikation und Marketing gesammelt, um ihre Leidenschaft in der internen Kommunikation zu finden. Nach Stopps in Stockholm, ihrem Studium in den Niederlanden und Toronto zog es sie 2018 nach Berlin. Der Deep-Dive in die FinTech-Szene begann in der PR-Abteilung von N26. Zudem betreute sie das Thema interne Kommunikation bei finleap und der Solarisbank

Carina Krieger | Getsafe | → 9.4
Carina ist Junior Communications Manager bei Getsafe und dort vor allem für die interne Kommunikation zuständig. Sie kümmert sich um wöchentliche All-Hands-Meetings, einen Newsletter, das Intranet und alle weiteren Kanäle. Carina studierte Linguistik und Literaturwissenschaft an der Universität Heidelberg.

Andrew Kyle | Gorillas | → 2.4
Andrew arbeitet seit neun Jahren im Bereich Human Resources. Der gebürtige Kanadier lebt seit drei Jahren in Berlin, wo er unter anderem für N26 das Thema Kandidat:innenerfahrung innerhalb des Recruitings aufbaute und die Employer-Branding-Aktivitäten verantwortete. Im Sommer 2021 wechselte er als Talent-Brand-Manager zu Gorillas und unterstützt das Unternehmen in seiner Phase des Hyperwachstums.

Diese Expert:innen kommen zu Wort

Greg Latham | Freiberuflicher Filmemacher und Videograf | → 7.4
Greg ist ein in Berlin ansässiger Filmemacher und erstellt seit fast zehn Jahren visuelle Inhalte für Start-ups und andere Kund:innen. Zudem ist er als Regisseur und Produzent für eine Londoner Produktionsfirma tätig. Bevor Greg in die Welt der Videoproduktion wechselte, arbeitete er in der Kommunikation eines Berliner Start-ups und weiß daher, welche Art von Nachrichten und Inhalten für Start-ups besonders effektiv sein kann.

Saskia Leisewitz | HelloFresh | → 3.1
Saskia leitet seit drei Jahren die globale Unternehmenskommunikation von HelloFresh. Ihre Karriere begann sie bereits während ihres Studiums in der Unternehmenskommunikation von Unilever DACH. Nach mehreren Positionen bei Unilever – unter anderem war sie stellvertretende Pressesprecherin und für das Issues-Management zuständig – und einem Jahr bei Zalando in Berlin landete Saskia bei HelloFresh und verantwortet dort unter anderem die Kommunikation in 15 Märkten, verteilt auf drei Kontinente.

Janna Linke | ntv | → 5.10
Janna ist beim Fernsehsender ntv zuständig für die Formate „Startup News" und „Startup Magazin" und immer auf der Suche nach spannenden, überraschenden Start-ups und Gründer:innen. Dafür reist sie nunmehr seit sieben Jahren durch die Welt – vom Silicon Valley bis nach Israel. Ihr Fokus liegt jedoch auf Deutschland.

Sarah Maulhardt | Zalando | → 9.8
Sarah ist seit 2019 Managerin für interne Kommunikation innerhalb des Corporate-Affairs-Teams von Zalando. Während ihres Masterstudiums in Kommunikationsmanagement entdeckte sie ihre Leidenschaft für die strategische – vor allem für die interne – Unternehmenskommunikation. Nach verschiedenen Stationen in großen und kleinen Unternehmen sowie Agenturen taucht Sarah nun bei Zalando tagtäglich in ihre Lieblingsthemen ein: Veränderungskommunikation, Mitarbeiter:innenbeteiligung, Social Intranet, Unternehmensstrategie und Mode.

Stefan Müller | FlixBus, FlixTrain | → 8.1
Stefan ist Senior Manager Public Affairs in Berlin bei FlixMobility – kurz Flix. Bekanntheit erlangte Flix in Deutschland und später Europa unter der Marke FlixBus im Rahmen der Öffnung des Fernbusmarkts 2013. Seither ist auch Stefan mit an Bord – zunächst als Praktikant, dann als Werkstudent und seit 2016 als Referent Public Affairs. Sein Fokus innerhalb des Teams

liegt auf dem Thema Umwelt und dem intermodalen Verkehr in Bus und Bahn.

Martin Neipp | flaschenpost | → 10.2
Martin ist seit 2020 Head of Corporate Communications bei flaschenpost. Zuvor bekleidete er verschiedene Führungspositionen in Kommunikation und Public Affairs im Handels- und Konsumgüterbereich sowie in der Chemie- und Energiewirtschaft. Martin studierte Kommunikationswissenschaft, Betriebswirtschaftslehre und Psychologie in Leipzig, London und Berlin und begann seine Karriere in der Beratung.

Paul Peters | smava | → 4.1
Paul kümmert sich seit 2012 um die Unternehmens- und Produktkommunikation ebenso wie um die interne und Recruiting-Kommunikation von ganz jungen bis inzwischen schon erwachsenen Start-ups. Davor war er in verschiedenen Agenturen für nationale und internationale Mandanten aktiv und hat mehrere Publikationen über Reputation, Reputationsmanagement und Kommunikationscontrolling verfasst.

Lydia Prexl | Getsafe | → Worte vorab von Lydia Prexl

Solveig Rathenow | Business Insider | → 5.3
Solveig ist gelernte Journalistin und leitet das Wirtschaftsressort beim Online-Magazin Business Insider Deutschland. Bevor sie im Dezember 2020 das Ressort übernahm, verantwortete sie als Head of Communications vier Jahre lang die Kommunikation beim FinTech Company Builder Finleap und dessen Portfolio-Unternehmen.

Nina Rauch | Lemonade | → 6.9
Nina, geboren in London, gründete bereits mit 16 Jahren nach dem Tod ihrer Mutter die Brustkrebs-Wohltätigkeitsorganisation Pink Week. Während ihres Studiums in Cambridge weitete sie die Organisation auf zehn Universitäten im ganzen Land aus und sammelte bis heute bereits über 600.000 Dollar für die Krebsforschung. Derzeit lebt Nina in Tel Aviv und leitet den Bereich Social Impact bei Lemonade.

Benjamin Romberg | Spendesk | → 2.3
Benjamin ist gebürtiger Münchner, lebt aber seit 2018 in Paris, wo er die Kommunikation beim französischen FinTech-Start-up Spendesk leitet. Zuvor arbeitete er mehrere Jahre in Agenturen und als Journalist bei der Süddeutschen Zeitung.

Attila Rosenbaum | Raisin DS | → 10.1
Attila kümmert sich gemeinsam mit Nicole um die Kommunikation der fusionierten Raisin DS. Sein akademischer Hintergrund liegt im Medien- und Kommunikationsmanagement. Die ersten Jahre seines Berufslebens arbeitete er in Agenturen, überwiegend im Bereich Public Affairs, sowie bei der Wirtschaftsprüfungsgesellschaft PwC. Von 2019 bis zum Zusammenschluss mit Raisin war Attila Head of Communications bei Deposit Solutions in Hamburg.

Daniel Rottinger | charismatischer.de | → 1.1
Daniel ist Marketingmanager für das Start-up charismatischer.de. Der gelernte Redakteur studierte Public Relations an der Hochschule der Medien in Stuttgart und arbeitete bereits während seines Studiums für ein Tech-Start-up. Als freiberuflicher PR-Berater unterstützte er zudem Start-ups dabei, Geschichten über ihre Entwicklung und ihre Gründer:innen zielgerichtet in die Medien zu bringen.

Juliane Saleh-Büttner | SumUp | → 9.3
Juliane ist für den Bereich PR und Kommunikation bei SumUp vorrangig für die DACH-Region zuständig. Sie ist bereits seit mehr als 15 Jahren in der Kommunikationsbranche tätig und hat in verschiedenen Positionen die große Bandbreite auf diesem Gebiet kennengelernt. Ihre Erfahrung reicht von klassischer PR über Content- und Influencer:innen-Marketing bis hin zu Krisenkommunikation sowie interner Kommunikation.

Swaran Sandhu | Hochschule der Medien | → 1.1
Swaran promovierte in der Schweiz zum Thema Legitimität und Public Relations; seit 2012 hat er die Professur für Unternehmenskommunikation mit Schwerpunkt Public Relations an der Hochschule der Medien in Stuttgart inne, wo er sich unter anderem damit befasst, wie sich Kommunikationsprozesse durch digitale Werkzeuge analysieren und modellieren lassen.

Susanne Schier | Handelsblatt | → 5.5
Susanne schreibt seit 2008 für das Handelsblatt, wo sie sich vorrangig mit der Versicherungsindustrie beschäftigt. Die Digitalisierung der Branche aus journalistischer Sicht zu begleiten, findet sie spannend. Zuvor schrieb sie über Wirtschaftsprüfer:innen und Telekommunikationsfirmen und leitete einige Zeit das Geldanlage-Team. Erste Berufserfahrung sammelte Susanne bei einer Bank im Risikomanagement.

Nadine Schimroszik | Reuters | → 5.4
Nadine ist IT-Korrespondentin für die internationale Nachrichtenagentur Reuters. Dem Nachrichtenagenturjournalismus ist sie schon lange verschrieben und hat bereits ihr Volontariat bei einer Nachrichtenagentur gemacht. Ausflüge als Buchautorin oder Moderatorin in andere Welten macht sie ab und zu sehr gern – solange sie journalistisch geprägt sind. Nadine lebt und arbeitet in Berlin.

Mareike Schindler-Kotscha | HD Vision Systems | → 4.2
Mareike ist seit fast fünf Jahren B2B-Content-Marketerin und in dieser Funktion bei dem Heidelberger Start-up HD Vision Systems für Kommunikation und Marketing zuständig. Als Quereinsteigerin aus Germanistik und Geschichte weiß sie um die immense Bedeutung von Sprache und passender Kommunikation, und setzt dies für HD Vision Systems in die Praxis um.

Stefan Schmidt | COYO | → 9.1
Nach Stationen in der internen Kommunikation internationaler und mittelständischer Unternehmen war Stefan knapp zweieinhalb Jahre mitverantwortlich für die interne Kommunikation bei der AUTO1 Group in Berlin. Mit einem Wechsel zum Social-Intranet-Anbieter COYO unterstützt er nun andere Kommunikationsverantwortliche bei der Umsetzung ihrer internen Kommunikation.

Greta Schulte | N26 | → 8.1
Greta verantwortet als Government & Public Affairs Managerin für die Neobank N26 sowohl in Berlin als auch auf europäischer Ebene in Brüssel den Austausch mit Politik, Verbänden und anderen öffentlichen Stakeholdern. Zuvor war sie mehrere Jahre in der Public-Affairs-Beratung in Brüssel und Berlin tätig.

John Shewell | wefox | → 4.4
John ist Direktor für Kommunikation und Öffentlichkeitsarbeit bei wefox. In dieser Rolle kümmert er sich vorrangig um das Reputationsmanagement, die Medienarbeit, das Problem- und Krisenmanagement, Public Affairs und die Kommunikation mit Investor:innen und anderen Zielgruppen.

Maike Steinweller | Wooga | → 9.2
Maike leitet die Kommunikationsabteilung bei Wooga, und das schon seit fast zehn Jahren. In dieser Zeit hat sie viel erlebt, vom Besuch der Kanzlerin über umfangreiche Change-Prozesse bis hin zum erfolgreichen Verkauf

an Playtika Ende 2018, einem der führenden Spielestudios weltweit mit Hauptsitz in Israel.

Christine Stundner | Expertin für Consumer & Corporate PR | → 6.3
Christine ist eine leidenschaftliche Kommunikationsexpertin und hat im Laufe ihrer Karriere in unterschiedlichen Branchen wie der Systemgastronomie, der Reiseindustrie und im E-Commerce für Tech-Wachstumsfirmen, Start-ups, Konzerne und Agenturen gearbeitet. Sie hat es sich zum Ziel gemacht, spannende Geschichten zu erzählen und Unternehmen dabei zu unterstützen, ihre Zielgruppen zum richtigen Zeitpunkt mit relevanten Inhalten zu erreichen.

Frank Thelen | Investor | → Worte vorab von Frank Thelen

Jana Tilz | Free Now | → 8.2
Jana ist gelernte Journalistin bei Hubert Burda Media. Nach ersten beruflichen Erfahrungen bei Axel Springer, der Süddeutschen Zeitung und der Funke Mediengruppe war sie fünf Jahre lang in der Kommunikation von Wirecard. Seit 2020 leitet sie als Director of Communications die globalen PR-Aktivitäten von Free Now.

Helena Treeck | Volocopter | → 5.2
Helena baut seit über fünf Jahren die Presseabteilung von Start-ups auf – erst bei N26 (als eine der ersten 30 Mitarbeiter:innen, bis das Unternehmen in 16 Ländern und sechs Sprachen kommunizierte) und nun bei Volocopter als Mitarbeiterin Nr. 15. Nebenher berät sie Early-Stage Start-up Gründer:innen darin, ihre Pressearbeit strategisch aufzubauen und umzusetzen.

Friederike Trudzinski | Grazia, Jolie | → 5.8
Friederike ist Ressortleiterin bei den Frauenmagazinen Grazia und Jolie im Textbereich. Gemeinsam mit ihrem Team betreut sie damit klassische Lifestyle-Themen wie Reisen, Wohnen, Food. Dazu – besonders bei Grazia – News-, People- und Gesellschaftsthemen und Business, Beziehungen und Sex. Sie hat Germanistik studiert, zunächst als Theaterdramaturgin gearbeitet, dann als Redakteurin bei diversen Zeitschriften.

Caroline Leonie Wahl | Voices PR | → 6.8
Caroline begleitet verschiedene CEOs und Start-up-Gründer:innen in ihrem Außenauftritt und kümmert sich dort vor allem um Journalist:innenkontakte, Social Media sowie Medien- und Eventauftritte. Gemeinsam mit Barbara Klingelhöfer hat Caroline Voices PR gegründet. Sie studierte Betriebs-

wirtschaft, war mehrere Jahre für das Marketing und die Kommunikation einer internationalen Bankenberatung unterwegs und ist seit drei Jahren in der FinTech-Szene zuhause.

Andreas Weck | t3n-Magazin | → 5.6
Andreas ist seit zehn Jahren Journalist und war dabei von Anfang an digital unterwegs. Später kamen auch Print-Medien, ein Podcast und mehrere Radio- und TV-Beiträge hinzu. Nach seinem Volontariat beim t3n-Magazin arbeitet er als Redakteur, berichtete als Silicon-Valley-Korrespondent aus San Francisco und ist inzwischen Ressortleiter für Arbeit, Karriere und Management.

Stanij Wićaz | Bettertrust | → 4.5
Stanij verantwortet bei der PR-Agentur Bettertrust die Planung, Erstellung und Durchsetzung von Kommunikationsstrategien seiner Kund:innen – dazu gehören Startups ebenso wie der digitale Mittelstand oder börsennotierte Unternehmen. Neben klassischer PR in der DACH-Region und international kümmert er sich um Reputationsmanagement sowie Content- und Influencer:innen-Marketing.

Christian Wiens | Getsafe | → 1.3
Christian ist studierter Maschinenbauingenieur und ein bereits erfahrener Unternehmer mit einem starken Hintergrund in den Bereichen Technologie, Unternehmertum und Produktentwicklung. 2015 gründete er gemeinsam mit Marius Simon den Neoversicherer Getsafe, wo er neben strategischen Themen und Investor Relations auch die Kommunikation verantwortet.

David Zahn | Klarna | → 6.1
David Zahn verantwortet die globale Produktkommunikation bei Klarna. Zuvor war er als Berater für das Beratungsunternehmen Deloitte Digital tätig und als Head of Media Relations verantwortlich für den Launch und Aufbau vieler Start-ups sowie Teil des IPO-Teams von Rocket Internet.

Worte vorab von Lydia Prexl

Als ich im Januar 2019 als Presseverantwortliche bei Getsafe begann, war es ein Sprung ins kalte Wasser. Bei allen vorherigen Jobs hatte ich eine:n Auftraggeber:in oder eine:n Chef:in, die die Entscheidungen fällten, jemanden, der im Zweifel seinen oder ihren Kopf hinhielt, wenn ich einen Fehler gemacht hatte. Plötzlich gab es niemanden mehr, der mehr Ahnung hatte von Kommunikation als ich – und dennoch fühlte ich mich völlig unvorbereitet und unwissend. Die Erwartungen an die externe Kommunikation waren hoch, zugleich gab es nichts, auf das ich hätte aufbauen können. Eher ein Acker als eine grüne Wiese.

Ich merkte recht schnell, dass ich mit meiner vorherigen Erfahrung aus Konzernen, bei mittelständischen Unternehmen, als Freiberuflerin und als Dozentin nur bedingt etwas anfangen konnte. Und dass mir Kommunikationsverantwortliche aus diesen Bereichen nicht helfen konnten. Start-ups ticken anders, sie sind schnell, die Ziele ehrgeizig (wenn nicht unrealistisch), Budget und Mitarbeiter:innen knapp. Gefragt sind Generalist:innen, die gleichzeitig hoch professionell nach außen – und oft auch nach innen – kommunizieren und sich daher sehr schnell ein starkes Expert:innenwissen aneignen müssen. Ist der beste Zeitpunkt für einen LinkedIn-Post am Dienstagvormittag oder besser Mittwochnachmittag? Was nützt der Blog? Warum landet Konkurrent Z in der Wirtschaftszeitung, obwohl er ein schlechteres Produkt hat? Was bringt PR überhaupt? Welche Tools sind sinnvoll? Warum stellt Journalist Y so kritische Fragen? Und weshalb kümmert sich nicht das People-Team um die interne Kommunikation?

Solche und ähnliche Fragen dürften den meisten Kommunikationsverantwortlichen in Start-ups bekannt vorkommen. Sie begegnen auch mir regelmäßig und nicht immer gibt es eine einfache Antwort. Ich begann, andere Kolleg:innen aus Start-ups um Rat zu fragen. Die Resonanz war überwältigend, die Hilfsbereitschaft untereinander – auch unter vermeintlichen Konkurrenten – enorm. Und das für mich Erstaunliche: Ich war mit meinen Fragen und Herausforderungen nicht allein.

Aus dieser Erkenntnis entstand das vorliegende Buch. Es ist der Versuch, das Wissen von sehr viel erfahreneren Kolleg:innen aus der Start-up-Welt zu bündeln, um damit all jenen zu helfen, die – wie ich vor knapp drei Jahren – ins kalte Wasser springen. Für mich persönlich bedeutet dieses

Buch aber noch viel mehr, denn es ist ein Gemeinschaftswerk, das ich selbst niemals hätte schreiben können. Dass aus dem bloßen Gedanken Wirklichkeit wurde, liegt allein daran, dass so viele wunderbare Menschen sich mitreißen ließen und dazu beitrugen – ohne Wenn und Aber.

Es ist diese Bereitschaft, einander zu helfen, füreinander da zu sein, und teilweise steinig erworbene Erfahrung mit anderen zu teilen, die mich zutiefst beeindruckt. In einem Start-up zu arbeiten, bedeutet mehr, als einen spannenden Job zu haben. Es bedeutet auch, Teil einer Gemeinschaft zu sein, die einander unter die Arme greift, und die gemeinsam für etwas Größeres kämpft.

Danke!

An dieser Stelle möchte ich daher Danke sagen. Danke an alle, die mir mit Rat zur Seite standen, und Danke an alle Mitautor:innen, die nun dieses Buch mit Inhalt füllen. Danke an meine Teamkolleginnen Elisabeth Euler und Carina Krieger, die mich im Arbeitsalltag tatkräftig unterstützen, und Danke an meinen Ehemann, der mich erst auf die Idee brachte, das Buch in Angriff zu nehmen. Mein ganz besonderer Dank gilt Christian Wiens, der mir von Anfang an zutraute, in die Rolle der Kommunikationsverantwortlichen hineinzuwachsen; der mich mit seinen hohen Erwartungen immer wieder dazu anspornt, den Status quo zu hinterfragen und Unternehmenskommunikation weiterzudenken und der mir den Freiraum schenkt, ein Projekt wie dieses Buch leidenschaftlich zu verfolgen.

Schriesheim, Dezember 2021
Lydia Prexl

1 Vom Was und Warum der Unternehmenskommunikation

Start-ups leben – mehr als andere Unternehmen – von ihrer Idee und ihrer Vision. Sie haben – zumindest zu Beginn – noch kein tragfähiges Geschäftsmodell, keine Kund:innen, ja manchmal noch nicht einmal ein Produkt, das vorzeigbar wäre, und doch müssen Gründer:innen ihre Idee verkaufen, um Gelder von Investor:innen einzuwerben. Dazu greifen Gründer:innen auf ein uraltes Prinzip zurück: Sie erzählen Geschichten. Keine Märchen, doch sie nehmen die Investor:innen mit auf eine gedankliche Reise darüber, wie sich ihr Unternehmen entwickeln und die Welt verändern wird.

Eine gut durchdachte Kommunikation ist für Gründer:innen deshalb das A und O, das Salz in der Suppe, eines ihrer wichtigsten Güter, gerade in einer frühen Phase der Unternehmensentwicklung. Manche Start-ups erkennen sehr früh, welchen immateriellen Wert eine gute Außendarstellung mit sich bringt. Dabei geht es nicht nur um die Berichterstattung in den Medien. Ein Artikel in einer Wirtschafts- oder Tageszeitung ist kein Selbstzweck – sollte es zumindest nicht sein. Stattdessen geht es darum, Vertrauen aufzubauen – bei potenziellen Kund:innen, Partner:innen, Geldgeber:innen und Mitarbeiter:innen.

Und doch gibt es auch viele andere Start-ups. Etwa jene Unternehmer:innen, die selbst die Kommunikation machen, frei nach dem Motto: „Einen Text schreiben – das kann ich doch auch." Da sind die von sich Überzeugten, die enttäuscht sind, wenn es nicht gleich die Titelseite von Forbes und Fortune oder zumindest dem Spiegel wird, die von lokalen Zeitungen nichts halten und gleich hoch hinauswollen. Da sind jene Zweifler:innen, die immer kritisch die Augenbrauen hochziehen, wenn die Anstrengungen der Public Relations (PR) sich nicht sofort in Euro und Cent niederschlagen. Die Rede ist dann schnell von Geldverschwendung oder bloßen Eitelkeiten. Und da sind die Stillen und Bescheidenen, die eifrig an ihrem innovativen Geschäftsmodell arbeiten und oft vergeblich darauf warten, ohne ihr Zutun von den Medien entdeckt zu werden.

Doch was ist PR eigentlich? Und was nicht? Und welche Fehler machen Unternehmen häufiger bei ihrer Kommunikation? Damit befassen sich Swaran Sandhu von der Hochschule der Medien in Stuttgart sowie Start-up-Kommunikator Daniel Rottinger (→ Kapitel 1.1). Nora Denner von der Johannes Gutenberg-Universität in Mainz (→ Kapitel 1.2) grenzt PR von anderen Disziplinen wie dem Marketing ab. Damit wäre das „Was" geklärt – bleibt die Frage nach dem „Warum". Diese Frage wird uns immer wieder beschäftigen – eine erste Antwort gibt Christian Wiens, CEO und Gründer von Getsafe. Er erklärt aus seiner persönlichen Sicht, weshalb Start-ups in PR investieren sollten (→ Kapitel 1.3).

1.1 Public Relations aus wissenschaftlicher Sicht

Swaran Sandhu
Professor for Corporate Communication and Public Relations an der Hochschule der Medien in Stuttgart

Daniel Rottinger
Start-up-Kommunikator mit Journalismus-Background

1.1 Public Relations aus wissenschaftlicher Sicht

Es gibt unzählig viele Auffassungen davon, was Public Relations eigentlich ist. Lasst uns den Spieß zunächst umdrehen: Was ist PR nicht?

Swaran · Also definitiv nicht Partys und Reisen; Sekt trinken und versuchen, Bullshit in Gold zu verwandeln. Und ganz wichtig: PR bezahlt nicht für Medieninhalte, das macht die Werbung besser. Etwas moderner ausgedrückt: PR produziert *owned content* auf unterschiedlichen Kanälen, der idealerweise zu *earned content* führt, also von Dritten unentgeltlich aufgegriffen wird. Natürlich werden moderne Kampagnen auch von *paid content* flankiert, das ist dann aber primäre Aufgabe der Werbung.
Daniel · PR ist nach meiner Definition nicht ausschließlich eine kennzahlengetriebene Content-Maschinerie, die nur auf Klickfang und Absatz aus ist. Das kann kurzfristig Resultate liefern, ist aber nicht nachhaltig! Schließlich wird dabei der Beziehungsaspekt vernachlässigt. Oder anders gesagt: Rein quantitative Signale zielen zu kurz, es geht um Emotionen und Kontakte – gerade auch in der Medienarbeit.

Und jetzt positiv gedacht: Habt ihr eine Lieblingsdefinition von PR? Weshalb?

Swaran · Es gibt einen klassischen Aufsatz von Rex Harlow aus dem Jahr 1976, der damals schon versucht hat, eine Meta-Definition für PR zu entwickeln. Seitdem hat sich natürlich viel verändert. Für mich ist der kleinste gemeinsame Nenner: „Public Relations ist eine strategische Managementaufgabe zur Gestaltung der öffentlichen Beziehungen einer Organisation mit dem Ziel, kommunikative Risiken zu minimieren und zugleich Chancen zu maximieren, um somit die langfristige Legitimation der Organisation zu sichern."

Da steckt schon eine Menge drin. Erstens sollte PR immer eine strategische Aufgabe sein. Wer PR nur in Krisen als Werkzeug einsetzt und dabei versucht, Dinge glattzubügeln, hat schon verloren. Zweitens braucht PR einen Zugang zu den Entscheider:innen im Management und muss deshalb auch die Sprache des Managements sprechen, d. h. wichtige Kennzahlen und Geschäftsmodelle verstehen. Drittens blickt PR sowohl nach außen in die Umwelt des Unternehmens (Was tut sich gerade und welche Konsequenzen hat das für uns?), aber auch nach innen. Man könnte PR auch als feinen

Seismografen bezeichnen: vorausgesetzt, dies geschieht auf einer Datenbasis und nicht nach Bauchgefühl. Viertens geht es nicht nur um Image oder Reputationswerte – was natürlich immer noch wichtige Kenngrößen sind, über deren Operationalisierung man trefflich streiten kann –, sondern um die Fähigkeit, kommunikative Risiken zu erkennen und kommunikative Chancen zu nutzen. Und als letzter Punkt: PR ist immer langfristig angelegt und hat eine stärker gesellschaftliche Dimension.

Ihr beschäftigt euch mit Unternehmenskommunikation und dort schwerpunktmäßig mit PR. Inwiefern geht Unternehmenskommunikation über PR hinaus?

Swaran · Unternehmenskommunikation oder Corporate Communications ist ein Sammelbegriff, der alle zielgerichteten und geplanten Kommunikationsaktivitäten einer Organisation umfasst. Das bedeutet, dass oftmals getrennt gedachte Kommunikationsdisziplinen wie Werbung, Marketing, Branding, Social Media, PR, CEO-Kommunikation, Influencer:innen, Sponsoring, Vertrieb, Lobbying, Nachhaltigkeitskommunikation etc. auch ganzheitlich gedacht werden müssen.

Der Klassiker ist: Die Werbung denkt sich eine tolle Anzeige oder Kampagne aus, die kreativ richtig zündet; das Ganze führt aber zu einer Empörungswelle auf Social Media, die dann von immer noch reichweitenstarken Plattformen aufgegriffen wird. Dann muss die PR wieder ran, den Vorgang „er-klären" und sich für das Missmanagement von anderen entschuldigen.

Daniel · Häufig werden PR und Media Relations beziehungsweise Medienarbeit synonym verwendet. Hat man eine gemeinsame Vorstellung von Corporate Communications entwickelt, spricht man über das gleiche. Dadurch lassen sich 1. typische Missverständnisse vermeiden (Stichwort: „Wir werfen da mal eben etwas PR drauf") und 2. seriös Art und Umfang der Kommunikation klären, wenn man damit loslegt.

Ihr beratet auch Unternehmen bei organisatorischen Fragen der Unternehmenskommunikation. Gibt es Dinge, die Unternehmen aus eurer Sicht häufig falsch machen?

Swaran · Hektischer Aktivismus aus der Furcht, etwas zu verpassen, nach dem Motto: „Aber XY macht das doch auch, wir müssen auch auf Plattform Z sein." Deshalb: Zuerst nachdenken, strategische Ziele setzen, dann handeln und überprüfen, ob die Ziele erreicht werden. Aber auch: der Kommunikation zu wenig personelle und finanzielle Ressourcen zur

Verfügung stellen, wenn die Haltung vorherrscht, dass man Kommunikation nebenbei erledigen könne.

Daniel · Die Macht interner Anspruchsgruppen unterschätzen! Besser: sich durch nachvollziehbare Erklärungen und Begründungen seiner Kommunikationspläne Reputation beim Team verschaffen. Warum? Zum einen ist PR kein Allgemeinwissen, das direkt verstanden wird. Weiterhin wird man gerade bei der Owned-Media-Kommunikation regelmäßig auf die Kompetenz von Kolleg:innen zurückgreifen (wollen). Fehlt der Rückhalt, muss dieser erst wieder mühsam erarbeitet werden.

Eine gute Unternehmenskommunikation für ein Start-up mit 300 Personen – wie sähe sie aus?

Swaran · 300 Personen und noch ein Start-up? Spätestens ab der Größe gibt es sicherlich organisationale Regelsetzungen und Prozessdefinitionen, auch bei holokratischen Organisationsmodellen. Wichtig erscheint mir hier, dass man sich besonders über das Kerngeschäft im Klaren ist und nicht viele Botschaften parallel, sondern eine Positionierung konsequent durchhält. Dabei geht es nicht nur um die externe Kommunikation, sondern gerade in der internen Kommunikation muss man darauf achten, dass alle Mitarbeitenden ein gemeinsames Werteverständnis und eine Identität teilen. Gerade in expansiven Wachstumsphasen darf man den Kern der Organisation nicht vergessen: „Warum gibt es uns und was können wir beitragen?"

Und bei 50 Mitarbeiter:innen? Oder anders gefragt: Ab wann braucht es überhaupt Unternehmenskommunikation? Ist das nicht sehr „corporate"?

Swaran · Für „corporate" gibt es unterschiedliche Lesarten. Die eine zielt auf eher bürokratische, langsame Strukturen ab, von denen sich Start-ups ja abgrenzen wollen. Aber auch bei Start-ups kann es toxische Arbeitskulturen und Selbstausbeutung geben. Deshalb ist Stundenaufschreiben keine Drangsalierung, sondern auch ein Selbstschutz. Die zweite und für mich wesentlich spannendere Lesart versteht darunter die ganzheitliche „Körperlichkeit" einer Organisation. Und in diesem Verständnis sollte man auch Unternehmenskommunikation verstehen: als ganzheitliche Betrachtung der organisationalen Kommunikationsprozesse.

Daniel · Es hilft nach innen und außen. Ich kann Botschaften nur treffend kommunizieren, wenn ich intern eine klare Kommunikationsstruktur geschaffen habe. Nur wer von außen nach innen und umgekehrt kommuniziert, kann brisante oder kritische Themen aufspüren: Externe

Anspruchsgruppen stellen häufig Fragen, die das C-Level bereits besprochen und eine mehr oder weniger klare Antwort gefunden hat. Allzu häufig werden Haltungen zu vermeintlich selbstverständlichen Themen so erst für die Mitarbeiter:innen transparent („Ach, so ist also unsere Position dazu"). Mit einer Stimme zu sprechen, motiviert zudem ungemein.

Eure drei Tipps an Gründer:innen, die eine Unternehmenskommunikation aufbauen wollen?

Swaran · ① Vergesst *old* und *local media* nicht: Gerade im nahen Umfeld sind Beziehungen zu Redakteur:innen viel Wert. Trotzdem ganzheitlich Denken und Silos vermeiden – und entkoppelt die PR nicht von den Entscheider:innen in der Organisation. ② Jede (neue) Plattform kostet Zeit und Ressourcen: Konzentriert euch auf das, was für euch am sinnvollsten ist. Dazu gehört es auch, Dinge nicht zu tun. ③ Stellt Profis ein: Ihr wollt ja auch nicht die Buchhaltung von jemandem machen lassen, der gerade *Buchhaltung für Dummies* gelesen hat, oder? Nur wird immer unterstellt, dass jeder kommunizieren könne – ist aber nicht so. Deshalb sucht euch die Besten für euer Feld aus.

Daniel · ① Zwingt euch, das „PR-Thema" regelmäßig in den stressigen Start-up-Alltag zu integrieren. Kontinuität ist wichtig und schafft Vertrauen – bei internen und externen Anspruchsgruppen. ② Bei den Kleinen lernen: Schleift Geschichte und Material rund, indem ihr euch kleineren Medien bei Interviews präsentiert – und die Learnings beim großen *media buzz* umsetzt. ③ Versteht, wie die Branche tickt: Deckt euch mit Zahlen, Daten und Fakten, kurzum *insights* ein. Folgt Vordenker:innen in eurem Bereich – werdet zu Kenner:innen und Expert:innen, die jederzeit zum Thema befragt werden können.

Letzte Frage: Was habe ich vergessen zu fragen?

Swaran · Vielleicht eine Frage nach den Eigenschaften und Kompetenzen, die man für die PR mitbringen sollte: gute Allgemeinbildung, unbändige Neugier, keine Angst vor Zahlen und Geschäftsmodellen, sehr gutes Verständnis moderner Mediensysteme inklusive Social Media, Plattformlogiken und Algorithmisierung, eine gute Portion strategisches Denken und natürlich überragende Textsicherheit.

Daniel · Ob Marketing-Automation und KI die Kommunikationsbasics künftig nicht obsolet machen? Solange die Start-ups für Menschen kommunizieren, gelten auch die Regeln der Kommunikationswissenschaft. Tools können Dinge erleichtern. Eine zu starke Simplifizierung täuscht jedoch darüber hinweg, dass fachliche Expertise und Erfahrung nicht mit ein bis zwei Klicks zu ersetzen sind.

1.2 Public Relations und Marketing – Versuch einer Abgrenzung

Nora Denner
Research Associate an der Johannes Gutenberg-Universität Mainz

Du beschäftigst dich aus wissenschaftlicher Sicht mit Public Relations und Unternehmenskommunikation. Wie würdest du die beiden Disziplinen definieren?

Nora · Zunächst einmal betreiben nicht nur (gewinnorientierte) Unternehmen PR, sondern alle Arten von Organisationen. Insgesamt ist die PR ein sehr vielfältiges Tätigkeitsfeld, das einem steten Wandel unterliegt und je nach Forschungsdisziplin unterschiedlich definiert wird. Für mich als Kommunikationswissenschaftlerin kann Unternehmenskommunikation/PR als das strategische Management von Kommunikation mit internen und externen Anspruchsgruppen eines Unternehmens bezeichnet werden.

Ein Tweet zu einem neuen Produktfeature – ist das nun PR oder schon Marketing? Weshalb?

Nora · Das ist eine spannende Frage. Für mich wäre das eher Marketing, weil es konkret um ein Produkt geht, das dargestellt beziehungsweise beworben wird, mit dem Ziel, das Produkt interessanter zu machen und den Absatz zu steigern. Allerdings muss man sagen, dass die Grenzen zwischen PR, Marketing und auch Werbung in der Praxis immer mehr verschwimmen. Unternehmenskommunikation wandelt sich ja auch immer mehr, zum Beispiel weg von Kanälen hin zu Themen.

Und was ist mit dem Blogartikel, der sich an Kund:innen richtet?

Nora · Hier kommt es darauf an, um was es inhaltlich konkret geht, aber wenn es ein Artikel über das Unternehmen oder eine Person im Unternehmen ist und nicht über ein einzelnes Produkt, würde ich sagen, dass es sich um PR handelt. Ein Blog kann ja zum Beispiel wie ein digitales Kund:innenmagazin funktionieren. Aber auch hier gilt, dass die Grenzen zwischen den Disziplinen fließend sind.

Wie grenzt du externe Kommunikation und Marketing voneinander ab?

Nora · Ich würde die beiden Konzepte anhand ihrer Ziele voneinander abgrenzen. Bei der externen Kommunikation geht es um das Unternehmen und dessen Reputation in einem gesellschaftlichen und politischen Umfeld sowie die Frage, wie externe Anspruchsgruppen das Unternehmen wahrnehmen, wie man diese Wahrnehmung beeinflussen kann und letztendlich, wie man bei den Anspruchsgruppen Vertrauen schafft. Beim Marketing geht es vorwiegend um die Produkte beziehungsweise Dienstleistungen eines Unternehmens und dessen Rolle am Markt sowie die Frage, wie man den Umsatz steigern kann. Hier gibt es aber unterschiedliche Meinungen je nach Forschungsdisziplin, die Kommunikationswissenschaft hat zum Beispiel eine andere Sicht als die Wirtschaftswissenschaft. Und selbst innerhalb der einzelnen Forschungsdisziplinen finden sich verschiedene Definitionen und Auffassungen.

Public Relations gilt manchmal als sehr weiche Disziplin und wird nicht immer ernst genommen. Kannst du das bestätigen? Woran liegt das?

Nora · Ja, manchmal ist das schon der Fall. Ich denke es liegt zum einen daran, dass Zielgrößen wie Reputation oder Legitimation schwerer zu messen sind als beispielsweise der Umsatz, auch wenn es im Bereich Kommunikationscontrolling mittlerweile zahlreiche gute Möglichkeiten gibt. Zum anderen denke ich, dass gute Kommunikation im Alltagsgeschäft häufig nicht so sichtbar ist und die Qualität beziehungsweise Mängel in der Kommunikation erst in kontroversen Situationen zu Tage treten, also wenn etwas schiefgeht. Zum Beispiel bei Krisen wie Unfällen, internen Umstrukturierungsprozessen oder (digitalen) Shitstorms. Generell glaube ich aber, dass die Bedeutung guter Kommunikation bei Entscheidungstragenden mittlerweile angekommen ist.

Woran misst du den Erfolg guter PR?
Nora · PR ist dann erfolgreich, wenn sie zum Erreichen von Unternehmenszielen beiträgt. Dabei handelt es sich beispielsweise um positive Berichterstattung in den Medien, eine positive Reputation, motivierte Mitarbeitende oder die erfolgreiche Rekrutierung von Nachwuchskräften. Allerdings sollte die Erfolgsmessung nicht auf Eindrücken oder Meinungen basieren, sondern Kommunikationsprozesse sollten mit Hilfe eines Kommunikationscontrollings systematisch gesteuert und evaluiert werden.

Unternehmenskommunikation umfasst nicht nur die externe, sondern auch die interne Kommunikation. Was macht eine erfolgreiche interne Kommunikation aus?
Nora · Die Mitarbeitenden eines Unternehmens sind eine äußerst wichtige Zielgruppe der Kommunikation, die manchmal auch übergangen wird. Dabei sind die eigenen Mitarbeitenden mit die besten „Promoter" für das Unternehmen. Erfolgreich ist die interne Kommunikation dann, wenn sich die Mitarbeitenden gut informiert fühlen, sie sich gut in das Unternehmen integriert fühlen, Raum für Dialog zwischen Unternehmen und Mitarbeitenden geschaffen und angenommen wird und Mitarbeitende mit ihrer Arbeit zufrieden sind sowie eine gute Bindung zum Unternehmen haben.

Gibt es Faktoren, die eine erfolgreiche Unternehmenskommunikation von einer weniger erfolgreichen unterscheiden? Oder anders gefragt: Was machen viele Unternehmen vielleicht falsch?
Nora · Zunächst einmal möchte ich betonen, wie wichtig gute Kommunikation ist. Unternehmenskommunikation kann man nicht nebenbei machen, es braucht gut ausgebildete, professionelle Kommunikationsmanager:innen. Ein Unternehmen sollte sich über die verschiedenen Anspruchsgruppen im Klaren sein, die mitunter unterschiedlich angesprochen werden müssen. Außerdem ist es wichtig, für Ausnahmesituationen wie zum Beispiel Krisenfälle vorbereitet zu sein. Viele Unternehmen denken vielleicht, dass es sie nicht treffen kann, aber Krisen entstehen mittlerweile sehr schnell, gerade in den sozialen Medien. Weiterhin ist Transparenz wichtig, besonders im Krisenfall.

Drei Gründe, weshalb Unternehmen in Unternehmenskommunikation investieren sollten?

Nora · ① Unternehmenskommunikation kann erstens die Bekanntheit der eigenen Marke steigern beziehungsweise die eigene Marke weiter etablieren. ② Zweitens führen die sozialen Medien zu einer direkten Kommunikation zwischen und mit den Anspruchsgruppen und beschleunigen zugleich die Kommunikationsprozesse. Eine gut funktionierende Unternehmenskommunikation deckt diesen erhöhten Kommunikationsbedarf und hebt das Unternehmen gegenüber der Konkurrenz ab. ③ Drittens kann gute PR Vertrauen zu den Anspruchsgruppen aufbauen und von ihnen erhalten, was besonders im Krisenfall relevant ist.

Zuletzt: Wann ist der richtige Zeitpunkt gekommen?
  Nora · Aus meiner Sicht sollten Unternehmen von Anfang an in (gute) PR-Arbeit investieren. Wer gute und professionelle Kommunikation von Anfang an mitdenkt, hat mehr Erfolg.

1.3 Warum PR? Die Sicht eines Gründers

Christian Wiens
CEO und Gründer von Getsafe

Warum sollten Start-ups in Public Relations investieren?

Christian · Es gibt aus meiner Sicht gleich mehrere gute Gründe. Der offensichtliche ist, das Unternehmen bekannter zu machen. Im

1.3 Warum PR? Die Sicht eines Gründers

Gegensatz zum Marketing kann PR die eigene Idee oder Neuigkeit extern validieren. Das schafft Vertrauen – und zwar nicht nur nach außen, sondern auch nach innen. Für (zukünftige) Mitarbeiter:innen ist es sehr motivierend, wenn sie sich und ihre (zukünftige) Arbeit in der Öffentlichkeit gewürdigt und erwähnt sehen. Weniger offensichtlich ist es, weshalb sich die Gründer:innen und CEOs, aber auch die Produktmanager:innen, aktiv mit PR beschäftigen sollten. Sowohl vor der Gründung eines Unternehmens als auch vor der Entwicklung eines neuen Produkts oder Features ist es eine sinnvolle Übung, zuallererst eine Pressemitteilung zu verfassen. Es zwingt dich, dir Gedanken darüber zu machen, wie die allgemeine Öffentlichkeit, Kund:innen, Wettbewerber:innen und Bewerber:innen die eigene Idee, Neuigkeit oder Information wahrnehmen und verstehen sollen.

Viele Gründer:innen kümmern sich zu Beginn selbst um PR. Gibt es einen Zeitpunkt, ab dem das Thema abgegeben werden sollte?
Christian · Ich halte es für sinnvoll, als Gründer:in so lange wie möglich in die PR-Arbeit involviert zu bleiben. Denn diese bestimmt zu großen Teilen die Außen- und Innenwahrnehmung des Unternehmens, gegenüber Kund:innen, Investor:innen, aber auch Bewerber:innen, Freund:innen und Bekannten sowie dem eigenen Wettbewerb. Die Fähigkeit, eine spannende und sinnhafte Geschichte zu erzählen, sodass sie möglichst viele Menschen verstehen, ist eine Kernaufgabe von Unternehmer:innen. Unterstützung sollte aus meiner Sicht dann hinzugezogen werden, wenn die Rolle von PR erweitert wird. Darunter fallen zum Beispiel Themen wie Fachmedien, Employer Branding, Konferenzen und Veranstaltungen und Social Media.

Wie misst du den Erfolg guter PR-Arbeit?
Christian · Die Messbarkeit von PR ist schwierig. Es gibt sowohl quantitative Faktoren als auch qualitative Faktoren, die wiederum langfristigen PR-Erfolg sicherstellen können. Einfach messbare Metriken sind zum Beispiel die Anzahl von Clippings, also die Beiträge oder Erwähnungen des eigenen Unternehmens oder der eigenen Person in den Medien. Darüber hinaus kann die Art und Qualität des Mediums eine große Rolle spielen. Hier lohnt es sich beispielsweise, die für den eigenen Zweck wichtigen Medien höher zu ranken als andere, um letztlich eine gewichtete Bewertung von Clippings vornehmen zu können. Ein weniger offensichtlicher, aber

langfristig entscheidender Faktor ist aus meiner Sicht der Aufbau eines Netzwerks von Journalist:innen, mit denen man regelmäßig in Kontakt steht, die das eigene Unternehmen kennen und mit denen man offen über viele Entwicklungen sprechen kann. Daraus resultieren häufig die besten und kreativsten PR-Ergebnisse.

Es gibt in Start-ups immer wieder die Diskussion, ob und inwiefern PR zum Unternehmenserfolg beiträgt. Wie siehst du das?

Christian · Mediale oder öffentliche Aufmerksamkeit kommt oft automatisch mit dem Erfolg eines Unternehmens. Ob der Erfolg eines Unternehmens auch umgekehrt durch aktive PR beeinflusst werden kann, kommt auf die Situation an. Je nach Thema und Branche, aber auch je nach Trends und Marktentwicklungen kann die öffentliche Aufmerksamkeit dem eigentlichen Erfolg des Unternehmens in gewisser Weise vorauseilen. Elon Musk ist hier ein gutes Beispiel. Letztlich kommt es auf die eigene Situation und Positionierung an. Auch keine PR zu machen (*stealth modus*) ist eine Art der Öffentlichkeitsarbeit, die zu großem Erfolg führen kann.

Wo liegen deiner Meinung nach die Schwächen oder Grenzen von PR?

> **Christian** · „Mehr ist mehr" funktioniert bei PR nicht. Das schadet der Glaubwürdigkeit und zeugt von einem verzweifelten Wunsch nach Aufmerksamkeit. Es ist wichtig zu verinnerlichen, dass Unternehmen die eigene Darstellung in der Öffentlichkeit zwar stark, aber nicht komplett beeinflussen können. Das unterscheidet PR klar vom Marketing. Deshalb ist es aus meiner Sicht wichtig, den Neuigkeitswert einer Meldung immer kritisch zu überprüfen und vor allem solche Medien und Journalist:innen zu adressieren, die sich für das Thema auch wirklich interessieren. Vorab-Recherchen sind daher sehr viel zielführender als ein Gießkannenprinzip. Das ist vielleicht keine Schwäche, aber zumindest eine Besonderheit, der man sich bewusst sein sollte.
> Ein Problem entsteht aus meiner Sicht dann, wenn PR nicht weit genug gedacht wird. Unternehmenseigene Kanäle erreichen teilweise (zig-)tausende von Menschen und damit mehr als manche Medien. Es geht letztlich um die gesamte Öffentlichkeitsarbeit, dazu zählt auch jede Form von Social Media, Veranstaltungen und Public Affairs. PR klassisch mit ein paar Pressemeldungen gleichzusetzen, ist überholt.

1.3 Warum PR? Die Sicht eines Gründers

Wenn du auf die externe Kommunikation von Getsafe zurückblickst: Gibt es etwas, auf das du besonders stolz bist?
  Christian · PR ist ein Prozess und gehört von Anfang an zu einem Unternehmen dazu. Allerdings verändert sich PR im Laufe der Zeit. Wenn ich zurück an die Anfänge denke, dann haben wir als passionierte Gründer mit einer klaren Vision und einer Kampfansage sehr früh und viel mediale Aufmerksamkeit in Handelsblatt, FAZ, TechCrunch und anderen Medien bekommen – ganz ohne externe Hilfe. Außerdem sind wir heute auch in der öffentlichen Wahrnehmung das größte und bekannteste Start-up in der Region Rhein-Neckar, die immerhin 2,5 Millionen Einwohner:innen umfasst.
  Klar ist aber auch: Sobald ein Unternehmen wächst, ist man als Gründer:in auch für andere Themen stark eingespannt. Da bleiben Netzwerkaufbau und Beziehungspflege schnell auf der Strecke. Und gerade weil PR mehr ist als ein, zwei Posts bei LinkedIn und eine Pressemeldung, schafft man das nicht nebenbei.

Und etwas, das dich frustriert?
  Christian · Die fehlende positive Einstellung in der deutschen Öffentlichkeit und Presse gegenüber Start-ups. In den USA schaut die Öffentlichkeit mit viel mehr Stolz und Interesse auf die heimischen Unternehmer:innen. Das ist letztlich ein Mentalitätsproblem, das in der Medienlandschaft eben auch stattfindet. Ich übertreibe: Wenn eine Firma hier zu erfolgreich wird, sucht man den Skandal. Wenn Technologie eingesetzt wird, sucht man nach potenziellen Nachteilen oder Gefahren. Innovationen werden hierzulande stärker nach datenschutzrechtlichen Aspekten hinterfragt, als deren mögliche positive Wirkung zu durchdenken.

Dein wichtigstes Learning zum Thema externe Kommunikation?
  Christian · Der Erfolg von PR steht und fällt mit der eigenen Story und die hat man selbst in der Hand. Da sollten Gründer:innen auch die meiste Zeit investieren und zum Beispiel Pressemitteilungen oder zumindest erste Entwürfe selbst schreiben.

Ein Start-up beschließt, jemanden für PR einzustellen. Worauf sollten Gründer:innen achten?

Christian · Hier gibt es fünf Dimensionen, die ich als wichtig erachte. Kreativität und Genauigkeit, und zwar sowohl inhaltlich wie sprachlich. Das richtige Mindset, um eine möglichst starke Identifikation mit dem Unternehmen beziehungsweise dem Produkt und der Branche zu schaffen. Networking, um ein vertrauensvolles und nachhaltiges Journalist:innennetzwerk aufzubauen. Frustrationstoleranz, da man gerade von Medien sehr häufig ein Nein kassiert und es aber immer wieder probieren muss.

2 Ist das noch PR? Von verwandten Disziplinen der Unternehmenskommunikation

Die Unternehmenskommunikation steuert die Außenwahrnehmung. Doch damit ist sie in Unternehmen nicht allein. Auch Marketing beeinflusst, wie Kund:innen das Unternehmen und dessen Produkte und Dienstleistungen sehen. Wesentlicher Bestandteil davon ist die Marke selbst. Und das ist nicht alles. Auch HR ist eine attraktive Positionierung des Unternehmens wichtig, wenngleich mit einem Fokus auf die Arbeitgeber:innenseite.

Wo also sollte PR aufgehängt werden? Und wo liegt die Grenze zum Marketing? Diesen Fragen geht Klaas Flechsig von Stripe in seinem Beitrag nach (→ Kapitel 2.1). Nicht weniger komplex ist der Zusammenhang zur Marke, dem Katharina Buttenberg auf den Zahn fühlt (→ Kapitel 2.2). Denn die Marke legt das Fundament für die Positionierung im Markt, und hat daher auch einen Einfluss auf die Außendarstellung und Innenwahrnehmung des Unternehmens. Unabhängig davon, ob Brand dabei als Teil von Marketing, als Teil der Unternehmenskommunikation oder aber als ein diesen beiden Abteilungen übergeordneter Bereich angesehen wird, gibt es immer eine Schnittmenge zur Unternehmenskommunikation. Benjamin Romberg von Spendesk und Marina Burtyleva von N26 nehmen die Employer Brand unter die Lupe (→ Kapitel 2.3). Wie schafft man es, ein einzigartiges Arbeitgeberversprechen zu entwickeln und sich ausreichend vom Wettbewerb zu differenzieren? Und wie gelingt das auch mit begrenzten Mitteln? Abgerundet wird das Kapitel mit einem Beitrag von Andrew Kyle von Gorillas, der ergänzend zu Benjamin und Marina auf die Bedeutung der Unternehmenswerte und Kultur für eine konsistente Kandidat:innenerfahrung eingeht und seine wichtigsten Tipps zum Employer Branding teilt (→ Kapitel 2.4).

2.1 Zwischen PR und Marketing

Klaas Flechsig
Manager Northern European Communications bei Stripe

Bitte vervollständige den Satz: PR und Marketing sind wie ...
Klaas · Oh Gott, ich bin fürchterlich schlecht in sowas. Vielleicht wie zwei Schwestern, die sich nur entfernt ähneln, aber trotzdem von allen Onkeln und Tanten immer miteinander verwechselt werden?

In Start-ups (und auch größeren Unternehmen) werden PR-Abteilungen mitunter als Teilbereich vom Marketing gesehen und dort organisatorisch verankert. Deine Meinung dazu?

Klaas · In so einem Unternehmen würde ich niemals eine Stelle antreten. Wer PR als Unterdisziplin vom Marketing begreift, verkennt ihre wichtigsten Funktionen. Klar, positive PR kann auch vertriebsunterstützende Wirkung haben und sieht deswegen vielleicht manchmal ähnlich aus wie die Go-to-Market-Aktivitäten, mit denen sich Marketingabteilungen befassen. Kommunikation beinhaltet aber auch Krisenkommunikation, Beziehungspflege zu relevanten Meinungsmacher:innen und Partner:innen und viele andere Aktivitäten. Ist das wichtigste Ziel fürs Marketing das Unternehmenswachstum, ist es für PR eher der Schutz der Unternehmensmarke. Beides ist wichtig – aber keines ist Teil des anderen.

Es gibt durchaus Bereiche, in denen die Grenzen zwischen PR und Marketing fließend sind. Welche Erfahrung in der Zusammenarbeit mit dem Marketing hast du gemacht? Was lief gut? Und wo liegen vielleicht Stolpersteine?

2.1 Zwischen PR und Marketing

Klaas · Ich habe immer gut mit den Marketingkolleg:innen zusammengearbeitet. Klar, die Ziele und die Denkweise der beiden Abteilungen unterscheiden sich. Das führt aber nur in den seltensten Fällen wirklich zu komplett gegensätzlichen Ansichten; am Ende wollen wir schließlich das Unternehmen erfolgreicher machen. Häufig miteinander zu reden, hilft dabei, das Verständnis für die jeweils andere Funktion zu steigern. Ganz wichtig: Damit meine ich wirklich reden, nicht E-Mails hin- und herschicken!

Vielleicht kennst du das: Das Marketing wird mit Budget überhäuft; wenn dagegen diePR nach einem Bruchteil des Geldes verlangt, kommt gleich die Frage nach dem Return on Investment (ROI), also dem monetär messbaren Ergebnis. Dein Rat?

Klaas · Marketing hat ganz andere Aufgaben zu erledigen als PR: Wenn ich eine Anzeigenkampagne starte oder Imagebroschüren für potenzielle Kund:innen drucken lasse, kostet das nun einmal viel Geld; daher müssen Marketingbudgets immer viel höher als PR-Budgets sein. Marketing muss aber auch einen klar positiven ROI seiner Aktivitäten nachweisen, zum Beispiel über Zahlen zu Neukund:innenakquisitionen oder zum Umsatzwachstum, das sich eindeutig einer einzelnen Aktivität zuordnen lässt. Das ist in der PR sehr viel schwieriger. Wie will man nachweisen, wie viele Neukund:innen ein positiver Zeitungsartikel gebracht hat – oder wie viel Schaden ein nie erschienener negativer Beitrag verursacht hätte, den ein PR-Team verhindert hat? Meines Wissens hat bisher niemand eine überzeugende Antwort auf die Frage der schwierigen Messbarkeit von PR geliefert. Wenn ich eine PR-Idee habe, die mein zur Verfügung stehendes Budget sprengt, spreche ich oft mit der Marketingabteilung. In vielen Fällen kann man die Idee so adaptieren, dass sie auch auf Marketingziele einzahlt – und dann ist Marketing nach meiner Erfahrung auch immer bereit, beim Budget zu unterstützen. Zusammenarbeiten und Kompromisse finden!

Venture-Capital-finanzierte Start-ups sind oft zunächst rein auf Wachstum fokussiert. Reputationsmanagement und Beziehungspflege werden da gern zu Nebenschauplätzen. Du hast bei Google und auch bei Stripe die Hypergrowth-Phase miterlebt und begleitest nun gewissermaßen den Übergang in eine konzernähnliche Struktur. Hat sich das Verhältnis zwischen Marketing und PR verändert und wenn ja, inwiefern?

Klaas · Neu gegründete Unternehmen durchlaufen in ihrem Wachstum und ihrer Entwicklung verschiedene Phasen, in denen unterschiedliche Prioritäten gelten und in denen auch unterschiedliche Mitarbeiter:inneneigenschaften gefragt sind. Am Anfang geht es darum, überhaupt Kund:innen zu gewinnen und zu überleben. Später geht es um Wachstum, Internationalisierung und Erweiterung der Produktpalette. Und wenn das Unternehmen erfolgreich wird, steigt auch die Aufmerksamkeit und der kritische Blick der Öffentlichkeit.

Die Mitarbeitenden, die ein Unternehmen in der ersten Phase erfolgreich machen, sind nicht dieselben wie in späteren Phasen, und wer lange erfolgreich und glücklich im Unternehmen bleiben will, muss sich ebenso verändern wie das Unternehmen selbst. Und natürlich verändert sich auch die Zusammenarbeit der einzelnen Abteilungen. Als ich bei Stripe anfing, waren Marketing und PR eine Handvoll Leute, die sich auf Zuruf verständigen konnten. Heute sind neue Prozesse und Arten der Teamzusammenarbeit nötig geworden. Was sich nicht verändert hat, ist die vertrauensvolle und von gegenseitigem Verständnis geprägte Zusammenarbeit.

Welchen Tipp würdest du Start-ups geben, die gerade erst mit PR anfangen?

Klaas · Die Bedeutung von Kommunikation und PR wird oftmals unterschätzt – wie gesagt, das merkt man nicht zuletzt an der häufigen Aufhängung der PR innerhalb der Marketingabteilung. Mein Tipp an Gründer:innen ist, sich frühzeitig mit dem Thema auseinanderzusetzen und sich einen PR-Profi ins Team zu holen, der in allen Kommunikationsfragen kompetent beraten kann. Es muss nicht gleich ein ganzes Team sein – lieber eine einzige, aber dafür erfahrene Person, die mit Weitblick in die Zukunft schaut.

Ein:e erfahrene:r PR-Manager:in hat das Unternehmenswachstum im Blick und versteht, welche noch unbekannten Herausforderungen auf das Unternehmen in zukünftigen Entwicklungsphasen zukommen. Er oder sie baut Beziehungen und Kommunikationsstrategien auf, die diese Herausforderungen zu meistern helfen, noch bevor sie wirklich da sind. Bildlich gesprochen: Ein kaputtes Dach repariert man, wenn die Sonne scheint – nicht erst, wenn es regnet.

2.2 Die Brand als umspannender Rahmen der Außen- und Innendarstellung

Katharina Buttenberg
Senior Vice President Global Brand bei HelloFresh

Mit der Entwicklung einer Unternehmensmarke lassen sich ganze Bücher füllen. Du selbst hast für deine Doktorarbeit über 400 Start-ups, Investor:innen und Manager:innen von Start-up-Inkubatoren in den USA und Europa befragt und hast über 20 Jahre Erfahrung in diesem Bereich. Was umfasst das Schlagwort „Brand"?

Katharina · Der Begriff „Brand" oder „Marke" wird nicht von jedem:r gleich definiert und oftmals wird dieser leider auf die visuellen Komponenten reduziert und als synonym für Corporate Design verwendet oder gar als „Non-Performance-Marketing" abgetan. Diese Sicht ist leider sehr limitiert und kurzfristig, denn die Marke ist viel mehr: Sie bietet Kund:innen Orientierung und verspricht einen klaren Nutzen, sorgt also für eine einheitliche und positive Wahrnehmung. Einfach gesagt: Marken sind dann erfolgreich, wenn die Marketingausgaben proportional zum Umsatz abnehmen, weil mehr Kund:innen ihren Weg organisch (über Direct Traffic oder Empfehlungen und Word of Mouth) zur Marke finden oder loyaler sind (die Customer Retention also steigt). Insofern hat Brand-Management auch zwei Komponenten: Kund:innen-orientierung und Markenpositionierung. Eine Marke orientiert sich an Kund:innen, wenn sie Feedback einholt, auswertet und auf Basis der Kund:innenbedürfnisse die Produkte und Dienstleistungen weiterentwickelt und anpasst. Die Markenpositionierung konzentriert sich auf die strategische Präsentation der Marke, die Marketingaktivitäten und die funktionale Weiterentwicklung der Marke. Um sowohl Wettbewerbsvorteile als auch einen nachhaltigen Unternehmenswert zu schaffen, müssen entsprechend Kompetenzen in beiden Feldern aufgebaut werden und mit der Organisation wachsen.

Was macht für dich eine gute Brand aus? Hast du Beispiele für sehr erfolgreiche Marken? Oder auch Negativbeispiele?

Katharina · Eine gute Marke bleibt im Kern stabil, entwickelt sich aber regelmäßig und passend zu der Entwicklung der Bedürfnisse der Kund:innen weiter. Dies setzt einen engen Bezug zwischen Marken- und Produktentwicklung sowie eine klare, konsistente und kund:innenorientierte Kommunikation voraus. Ziel ist immer, Loyalität aufzubauen. Erfolg hängt von einer klaren Positionierung der Marke für die Kund:innen ab, diese kann dabei entweder stärker funktional oder emotional geprägt sein.

Amazon ist ein gutes Beispiel für ein Unternehmen, das als Marke eher funktional definiert ist. Es hat sich von einem digitalen Buchhändler zu einem Unternehmen mit Expertise im Bereich Logistik, Media und Daten entwickelt. Von der Markenarchitektur her wurden Subprodukte an die Kernmarke angebaut (zum Beispiel Amazon Kindle, Amazon Alexa, Amazon Prime, Amazon Fresh) oder bei Akquisitionen als unabhängige Marken belassen (zum Beispiel Wholefoods, Twitch oder audible).

Ein Beispiel für eine Marke, die über ihre Werte ein starkes Image und damit auch eine emotionale Beziehung zu Kund:innen aufgebaut hat, ist allbirds. allbirds ist eine nachhaltige Sneaker- und Apparel-Marke aus Neuseeland, die sich auf die Produktion mit nachhaltigen Materialien wie Merinowolle und Eukalyptus fokussiert hat. Die Werte der Gründer:innen zu Nachhaltigkeit finden sich überall in Marke und Unternehmen wieder. Käufer:innen dieser Marke teilen diese Werte und demonstrieren sie über den Kauf auch nach außen.

Was sind Voraussetzungen, um eine Brand zu entwickeln? Welche Fragen sollten sich Gründer:innen stellen?

Katharina · Die Basis für eine starke Marke sind immer die Motivation und die Werte der Gründer:innen selbst. In ihrer Vision legen sie dar, was sie mit ihrem Unternehmen erreichen und wie sie die Welt für ihre Kund:innen besser machen wollen. Es ist wichtig, das früh aufzuschreiben und aktiv zu kommunizieren, damit Werte und Vision nicht verloren gehen, wenn das Team stark wächst. Oftmals haben Unternehmen mit starken Marken diese

2.2 Die Brand als umspannender Rahmen der Außen- und Innendarstellung

fest in ihrer Kultur verankert und Rituale entwickelt, wie sie diese Marke weitergeben.

Wenn es daran geht, ein konkretes Produkt (oder eine Dienstleistung) zu entwickeln, ist es wichtig zu verstehen, welche Aufgaben und Wünsche dieses für potenzielle Kund:innen erfüllt. Was sind die sogenannten Jobs-to-be-done? Es empfiehlt sich, bereits bei den Überlegungen zum Prototyp Kund:innenfeedback einzubeziehen und möglichst breit und schnell zu testen. Zudem sollte auch das Wettbewerbsumfeld abgesteckt werden. In dieser Phase ändern sich oftmals noch das Produkt und auch die Zielgruppe wird nochmals geschärft, ja vielleicht sogar angepasst. Umso wichtiger ist es deshalb, dass die Gründer:innen selbst sich mit Kund:innen austauschen und ein gutes Verständnis für deren Bedürfnisse entwickeln, denn einer der häufigsten Gründe für das Scheitern von Start-ups ist ein fehlender Nutzen des Produktes im Markt.

Basierend auf der Vision des Gründer:innenteams und dem Verständnis für Kund:innen und Markt lassen sich ein Produkt und eine Marke entwickeln, die ein klares Bedürfnis befriedigen und ein klares Alleinstellungsmerkmal (auch Unique Selling Proposition genannt) aufweisen. Diese Positionierung kann dann über Marketingaktivitäten kommuniziert und in der Kund:innenwahrnehmung gefestigt werden.

Eine Marke entwickelt sich ja auch weiter. Nicht alles ist ab Tag 1 gegeben. Wie siehst du das? Wann sollten sich Start-ups damit befassen? Ist das Thema vielleicht sogar erst ab einer gewissen Marktreife oder Unternehmensgröße relevant?

Katharina · Eines der ersten Elemente der Marke, das relativ früh festgelegt werden muss, ist der Name. Gerade im aktuellen Zeitalter der Suchmaschinen muss dieser leicht zu merken, leicht zu schreiben und einzigartig sein und zudem am besten auch weltweit verständlich und klar sein, sollte das Unternehmen expandieren. Bei einer Namensänderung besteht die Gefahr, Markenwert zu verlieren.

Die visuelle Gestaltung der Marke kann dann Schritt für Schritt entwickelt und auch über die Zeit angepasst werden. Hier gilt es zu bedenken, dass sich ein verändertes Corporate Design negativ auf die Wiedererkennung und damit die Markenbekanntheit auswirkt. Gerade loyale Kund:innen könnten nicht so positiv auf diese Änderungen reagieren. Insofern sollten Gründer:innen mögliche Vorteile einer Markenveränderung immer mit dem potenziellen Verlust an Bekanntheit abwägen und entsprechend graduell vorgehen.

Das Thema Brand ist organisatorisch oft innerhalb des Marketings aufgehangen. Gleichzeitig beeinflusst die Marke auch fast alle anderen Bereiche, angefangen von der Außendarstellung über Employer Branding bis hin zum Produkt selbst. Wie sollte Brand im Unternehmen deiner Meinung nach verortet sein?

Katharina · In den letzten Jahrzehnten und mit zunehmender Digitalisierung hat sich Marketing von einer reinen vertriebsunterstützenden Rolle immer mehr zu einem Treiber der Unternehmensleistung entwickelt und wird auch so gemessen. Der Marke kommt hierbei eine zentrale strategische Rolle im Management zu. Sie moderiert das Verhältnis zwischen Kund:innenerwartungen, Wertversprechen und dem Mehrwert, den die Kund:innen erhalten. Der Markenwert ist daher immer sehr langfristig ausgerichtet.

Eine Aufhängung des Brand-Teams im Marketing kann durchaus sinnvoll sein, da die visuelle Ausgestaltung der Marke und deren Kommunikation oftmals eng mit dem Marketing verknüpft sind. Da die Aufgabe von Brand interdisziplinär ist, kann Brand-Management auch in anderen Teams abgebildet werden. Je nachdem, wie die Organisation strukturiert ist (nach Funktion oder nach Kund:innenlebenszyklus), sollte aber die übergreifende Rolle des Brand-Managements und dessen strategische Bedeutung klar reflektiert sein. Dies bedeutet auch, dass das Thema Brand mit entsprechender Seniorität besetzt werden muss und dass neben strategischen Kompetenzen auch Research-Kompetenzen in diesem Team liegen sollten.

Lass uns ein bisschen zum Thema Strategie sprechen. Was umfasst eine Markenstrategie alles? Wie beginnt man? Und woran machst du fest, ob eine Strategie erfolgreich ist?

Katharina · Eine erfolgreiche Markenstrategie soll den Wert der Marke erhöhen, die Position gegenüber Wettbewerber:innen stärken und somit den gesamten Unternehmenserfolg verbessern. Es gibt verschiedene Methoden, eine Markenstrategie zu planen und zu dokumentieren. Aber gerade in der Entstehungsphase des Unternehmens können sich die Gründer:innen der Markenstrategie selbst annehmen. Im ersten Schritt ist es wichtig, die Jobs-to-be-done und Kund:innenbedürfnisse, die das Produkt erfüllt, systematisch zu verstehen. Mit etwas marktforscherischem Geschick kann man dies am Anfang vielleicht sogar selbst über Gespräche mit Käufer:innen tun oder sich Feedback von potenziellen Kund:innen zu Prototypen einholen.

2.2 Die Brand als umspannender Rahmen der Außen- und Innendarstellung

Basierend auf diesem Feedback und der eigenen Vision für das Produkt können ein erstes Mehrwertversprechen und Vorteile für die Kund:innen formuliert werden.

Wenn dann Produkt, Zielgruppe und Geschäftsplan etwas klarer sind, ist es hilfreich, das Zielbild der Marke für die nächsten drei bis fünf Jahre festzuschreiben. Es gibt verschiedene Markenmodelle, die man verwenden kann. Ich würde empfehlen, ein Modell zu wählen, das neben Mehrwertversprechen und Vorteilen auch die Werte und Leitlinien der Gründer:innen und das Wettbewerbsumfeld der Marke beinhaltet. So können auch Änderungen erkannt und im Zusammenhang mit den anderen Markenelementen geprüft werden.

Woher weißt du, ob die Markenpositionierung funktioniert? Und wann schrillen bei dir die Alarmglocken?

Katharina · Wenn eine Marke die richtigen Kund:innen anspricht, von ihnen konsistent wahrgenommen wird und ihre Erwartungen an das Produkt mit ihren Bedürfnissen übereinstimmen, dann ist die Markenstrategie stimmig und erfolgreich.
Schlussendlich sollte sich eine gute Positionierung in den Finanzkennzahlen niederschlagen. Es gibt aber auch Möglichkeiten, die Stellschrauben der Markenarbeit direkter zu messen, um zu sehen, ob diese erfolgreich sind. Die Rede ist hier oft vom sogenannten Brand Funnel, was sich als Markentrichter übersetzen lässt. Es geht dabei um die Frage, wie viele Kund:innen im Prozess von Markenbekanntheit bis zu Markenloyalität erhalten bleiben oder aber verloren gehen. Hierzu würde ich auf Umfragen zurückgreifen, die sowohl Faktoren wie Bekanntheit der Anzeige, gestützte und ungestützte Markenbekanntheit, die Kaufabsicht und den tatsächlichen Kauf für die eigene Marke und Konkurrenzmarken abfragen als auch abbilden, inwieweit die Alleinstellungsmerkmale und Kernbotschaften der Marke wahrgenommen werden. Es gibt hier einige gute Lösungen auf dem Markt, die es ermöglichen, diese Daten kostengünstig in regelmäßigen Abständen zu erheben.

Eine Marke ist viel Strategie, aber auch die Implementierung und operative Umsetzung danach sind wichtig. Ein netter Slogan und ein

hübsches Logo, damit ist es noch nicht getan. Was gehört noch zu einem Branding-Prozess dazu?

Katharina · Natürlich lebt das Markenmodell nicht für sich alleine. Eine Marke ist nicht umsonst zu 50 % Wissenschaft und zu 50 % Kunst. Nun geht es daran, die theoretische Positionierung in ein Corporate Design und einen Tone of Voice zu überführen, der diese kreativ umsetzt und ein konsistentes Bild der Vorteile im Kopf der Verbraucher:innen erzeugt. Die Hauptelemente einer Corporate Identity sind neben dem Logo die Typografie, die Farbpalette, die Ikonografie und Illustration und die Fotografie. Der Tone of Voice beschreibt, wie wir sprechen und welche Worte und Ansprache wir wählen. Da oftmals am Anfang nur ein kleines Team von Personen die Marke kreativ betreut, wird zu Beginn dieses Prozesses noch nicht so viel dokumentiert. Mit dem Wachstum des Teams und/oder für die Zusammenarbeit mit Externen empfiehlt es sich allerdings, Gestaltungsrichtlinien festzulegen.

Ist der Rahmen abgesteckt, geht es daran, verschiedene Werbemittel zu erstellen und diese in verschiedenen Kommunikationskanälen zu testen. Hierfür bieten sich vor allem digitale Performance-Marketing-Kanäle an. So kann man die Corporate Identity und den Tone of Voice noch etwas iterieren und gezielt ausrichten.

Was können Start-ups aus eigener Kraft stemmen, und wo sollten sie Unterstützung in Form von Agenturen einholen?

Katharina · Im Bereich Marke gibt es viele Agenturen, die unterschiedliche Leistungen anbieten. Je nachdem, welche Kompetenzen im Unternehmen liegen, können Agenturen helfen, Strategieprozesse zu strukturieren und mit einer anderen Sichtweise zu beleuchten.

Da Marken-Strategie-Projekte sehr schnell teuer werden können, rate ich, genau festzulegen, welche Unterstützung benötigt wird. Was soll die Agentur leisten, welche Soft Skills erwartet ihr, was sollen greifbare Ergebnisse, also Deliverables, sein? Neben Agenturen gibt es auch gute Freiberufler:innen, die gezielt unterstützen können.

Letzte Frage: Dein Tipp für alle Brand-Manager:innen?

Katharina · Weniger ist oft mehr. Lieber am Anfang eine einfache Strategie wählen, sich auf eine Zielgruppe fokussieren und eine klare

Kommunikation wählen und dann später systematisch ausbauen. Die Marke wird so für Kund:innen einfacher zu verstehen und auch das Produkt kann besser ausgerichtet werden.

2.3 Employer Branding - Vom Warum zum Wie

Benjamin Romberg
Head of Communications bei Spendesk

Marina Burtyleva
Employer Brand Lead bei N26

Benjamin, euer Team bei Spendesk wächst schnell – inzwischen seid ihr bereits an vier Standorten. Wann wurde Employer Branding für euch zu einem wichtigen Thema? Und warum sollten Start-ups sich damit befassen?

Benjamin · Gerade Start-ups mit ihren ehrgeizigen Wachstumsplänen müssen in der Lage sein, sehr schnell sehr viel neues Personal zu finden. Wenn es nicht mehr gelingt, ausreichend qualifizierte Leute einzustellen, stößt das Wachstum zwangsläufig an Grenzen – egal wie gut das Produkt ist. Und der Wettbewerb auf dem Arbeitsmarkt ist

enorm; inzwischen nicht mehr nur bei der Suche nach Entwickler:innen, sondern in allen Bereichen.
Eine Zeit lang war es für Start-ups genug, in Stellenausschreibungen mit einem Kicker im Büro und dem berüchtigten Obstkorb zu werben. Doch das reicht längst nicht mehr, um sich von der Konkurrenz abzuheben und Talente anzulocken – gerade jüngere Generationen stellen sich die Frage nach dem Sinn ihrer Arbeit und erwarten, dass sich die berufliche Tätigkeit mit einem erfüllten Privatleben verbinden lässt, was mehr Flexibilität seitens der Unternehmen erfordert.
Hier kommt Employer Branding ins Spiel, also die Frage: Was macht mein Unternehmen als Arbeitgeber attraktiv? Wie hebe ich mich von anderen Firmen ab? Es wird also versucht, mit klassischen Marketingmethoden die Stärken und Vorteile des Unternehmens speziell aus Arbeitnehmer:innensicht zu betonen und damit potentielle Bewerber:innen zu erreichen und letztlich zu überzeugen. Und natürlich spielt die Employer Brand auch eine Rolle dabei, das bestehende Team an das eigene Unternehmen zu binden, was langfristig ebenso wichtig ist wie die Einstellung neuer Teammitglieder.

Marina, N26 ist noch internationaler aufgestellt. Wie siehst du das?
Marina · Ich sehe das sehr ähnlich. Beim Employer Branding geht es darum, das Unternehmen gut als Arbeitgeber zu vermarkten. Eine gute Arbeitgebermarke ermöglicht es Start-ups, Bewerber:innen effizienter anzuwerben und das Interesse von Spitzentalenten zu wecken. Es ist viel einfacher und effektiver, eine attraktive Arbeitgebermarke in einem Start-up-Umfeld aufzubauen, als einen bereits beschädigten Ruf zu reparieren.

Ergänzen würde ich, dass für ein gutes Employer Branding neben umfassendem Wissen in den Bereichen Marketing, PR und Personalwesen auch eine gute Kenntnis der jeweiligen Gesellschaft von Nöten ist. Denn wann ein Arbeitgeber „gut" ist, hängt auch von länderspezifischen Eigenheiten ab. In Deutschland etwa ist die Work-Life-Balance entscheidend für den Ruf des Unternehmens. Ein Kinderbetreuungsprogramm, Sportkurse – all das wird hier gern gesehen. In Russland dagegen wissen Mitarbeiter:innen Ausgleichsleistungen wie ein Jobticket, ein Budget für persönliche Entwicklung oder Vergünstigungen mehr zu schätzen. Und in den Vereinigten Arabischen Emiraten ist nichts wichtiger als Vertrauen und nachhaltige Beziehungen.

2.3 Employer Branding – Vom Warum zum Wie

Employer Branding gehört klassischerweise zu HR. Gleichzeitig gibt es Schnittstellen zu Marketing und externer Kommunikation. Wo sollte Employer Branding deiner Meinung nach aufgehängt sein? Weshalb?

Benjamin · Ich sehe Employer Branding wirklich als gemeinsames Projekt von People-/Talent-Teams und Marketing/Kommunikation. Erstere sind in täglichem Austausch mit Bewerbern:innen und Mitarbeitenden und können auf Basis des Feedbacks, das sie erhalten, am besten einschätzen, welche Erwartungen es gibt und wo die Stärken und Schwächen des Unternehmens in diesem Bereich liegen. Und es ist natürlich auch Aufgabe des People-Teams, Initiativen zu starten, um Unternehmenskultur, Teamzusammenhalt und Mitarbeitermotivation zu stärken. Marketing wiederum kann dabei helfen, die Employer Brand trennscharf und prägnant zu formulieren, über verschiedene Kanäle zu kommunizieren und dabei einen einheitlichen Markenauftritt sicherzustellen.

Letztlich ist es also gar nicht so wichtig, wo der Bereich aufgehängt ist, solange die Aufgaben klar verteilt sind. Ich würde aber in der Regel empfehlen, die Verantwortung für Employer Branding dem People-Team zu überlassen, das auch konkrete Ziele damit verbindet, etwa die Zahl der Inbound-Bewerbungen oder einen Score für die Mitarbeiterzufriedenheit. Das Marketingteam nimmt dann eine unterstützende Funktion bei der Umsetzung von Projekten ein.

Nehmen wir an, ihr kommt als Employer-Branding-Manager:in neu in ein Unternehmen und solltet dort bei null anfangen. Mit was würdet ihr beginnen?

Marina · Zunächst heißt es, beobachten und zuhören. Unterhalte dich mit Kolleg:innen darüber, was sie als Stärken und Schwächen des Unternehmens empfinden. So kannst du später die Wettbewerbsvorteile hervorheben und dir überlegen, wie ihr mit den Schwächen umgehen wollt. Es geht also darum, zuerst den derzeitigen Ruf deines Unternehmens zu verstehen. Sprich mit Newbies und alten Hasen, werte vorhandene Daten zum Recruiting aus, analysiere das Feedback auf Social-Media-Plattformen und Bewertungsplattformen wie Glassdoor und Kununu. Erst mit diesem tieferen Verständnis kannst du dich daran setzen, eine Employer-Branding-Strategie zu formulieren.

Benjamin · Genau. Ich würde auch zunächst mit möglichst vielen Leuten im Team sprechen, um zu verstehen, was die Arbeitgebermarke ausmacht.

Mit den Gründer:innen, um über ihre Version zu diskutieren und die Kultur, die sie im Unternehmen aufgebaut haben. Mit Mitarbeitenden, die schon lange dabei sind, aber auch mit Newcomern, die vielleicht einen ganz anderen Blick darauf haben. Die Employer Brand sollte man wie schon erwähnt als Team gemeinsam definieren und nicht einfach so festlegen.

Dann ist es wichtig, mit allen direkten Beteiligten, also in der Regel HR, Recruiting und dem Marketingteam, die gemeinsamen Ziele abzustecken und zu schauen, wer wie dazu beitragen kann. Dabei geht es auch um Prozesse und Routinen, weil gerade Employer Branding sonst etwas ist, was schnell hinten runterfällt bei Start-ups. Wer kümmert sich zum Beispiel darum, dass wir gute Fotos vom nächsten Teamevent haben? Und wie stelle ich sicher, dass ich immer Bescheid weiß, wenn im Team etwas passiert, dass wir gut für Employer Branding nutzen können?

Denn letztlich geht es hier, wie bei allen Kommunikationsmaßnahmen, ja auch darum, die besten Geschichten zu finden, damit ich diese teilen kann – unabhängig von Kanal und Format. Und dafür muss ich gut vernetzt sein im Unternehmen und im regelmäßigen Austausch mit allen Teams.

Marina · Ich finde es auch hilfreich, sich selbst die Frage zu stellen: „Warum arbeite ich hier? Warum habe ich mich für dieses Unternehmen und nicht für ein anderes entschieden?" Die Antworten auf diese Fragen helfen dir, ein klares Wertversprechen zu erarbeiten.

Marina hat es gerade angesprochen: Ausgangspunkt für den Aufbau einer Employer-Branding-Strategie ist eine Arbeitgebermarke mit einem klaren Wertversprechen, im Englischen auch Employer Value Proposition genannt. Wie definiert man das?

Benjamin · Im Idealfall sind der Kern der eigenen Arbeitgebermarke und die damit verbundenen Werte bereits vorhanden und es geht mehr darum, diese auszuformulieren und auf den Punkt zu bringen. Wenn die Gründer:innen eine starke Vision haben und die Säulen der Unternehmenskultur aufbauen, bevor ein Start-up in die Scaling-Phase übergeht, dann ist die Chance auch größer, dass dieses Fundament die Wachstumsphase überdauert, wenn plötzlich viele neue Leute dazukommen.

In jedem Fall sollte ein Unternehmen keine Werte extern kommunizieren, die intern gar nicht gelebt werden. Das ist nicht nachhaltig und wird vermutlich auch schnell auffliegen. Wenn ich mir etwa Transparenz groß als Wert auf die Fahne schreibe, aktuelle und ehemalige Mitarbeiter:innen

2.3 Employer Branding – Vom Warum zum Wie

aber auf gängigen Bewertungsplattformen das Gegenteil berichten, hilft das meiner Employer Brand nicht.

Um sicherzustellen, dass das eigene Team auch hinter dem steht, was das Unternehmen kommuniziert, kann ich zum Beispiel mit einer internen Umfrage beginnen. So finde ich heraus, was aktuelle Mitarbeiter:innen an der Firma schätzen und dies in die Formulierung der Value Proposition einfließen lassen.

Viele Unternehmenswerte und Arbeitgeberversprechen ähneln sich, sind teilweise sogar austauschbar. Wie schafft man es, sich vom Wettbewerb zu differenzieren?

Benjamin · Es ist sicherlich nicht einfach, sich komplett von dem abzuheben, was andere Unternehmen kommunizieren. Aber das ist am Ende vielleicht auch gar nicht so wichtig. Authentizität zählt mehr als der kreativste Slogan, meiner Meinung nach. Deshalb müssen die Werte, die ich kommuniziere, auch von innen aus dem Team kommen und nicht als leere Worthülsen übergestülpt werden.

Wenn ich zum Beispiel auf Social Media als Unternehmen ständig zum Thema Umweltschutz kommuniziere, dann aber schnell ersichtlich wird, dass nicht viel dahintersteckt, kratzt das eher an der eigenen Glaubwürdigkeit. Da ist es besser, das Thema nicht aufzugreifen, auch wenn es vielleicht gerade opportun erscheint – oder, noch besser: ganz offen zu kommunizieren, dass dem Team das Thema wichtig ist und man daran arbeitet.

Bei Spendesk haben wir zum Beispiel ein Projektteam gegründet, dass sich mit der Frage beschäftigt, wie wir klimafreundlicher arbeiten können als Unternehmen. Leute aus verschiedenen Teams haben sich zusammengetan und nach Ideen gesucht. Anstatt nun aber extern zu kommunizieren, wie klimafreundlich Spendesk ist, haben wir ganz transparent über den Prozess und die Arbeit des Teams gesprochen und darüber, was wir dabei gelernt haben. Das ist glaubwürdiger und zeigt dabei sogar noch, wie Mitarbeiter:innen eigene Initiativen starten können und Einfluss auf das Unternehmen haben.

Lasst uns ein bisschen zum Thema Strategie sprechen. Was umfasst eine Employer-Branding-Strategie alles? Wie beginnt man? Und woran machst du fest, ob eine Strategie erfolgreich ist?

Marina · Ich persönlich empfehle fünf Schritte: ① Definiere die Employer-Branding-Ziele ② Identifiziere die Kandidat:innen-Personas ③ Formuliere die EVP ④ Definiere die Kanäle, um die EVP zu transportieren ⑤ Messe den Erfolg

Im ersten Schritt sollte man eine klare Idee davon entwickeln, was die eigene Employer Brand eigentlich ausmacht. Wofür stehen wir als Team? Was sind die Werte, auf die sich alle einigen können? Was schätzen Mitarbeiter:innen am Unternehmen und welche Erwartungen haben wir an Bewerber?

Wichtig ist aber auch zu verstehen, wohin sich das Unternehmen bewegt. Es macht einen Unterschied, ob es darum geht, neue Märkte zu erschließen, neue Mitarbeiter:innen einzustellen oder das Niveau zu halten. Wichtig ist auch, die Ziele mit den Werten, Prinzipien und der Vision des Unternehmens abzugleichen.

Dann gilt es, Ziele festzulegen. Dafür ist es hilfreich, sich zunächst die aktuellen Daten anzuschauen, etwa: Wie hoch ist die Zahl der Inbound-Bewerbungen, also Kandidaten, die sich proaktiv bewerben und nicht von Recruitern kontaktiert werden? Wie ist die Zufriedenheit im Team, insbesondere im Hinblick auf Kultur und Werte? Darauf basierend kann ich dann festlegen, was ich mit meiner Employer-Branding-Strategie eigentlich erreichen will und später auch den Fortschritt messen.

Habe ich meine Employer Brand definiert und Ziele gesteckt, sehe ich mir an, was Bewerber:innen und Mitarbeiter:innen wollen und wonach sie suchen. Danach richte ich die Kommunikation aus. Es hilft, Personas aufzustellen, ein Instrument aus dem Marketing, bei dem spezifische Personen definiert werden, die konkrete Bedürfnisse und Fähigkeiten haben.

Auf dieser Grundlage kann ich mir im vierten Schritt überlegen, über welche Kanäle und mit welchen Formaten ich diese Zielgruppe am besten erreiche. Entwickler:innen zum Beispiel nutzen unter Umständen andere soziale Medien und Jobseiten als jemand aus dem Vertrieb. Wie vermittelst du deine EVP interessant und kreativ? Außerdem hat jeder Kanal ein anderes vorrangiges Ziel. Um die Arbeitgebermarke bekannter zu machen, helfen die sozialen Medien, Corporate-Social-Responsibility-Kampagnen und Co-Branding-Aktivitäten. Um mehr Bewerber:innen zu haben, sind Empfehlungsprogramme und Jobmessen besser geeignet.

Nach der Umsetzung kommt die Kontrolle. Nur mit Hilfe von Daten und geeigneten Tracking-Systemen ist es möglich zu analysieren, welche Initiativen und Kanäle funktionieren und welche nicht. N26 ist ein daten-

2.3 Employer Branding – Vom Warum zum Wie

getriebenes Unternehmen und für uns ist es sehr wichtig zu wissen, wie man mit Daten arbeitet. Die Analyse von Social-Media-Kennzahlen wie Engagement, Reichweite, Bekanntheit, Conversion, Wachstumsrate, Empfehlungen, Antwortrate und -zeit, die Durchführung von Umfragen nach Veranstaltungen, der Net Promoter Score (NPS), die Qualität der Bewerber – all diese Kennzahlen helfen uns zu verstehen, ob wir in die richtige oder falsche Richtung gehen.

Stichwort Kanäle: Welche sind entscheidend?

Marina · Ich unterscheide vier Segmente: Erstens Social-Media-Kanäle wie LinkedIn, Instagram, Twitter oder YouTube. Alle diese Kanäle sollten genutzt werden, um verschiedene Arten von Inhalten zu präsentieren. Der Inhalt hängt von den spezifischen Bedürfnissen einer Plattform ab. Zweitens Veranstaltungen. Dazu zähle ich ganz unterschiedliche Formate wie Meetups, Konferenzen, Workshops, Karrieremessen, Jobmessen und Assessment Days. Drittens ist auch die Karriereseite wichtig. Es gibt nichts Schlimmeres als auf der Karriereseite eines Unternehmens anzukommen, nur um mit veralteten Informationen oder einer schlechten Nutzererfahrung begrüßt zu werden. Und zuletzt Mitarbeiterempfehlungsprogramme. Denn gute Mitarbeiter:innen kennen oft auch gute Kandidat:innen.

Benjamin · Die Bandbreite hier ist riesig und was jeweils der beste Kanal ist, hängt auch davon ab, welche Profile ich als Arbeitgeber suche. Als Kanal sehr wichtig geworden ist sicherlich LinkedIn, weil ich mich hier als Unternehmen in einem professionellen Kontext präsentieren und mit interessanten und unterhaltsamen Inhalten auch organisch eine große Reichweite erzielen kann. Zudem ist das Netzwerk für viele inzwischen auch die erste Anlaufstelle bei der Jobsuche, wodurch ich eine direkte Verbindung zwischen Stellenausschreibungen und Employer-Branding-Inhalten habe.

Instagram bietet die interessante Möglichkeit, Menschen in einem privaten Umfeld anzusprechen, was gleichzeitig aber auch heißt, dass man die Inhalte und den Ton entsprechend anpassen muss. Der Kanal kann zum Beispiel interessant sein, um das eigene Team enger an das Unternehmen zu binden – aber auch viele Bewerber:innen sehen sich Unternehmensprofile auf Instagram bei ihrer Recherche an. Bei Spendesk erhalten wir zum Beispiel viel positives Feedback bei Bewerbungsgesprächen, weil Kandidat:innen es super finden, dass sie auf Instagram das Team besser, weil eher ungefiltert, kennenlernen können. Wir lassen Mitarbeitende zum Beispiel regelmäßig den Account für einen Tag übernehmen, um Eindrücke aus ihrem Arbeitsalltag zu teilen.

Es gibt aber auch viele kleine Möglichkeiten, als Unternehmen im Gedächtnis zu bleiben, an die häufig nicht gedacht wird. Wenn ich zum Beispiel eine kreative Absage-E-Mail an Kandidat:innen schicke, ist die Wahrscheinlichkeit wesentlich höher, dass Bewerber:innen das Unternehmen weiterempfehlen und es in Zukunft noch einmal versuchen werden, auch wenn es dieses Mal nicht geklappt hat. Das gilt im Übrigen auch für Stellenausschreibungen. Es ist schon kurios, wenn ich als Unternehmen viel investiere, um potentielle Bewerber:innen auf meine Stellenausschreibung zu locken und diese dann völlig unlesbar ist, weil viel zu lang, langweilig, voller Fehler oder im schlimmsten Fall alle drei zusammen.

Social Media, Jobbörsen und Karrieremessen, ein eigener Blog, die Karriereseite, Veranstaltungen, Anzeigen, Sponsorings, Corporate-Social-Responsibility-Aktivitäten – es gibt zahlreiche Möglichkeiten, um auf sich aufmerksam zu machen. Mit was habt ihr besonders gute Erfahrungen gemacht? Was hat weniger gut funktioniert?

Benjamin · Bei Social Media setzen wir, wie erwähnt, vor allem auf LinkedIn und Instagram. Dort haben wir sowohl positive Erfahrungen gemacht, was die Reichweite angeht, als auch direktes Feedback von Bewerber:innen erhalten, dass sie sich von den Inhalten angesprochen fühlen, weil sie Einblicke in das Team geben und menschlich sind, obwohl ja offensichtlich ein Unternehmen kommuniziert. Und das ist auch das Entscheidende: nicht wie ein Bot zu wirken, auch wenn Inhalte und Ton natürlich nie genauso sein können wie im Privaten.

Mit großen Messen haben wir tatsächlich nicht so gute Erfahrungen gemacht, weil ein Stand dort vergleichsweise teuer ist und unsere Teams vor Ort kaum mit interessanten Bewerber:innen in Kontakt gekommen sind. Dann kann es sinnvoll sein, eine eigene, wenn auch kleinere Veranstaltung zu organisieren, speziell für bestimmte Profile wie etwa Entwickler:innen.

Klassische PR ist nach wie vor ein wichtiges Instrument. Zum einen werden Bewerber:innen so natürlich auf das Unternehmen aufmerksam und zum anderen macht es einen guten Eindruck, wenn die Firma beim Googeln in namhaften Medien auftaucht – am besten auch mit Geschichten über das Team und nicht nur über das Produkt oder das letzte Fundraising. Auch Medien mit kleinerer Reichweite können sehr interessant sein, etwa ein Podcast speziell für Vertriebler, in dem jemand aus dem eigenen Vertriebsteam als Experte auftritt. Personal Branding und Thought Leadership von Teammitgliedern sind generell ein wichtiger Faktor für die Employer Brand. Was viele Unternehmen vergessen: Die eigenen Mitarbeiter:innen sind immer noch die wichtigsten, weil glaubwürdigsten Botschafter für die Employer Brand. Wenn das Team positiv über die Firma spricht, online wie offline, ist das einer der effizientesten Kanäle. Nicht umsonst sind Empfehlungen auch ein wichtiger Faktor beim Hiring. Der Anreiz, Freunden und Bekannten die eigene Firma als Arbeitgeber zu empfehlen, sollte allerdings nicht ausschließlich ein finanzieller sein, sondern auch wirklich der eigenen Überzeugung folgen. Viele Unternehmen bieten ja teils hohe Bonuszahlungen für erfolgreiche Empfehlungen. Bei Spendesk haben wir diesen Bonus deshalb in eine Spende an eine wohltätige Organisation der eigenen Wahl umgewandelt, was an sich auch schon wieder eine schöne Geschichte fürs Employer Branding ist.

Marina · Employer Branding ist komplex. Angenommen, dein Unternehmen hat an den größten Tech-Konferenzen teilgenommen, um Software-Developer anzuziehen, hat viel Geld, Personal und Zeit investiert, und die Teilnehmer:innen der Veranstaltung waren sehr zufrieden. Doch bei den Bewerbungsgesprächen kommt raus, dass Arbeiten aus dem Homeoffice doch nicht möglich ist und das Tech Stack viel weniger progressiv als bei der Veranstaltung behauptet. Erste Zweifel machen sich breit, und die Kandidat:innen suchen weiter nach Informationen zum Unternehmen. Negative Kommentare und schlechte Bewertungen bei Glassdoor führen dazu, dass die Kandidat:innen ihre Bewerbungen zurückziehen.

Daher ist es wichtig, konsistent zu sein und alle Kanäle im Blick zu haben. Und es ist wichtig, kulturelle Besonderheiten und Vorlieben der Zielgruppe zu berücksichtigen. Ein:e Designer:in schätzt attraktive visuelle Inhalte. Bewerber:innen aus dem technischen Bereich nehmen gerne an Hackathons, Coding-Events oder Podiumsdiskussionen teil. Für Student:innen und Praktikant:innen sind Bürobesichtigungen mit offenen Präsentationen und Möglichkeiten für Fragen und Antworten ein gutes Mittel der Wahl.

Als Start-up konkurriert man mit großen, sehr bekannten Unternehmen um die besten Talente. Gerade als Start-up hat man vielleicht kein großes Budget, um tolle Videos für die sozialen Netze oder einen Imagefilm zu produzieren, oder große Veranstaltungen zu sponsern. Wie können Start-ups sich hier hervortun?

Marina · Manchmal ist der Wettbewerb mit großen Unternehmen gar nicht nötig. Manche Leute mögen Start-ups wegen ihres frischen Umfelds, der Möglichkeit, Produkte und Teams von Grund auf neu aufzubauen, oder wegen der fehlenden Bürokratie. Für andere Kandidat:innen ist es sehr wichtig, in bereits etablierten Prozessen und Teams zu arbeiten und bereits bestehenden Richtlinien zu folgen. Ich kenne nur sehr wenige Menschen, die gleichermaßen gerne in Start-ups und großen Unternehmen arbeiten. Das ist wie die Wahl zwischen Tee und Kaffee. Beides sind gute Getränke, aber meistens hat man eine klare Vorliebe.

Benjamin · Ich stimme dem zu. Als Start-up macht es eigentlich nicht viel Sinn, mit großen, traditionellen Unternehmen um Bewerber:innen zu konkurrieren. Denn diese Profile passen im Zweifel auch gar nicht so gut ins eigene Team. Wer für ein Start-up arbeiten möchte, weiß in der Regel, dass hier – zumindest kurzfristig – nicht das ganz große Geld wartet und einem oft mehr Flexibilität abverlangt wird als bei einem DAX-Konzern. Dafür muss man sich nicht mit vielen Prozessen herumschlagen, hat enormen Gestaltungsspielraum und kann viel ausprobieren und lernen. Wenn man als Start-up diese Punkte klar kommuniziert, hat man bei den relevanten Bewerber:innen schon mal einen Vorsprung.

Und was das Budget betrifft, gilt meiner Ansicht nach Ähnliches wie für die Employer Brand im Allgemeinen: Hauptsache authentisch. Ein unterhaltsames DIY-Video erzählt viel mehr darüber, wie das Team tickt, als ein aufwendig produzierter Imagefilm. Die günstigere Lösung kann also auch durchaus die effektivere sein. Hier gilt mal wieder das bekannte Prinzip: Show, don't tell. Wenn ich als Außenstehender in einem Video selbst nachvollziehen kann, wie viel Spaß die Leute bei der Arbeit haben, ist das besser, als wenn mir das ein:e Sprecher:in aus dem Off zu gestellten Hochglanzbildern erzählt. Bei Spendesk haben wir zum Beispiel ein kurzes Interview gemacht mit zwei Geschwisterpaaren (ja, wir haben tatsächlich zwei), die einfach aus ihrem Alltag im Unternehmen erzählen. So kann man zeigen: Wenn Mitarbeitende die Firma der eigenen Familie als Arbeitgeber empfehlen, kann sie so schlecht nicht sein.

Marina · Genau. Wenn du kein großes Budget oder kein eigenes Team hast, hilft es bereits, die Mitarbeiter:innen einzubeziehen. Heute nutzt jede und jeder von uns eine Reihe von sozialen Plattformen wie Instagram, LinkedIn, Facebook oder Twitter. Positives Feedback der Mitarbeitenden, die begeistert über ihren Job, ihr Team, ihren Manager sprechen, sind fast immer authentischer und wirksamer als ein aufwendig produziertes Video. Insofern sind die Mitarbeitenden eine starke Ressource. Als Employer-Branding-Team müssen wir dann „nur noch" die richtigen Werkzeuge und Leitlinien an die Hand geben, damit sich die Mitarbeiter:innen trauen, über ihren Arbeitsalltag zu sprechen.

Eine Frage, der ihr sicher schon häufiger begegnet seid: Lohnt sich Employer Branding überhaupt?

Marina · Ja! Tausendmal ja! Es lohnt sich. Die Marke eines Arbeitgebers ist heute viel mehr als ein schönes Logo oder ein TV-Spot. Sie ist eine Kombination aus materiellen, funktionalen und psychologischen Vorteilen für Arbeitnehmer:innen eines Unternehmens. Und sie wirkt sich positiv auf die Geschäftsergebnisse aus. Denn loyale und zufriedene Mitarbeiter:innen arbeiten produktiver, kreativer und oft mit qualitativ besseren Ergebnissen, was wiederum die Kund:innenzufriedenheit steigert. Infolgedessen steigen die Umsätze, das Geschäft entwickelt sich positiv. Insofern ist es auch aus wirtschaftlicher Sicht sinnvoll, sich gut als Arbeitgeber zu positionieren.

Benjamin · Natürlich ist ein gewisser Hype um das Thema entstanden, aber das hat auch seinen Grund. Wie eingangs erwähnt merken viele Unternehmen, dass sie sich zunehmend schwer tun im Wettbewerb um die besten Arbeitskräfte und jetzt aktiv werden müssen. Gerade für Start-ups kann dies in der Scaling-Phase zum Problem werden. Anstatt dann nur in ein großes Recruiting-Team zu investieren, das für jede offene Stelle mühsam Kandidat:innen suchen muss, sollte man sich auf jeden Fall auch überlegen, wie ich auf mich als Arbeitgeber aufmerksam machen kann.

Ob es sich langfristig wirklich lohnt, hängt vor allem davon ab, ob ich mein Werteversprechen als Unternehmen auch einhalten kann. Der schönste Social-Media-Auftritt nützt mir nichts, wenn ich als Arbeitgeber auf gängigen Bewertungsplattformen zerrissen werde und das eigene Team als Markenbotschafter in seinem Netzwerk schlecht über das Unternehmen spricht. Und so hat die zunehmende Bedeutung von Employer Branding ja vielleicht auch noch einen weiteren positiven Effekt: Viele Unternehmen sind nun gezwungen, sich mit der eigenen Kultur auseinanderzusetzen und Dinge zu verbessern.

Aus gegebenem Anlass: Hat die Pandemie Einfluss auf das Thema?

Benjamin · Durch Corona wurde der Unterschied zwischen Start-ups und der „alten" Arbeitswelt noch deutlicher. Während viele Unternehmen durch die Politik erst dazu gezwungen werden mussten, Mitarbeitenden zumindest einige Tage Homeoffice im Monat anzubieten, haben sich die meisten Tech-Firmen sehr schnell umgestellt und sind teilweise auch dauerhaft bei einem flexiblen Remote-Work-Modell geblieben. Dadurch standen viele Teams, auch in Start-ups, erstmals vor der Frage: Was bleibt eigentlich noch, wenn man nicht mehr täglich zusammen im Büro sitzt? Und das ist doch schon mal die richtige Frage auf der Suche nach der eigenen Employer Brand.

2.4 Die Candidate Experience als Teilaspekt des Employer Branding

Andrew Kyle
Talent-Brand-Manager bei Gorillas

Was ist Employer Branding? Und warum ist es wichtig?

Andrew · Employer Branding ist die Funktion, die für das Branding und Marketing eines Unternehmens verantwortlich ist, um qualifizierte Talente anzuziehen und zu binden. Im Kontext von Start-ups ist Employer Branding wichtiger denn je, denn Spitzenkräfte mit einschlägigen Erfahrungen sind gefragt und werden von vielen Unternehmen umworben. An dieser Stelle kommt das Employer Branding ins Spiel. Eine Stellenanzeige aufzugeben und darauf zu hoffen, dass die richtige Person sie sieht und sich bewirbt, reicht heutzutage nicht mehr aus.

Employer-Branding-Teams befassen sich mit vielen Themen, angefangen bei einer Strategie, um potentielle Kandidat:innen auf sich aufmerksam zu machen, über einzelne Kampagnen bis zur Entwicklung sogenannter

Candidate Personas, also verschiedener Kandidat:innentypen, die man als Unternehmen von sich überzeugen und an sich binden will. Und man definiert und gestaltet die Arbeitgeberpräsenz in den sozialen Medien und auf wichtigen Webseiten. Zum Employer Branding zählen auch der Aufbau und die Pflege der Karrierewebseite, die Planung und Durchführung von Veranstaltungen und Messen, Merchandise für Mitarbeiter:innen und vieles mehr.

Employer Branding befindet sich an der Schnittstelle zwischen Kommunikation, Marketing und Human Resources. Wo ist es deiner Meinung nach am besten aufgehängt und weshalb?

Andrew · Man kann auf beiden Seiten argumentieren, wo Employer Branding in einem Unternehmen angesiedelt sein sollte. Ich habe die Erfahrung gemacht, dass in Start-up-Unternehmen die Personalabteilung oft als erste den Bedarf an Employer Branding erkennt, um ihre Recruitingziele zu erreichen, und die Funktion von innen heraus aufbaut. Obwohl Employer Branding viele Anleihen beim traditionellen Marketing macht, handelt es sich um zwei unterschiedliche Funktionen, die am besten in Zusammenarbeit miteinander funktionieren.

Wird das Employer Branding innerhalb des HR-Teams aufgebaut, ist es wichtig, dass die zuständigen Abteilungsleiter (also HR, Marketing, Kommunikation) ihre Ressourcen proaktiv aufeinander abstimmen, damit Employer Branding zum Erfolg führt. Ein Employer-Branding-Team aufzubauen bedeutet, in Dinge wie Foto- und Videoproduktion, Merchandising, Veranstaltungen und in laufende Unterstützung von Designer:innen zu investieren, damit die Arbeitgebermarke mit der externen (Kund:innen-)Marke übereinstimmt.

Unabhängig davon, wo das Employer Branding angesiedelt ist, muss es die Unternehmensspitze mittragen. Employer Branding hat das Potenzial, sich auf wichtige Grundlagen des Unternehmens auszuwirken, beispielsweise auf die Unternehmensmission, die Vision, den Zweck und die Werte. Aus diesem Grund würde ich den oder die CEO dazu ermutigen, bei den ersten Einstellungen für Employer Branding sichtbar und beteiligt zu sein.

Beim Employer Branding geht es darum, eine unverwechselbare Arbeitgebermarke zu schaffen. Wie gelingt das?

Andrew · Ich unterscheide hier drei verschiedene Bausteine als Grundlage des Employer Branding: die Unternehmenskultur, die sogenannte Employee Value Proposition (intern), also das Wertangebot für Mitarbeiter:innen, und die Arbeitgebermarke (extern).
Fangen wir mit der Unternehmenskultur an. Sie ist ein fester Bestandteil aller Unternehmen und bezeichnet im Wesentlichen die Art und Weise, wie sich die Menschen am Arbeitsplatz verhalten. Dazu gehören die Art und Weise, wie das Unternehmen kommuniziert, wie Entscheidungen getroffen werden, bestimmte Unternehmensrituale und die Art und Weise, wie Erfolge gefeiert und mit Misserfolgen umgegangen wird.
Der Schlüssel für eine eindeutige Arbeitgebermarke liegt im zweiten Baustein, dem Nutzenversprechen des Arbeitgebers an seine Mitarbeitenden. Wir reden hier auch von der Employee Value Proposition, kurz EVP. Ähnlich wie das Kund:innenversprechen (Customer Value Proposition, CVP) erklärt, warum jemand bei dem Unternehmen kaufen sollte, erklärt das Arbeitgeberversprechen, warum jemand für das Unternehmen arbeiten sollte. Deine EVP sollte fünf Hauptkomponenten umfassen: finanzielle Kompensation, Sozialleistungen, Karriereentwicklung, Arbeitsumfeld und Unternehmenskultur. Wichtig ist, dass du die wichtigsten Führungskräfte und Anspruchsgruppen miteinbeziehst. Du musst sicherstellen, dass diese Schlüsselpersonen während des Einstellungsprozesses an einem Strang ziehen.
Der dritte und letzte Baustein ist die Arbeitgebermarke selbst, also die Employer Brand. Sie ist gewissermaßen die Essenz eures Versprechens an die Mitarbeitenden und beschreibt das Bild eines Arbeitgebers, das Außenstehende verinnerlichen sollen. Die Employer Brand drückt dabei die strategische Positionierung des Unternehmens und seine Werte nach außen aus.

Unternehmen stehen zunehmend im Wettbewerb um die besten Talente. Große Konzerne haben dabei oft ganz andere Möglichkeiten: signifikante Budgets, mit denen sie professionelle Videos drehen und Kreativagenturen beauftragen können, große Messen, eigene Podcasts und Veranstaltungen, Sponsorings. Wie können Start-ups hier punkten?
Andrew · Oftmals sind das Fachwissen und die benötigten Tools bereits im Unternehmen vorhanden. Und du kannst kostenlose Plattformen wie

2.4 Die Candidate Experience als Teilaspekt des Employer Branding

Medium für Blogging und Thought Leadership in Betracht ziehen und den Schwerpunkt auf Inhalte legen, die von den Mitarbeiter:innen selbst erstellt werden. Wenn es um Inhalte geht, denke daran, dass Konsistenz der Schlüssel ist. Konzentriere dich also darauf, einen oder zwei Kanäle richtig gut zu machen, anstatt zu versuchen, überall auf einmal präsent zu sein.

Im Zusammenhang mit Employer Branding fällt immer häufiger die Candidate Experience. Was ist damit gemeint?

Andrew · Wenn man sich den Recrutingprozess vor Augen führt, ähnelt er einem Trichter: An der Spitze stehen Aufmerksamkeit, Attraktivität und Interesse. Diese Teile des Trichters werden in erster Linie durch Employer Branding und HR-Marketing unterstützt. Danach kommen die Phasen Bewerbung, Vorstellungsgespräch und Einstellung, in denen die Bewerber:innen direkt Erfahrung mit eurem Unternehmen sammeln. Genau das ist die Candidate Experience.

Vor einigen Jahren führte Virgin Media eine interessante Fallstudie durch, in der festgestellt wurde, dass schlechte Bewerbererfahrungen das Unternehmen jährlich fünf Millionen Dollar kosten. Die Prämisse ist ganz einfach: Bewerber:innen, die während eines Vorstellungsgesprächs eine negative Erfahrung gemacht haben, werden sich nicht noch einmal bewerben und anderen von ihrer negativen Erfahrung erzählen.

Genau deshalb solltet ihr bewusst in die Candidate Experience investieren. Zum Beispiel, indem ihr den Bewerbungs- und Einstellungsprozess standardisiert und das klar nach außen kommuniziert. Bewerber:innen wissen dann gleich, was sie erwartet. Oder indem ihr alle Personen schult, die Teil des Einstellungsprozesses sind.

Welche Rolle spielen Unternehmenswerte fürs Employer Branding? Und wie schafft man Werte, die sich vom Wettbewerb abheben?

Andrew · Unternehmenswerte sind, wenn sie richtig definiert und kommuniziert werden, ein wichtiges Instrument, um Bewerber:innen zu bewerten und die Unternehmenskultur zu fördern. Und sie unterstützen Mitarbeiter:innen dabei, die richtigen Entscheidungen im Sinne des Unternehmens zu treffen. Ich würde allerdings sagen, dass die Werte nicht vom Employer-Branding-Team, sondern vom C-Level des Unternehmens vorgegeben werden sollten. Wenn die Werte nicht genau das Verhalten und die Handlungen des Führungsteams eines Unternehmens widerspiegeln, spüren das die Mitarbeiter:innen schnell und das wirkt sich auch auf Personalentscheidungen aus. Es kann dann dazu beitragen, dass die falschen

Talente eingestellt werden. Wenn wir also darüber sprechen, Werte zu schaffen, die sich von denen der Konkurrenz abheben, geht es im Grunde darum, wie gut die Führungskräfte eines Unternehmens ihre Erwartungen an sich selbst und an ihre Mitarbeiter:innen formulieren können. Ist das geschafft, trägt die interne Kommunikation die Werte nach innen, das Employer-Branding-Team trägt die Werte und die Arbeitgebermarke nach außen.

Was ist aus deiner Sicht die größte externe Herausforderung beim Employer Branding? Und wo liegen intern die größten Hürden oder Fallstricke?

Andrew · Eine der größten Herausforderungen im Bereich Employer Branding ist es, das richtige Gleichgewicht zu finden zwischen authentischen Einblicken einerseits (mit allen Wehwehchen, die nunmal dazu gehören) und einem idealisierten Soll-Zustand andererseits. Kein Arbeitsumfeld ist perfekt, und je mehr Führungskräfte bereit sind, Transparenz zu zeigen und von beiden Seiten zu kommunizieren, desto besser können sie potenziellen Talenten ein umfassendes Bild vermitteln. Employer Branding kann und sollte viel mehr sein als einen Kickertisch oder ein Feierabendbier anzupreisen. Wenn du ehrlich über die Herausforderungen sprichst, die euer Arbeitsumfeld mit sich bringt, und die Erwartungen nicht beschönst, können Bewerber:innen selbst entscheiden, ob das Unternehmen zu ihnen passt. Schließlich ist es für beide Seiten frustrierend, wenn neue Mitarbeiter:innen nach kurzer Zeit das Handtuch werfen. Umgekehrt trägt ein ehrlicher Prozess zu einer besseren Erfahrung für die Bewerber:innen bei und damit zu einer besseren Qualität der Einstellungen.

Deine drei Tipps für ein gutes Employer Branding?
Andrew · ① Zuallererst musst du die Strategie und die Ziele des Unternehmens verstehen. Wie wird das Wachstum in den nächsten sechs bis zwölf Monaten aussehen? Wen wollt ihr ansprechen? Gibt es aktuelle Herausforderungen, wenn es darum geht, die besten Talente zu halten? Erst dann kannst du klare Ziele setzen. ② Konzentriere dich auf den Aufbau eines starken internen Netzwerks, das es dir erlaubt, spannende Interna mitzubekommen und immer auf dem aktuellen Stand zu sein, um deine

2.4 Die Candidate Experience als Teilaspekt des Employer Branding

Arbeit voranzutreiben. ③ Der beste Weg, eure Mitarbeiter:innen davon zu überzeugen, sich an Employer-Branding-Initiativen zu beteiligen, besteht darin, ihnen zu erklären, weshalb eine starke Arbeitgebermarke überhaupt wichtig ist. Erkläre ihnen, dass es dem Start-up hilft, tolle neue Kolleg:innen zu gewinnen, wenn sie ihre Geschichten und Perspektiven teilen und das Employer Branding unterstützen.

Wie misst du den Erfolg deiner Arbeit?

Andrew · Die Arbeitgebermarke wirkt sich auf viele verschiedene Bereiche des Unternehmens aus, was bedeutet, dass es eine Vielzahl von Messgrößen gibt, mit denen du die Wirkung messen kannst.

Aus der Perspektive des Engagements kannst du Bewertungen eures Start-ups auf Webseiten wie Glassdoor und Kununu nutzen oder Net-Promoter-Score-Umfragen auswerten, zum Beispiel Mitarbeiter-NPS, Bewerber-NPS, Recruiter-NPS usw. Wenn eure Marketingabteilung die Markenbekanntheit misst, kannst du das ebenfalls verfolgen.

Bei den sozialen Medien helfen dir die Engagement Rate eurer Kanäle, die Anzahl der Follower:innen und die Anzahl der Bewerbungen weiter.

Beim Recruitingprozess solltest du auswerten, wie die Bewerber:innen auf dein Start-up aufmerksam geworden sind und über welchen Kanal sie sich bewerben. Wichtig ist auch zu verstehen, von welchen Unternehmen ihr Talente abwerbt und wohin eigene Talente abwandern. Ihr könnt Ziele festlegen, um die Qualität der Einstellungen und die Zeit bis zur Einstellung zu verbessern, und die Zahl der Empfehlungen von Mitarbeiter:innen zu erhöhen. Und ihr solltet berücksichtigen, wie lange Mitarbeiter:innen in eurem Unternehmen bleiben *(retention rate)* und wie viele Bewerber:innen ein Abgebot von euch annehmen *(offer to acceptance rate)*.

Um die Effektivität der Karriere-Webseite zu messen, solltest du die Verweildauer auf der Webseite, die Absprungrate, die Besuchstiefe (Wie viele Seiten hat der Kandidat oder die Kandidatin besucht?), den Webseiten-Traffic und den Anteil der wiederkehrenden Besucher:innen auswerten. Hilfreich ist auch die Konversionsrate der Bewerbungen zu verfolgen, also das Verhältnis zwischen der Anzahl der Webseitenbesucher:innen und der Anzahl der Bewerbungen.

Und was wäre dein wichtigstes Tool, auf das du auf keinen Fall verzichten würdest?

Andrew · Wenn die Ressourcen knapp sind und du auf kein Kreativteam zurückgreifen kannst, würde ich Canva empfehlen. Canva ist ein Online-

Design-Tool, mit dem jede und jeder – ob mit oder ohne Designkenntnisse – markenbezogene Gestaltungselemente erstellen kann. Es ist einfach zu bedienen, kann mit den Markenfarben und dem Unternehmenslogo eingerichtet werden und erlaubt dir, gemeinsam mit anderen an den Materialien zu arbeiten.

Für diejenigen, die sich noch nicht mit Employer Branding beschäftigt haben, gibt es eine großartige Online-Gemeinschaft, die sich auf dieses Thema konzentriert: Talent Brand Alliance. Auch andere HR Communities, wie die Secret HR Society und HR Open Source (HROS), sind sehr empfehlenswert.

3 PR ja, aber wie? Von Strategie, Taktik und Erfolgskontrolle

Externe Kommunikation ist wichtig – das dürfte im ersten Kapitel bereits deutlich geworden sein. Doch wie formuliert man nun eine PR-Strategie? Was gehört dazu? Damit befasst sich Saskia Leisewitz von HelloFresh (→ Kapitel 3.1). Die Strategie legt dabei die Grundlagen, die zum Erreichen der Kommunikationsziele erforderlich sind. Danach geht es an die Taktiken und einzelnen PR-Instrumente, die Alexandra Koehler, Kommunikationschefin bei Forto, erläutert (→ Kapitel 3.2). Anders formuliert: Die Strategie ist der Bauplan für ein Haus, das ihr errichtet. Es hat einen klaren Grundriss, eine Aufteilung der Zimmer und ein definiertes Äußeres. Die Taktiken dagegen sind euer Baumaterial. Wollt ihr ein Dach aus Ziegeln oder Holz? Böden aus Parkett oder lieber Fliesen? Fenster mit Kunstoffrahmen oder Holz? Und wie fügt sich alles zusammen? Ohne stabile Wände nützen euch die hübschesten Türen und Fenster nichts. Die Strategie skizziert also das große Ganze, die Taktiken dagegen die Teilschritte, die ihr braucht, um eure strategischen Ziele zu erreichen. Doch woher wisst ihr, dass ihr auf dem richtigen Weg seid? Damit befassen sich David Krebs von Sharpist (→ Kapitel 3.3) und Elisabeth Euler von Getsafe (→ Kapitel 3.4).

3.1 PR-Strategie

Saskia Leisewitz
Global Lead Corporate Communications bei HelloFresh

Fangen wir mit einer provokanten Frage an: Brauchen Start-ups PR? Brauchen sie nicht viel eher ein gutes, erfolgreiches Geschäftsmodell? Mit wirtschaftlichem Erfolg verbessern sich Bekanntheit und Reputation doch automatisch ...

Saskia · Dazu fallen mir zwei zentrale Punkte ein:

① PR formt Meinungen: Meinungen werden – teilweise unterschwellig – gebildet, und zwar basierend auf dem, was in der Öffentlichkeit über ein Unternehmen bekannt ist, und wie es sich selbst in der Öffentlichkeit präsentiert. Deshalb ist es wahnsinnig wichtig, eine Person zu haben, die weiß, wie sie das Unternehmen in der Öffentlichkeit positioniert und welche Medienvertreter:innen relevant sind. Egal, wie jung das Unternehmen noch ist.

② PR mitigiert Reputationsschäden: Mit zunehmender Bekanntheit eines Unternehmens steigt auch das öffentliche Interesse, vor allem auch das Interesse von Investor:innen, Analyst:innen, Kund:innen und schlussendlich auch von Journalist:innen. Das bedeutet auch, dass Kritik schneller auf offene Ohren trifft und gegebenenfalls einen erheblichen Reputationsschaden mit sich bringen kann, wenn damit nicht korrekt umgegangen wird.

Eine PR-Abteilung – und wenn sie zu Anfang erstmal nur aus einer Person besteht – ist unumgänglich. Ich beschreibe PR immer gerne als eine Art Versicherung. Eine Versicherung insofern, als dass man sowohl proaktiv Themen in der Öffentlichkeit positioniert und das Wahrnehmen bei Anspruchsgruppen positiv beeinflusst – aber vor allen Dingen auch im Fall eines Problems oder einer Krise genau weiß, wie man darauf reagiert und das Unternehmen, mitsamt Mitarbeiter:innen sicher durch die Krise navigiert. Issues- und Krisenmanagement sind in einer schnelllebigen Welt, in der Social Media und Co. solch eine zentrale Rolle spielen, unglaublich wichtig. Außerdem braucht es gute Beziehungen zu Medienvertreter:innen, um im Fall einer Krise einen gewissen Vertrauensvorschuss zu haben. Sicherlich kann PR auch ein Stück dazu beitragen, Kund:innen zu gewinnen und einen direkten Einfluss auf den Umsatz zu haben, das ist für mich aber zunächst weniger relevant.

3.1 PR-Strategie

Lass uns über PR-Strategie sprechen. Wie sieht eine gute PR-Strategie aus? Welche Fragen muss sie beantworten?

Saskia · Eine gute PR-Strategie zahlt auf die übergeordneten Unternehmensziele ein und umfasst alle PR-Bereiche, von proaktiver Kommunikation, über Issues- und Krisenmanagement bis hin zu interner Kommunikation und Stakeholdermanagement. Sie beantwortet die Fragen: „Was lief gut und was nicht so gut?"; „Welches Ziel wollen wir erreichen und warum?" und schlussendlich auch: „Was ist die konkrete, kommunikative Maßnahme, die sich daraus ableiten lässt?"

Wie sehen gut formulierte PR-Ziele aus?

Saskia · Gut formulierte PR-Ziele sind greifbar und so konkret wie möglich. Außerdem sollten sie messbar sein.

Ziele zu haben ist das eine, Ziele zu messen das andere. Wie können PRler:innen ihre Arbeit evaluieren?

Saskia · Messbarkeit in der Kommunikation ist ein viel diskutiertes Thema, jede:r Kommunikator:in geht damit anders um. PR ist auf vielen unterschiedlichen Wegen messbar, oft wird entweder nach Qualität oder nach Quantität evaluiert. In der Unternehmenskommunikation macht für mich ein Mix aus beiden oft am meisten Sinn – zum einen, weil PR (und dann kommen wir wieder wie vorhin darauf zu sprechen) einer Versicherung ähnelt, die oft erst greift, wenn es eine schwierige Situation gibt und der direkte Impact gar nicht unbedingt messbar ist (wie zum Beispiel Risiken vermeiden, indem man Entscheidungen im Business ständig hinterfragt). Zum anderen gehören aber auch Social-Media-Kanäle und Co. zum Repertoire von Kommunikator:innen, die sehr wohl messbar sind.

Bei der klassischen Medienarbeit gibt es natürlich die Standard-Messmethoden, wie Reichweite, Anzahl von Clippings, Anzeigenäquivalenzwerte und Co., aber für mich und meine Arbeit sind oft auch kleinere Medien mit geringeren Reichweiten relevant. Dann ist es mir lieber, dass ich dort ein gutes, richtig starkes Interview platziere, als einen kleinen Hinweis auf einer Seite mit großer Reichweite zu haben.

Ich würde gern noch konkreter fragen: Deine Kollegin möchte gern 3.000 Euro in die Produktion kurzer Videos für LinkedIn investieren, dein Kollege schlägt vor, das Budget besser in eine Umfrage für eine

Daten-PR-Geschichte zu investieren. Auf Basis welcher Kriterien wägst du ab?

Saskia · Das hängt davon ab, was im Rahmen der Strategie und der gesetzten Ziele am sinnvollsten ist. Wenn ein zentrales Ziel der Unternehmenskommunikation lautet, die Reichweite auf LinkedIn zu erhöhen, und es kein internes Produktionsteam gibt, dann ist das die Entscheidungsgrundlage für die Investition.

Eine Frage zu internationaler PR: Die Ansätze schwanken zwischen einem zentralen Ansatz mit einer starken Unternehmenskommunikation im Heimatland über dezentrale, selbständige Kommunikationseinheiten in den einzelnen Ländern. Wieder andere arbeiten mit Agenturen. Welche Vor- und Nachteile siehst du jeweils? Wie sieht dein ideales Set-up aus?

Saskia · Bislang habe ich häufig in Matrixorganisationen gearbeitet, sowohl auf lokaler Ebene als auch, so wie jetzt, in der globalen Funktion. Als börsennotiertes Unternehmen macht es Sinn, die Unternehmenskommunikation zentral anzusiedeln und dann lokal mitzusteuern – größtenteils auch deshalb, weil die globalen Funktionen eng mit den Gründer:innen und CEOs zusammenarbeiten und am besten verstehen, wie die Unternehmensvision- und Strategie aufgebaut ist, welche möglichen kritischen Nachfragen es geben könnte, und darauf basierend die zentralen Narrative entwickeln. Dennoch ist es wahnsinnig wichtig, starke PR-Teams auch in den Ländern zu haben, denn am Ende kennen sie sich am besten in der lokalen Medienlandschaft aus und wissen, wie sie die lokalen Zielgruppen am besten erreichen.

Pressearbeit kommuniziert im Sinne des Unternehmens. Doch manchmal gibt es vielleicht auch unangenehme Themen zu berichten: Entlassungen, die Geschäftszahlen sind schlechter ausgefallen als erwartet, ein Markteintritt verzögert sich. Wie transparent sollte externe Kommunikation sein?

Saskia · Transparenz ist das A und O der Unternehmenskommunikation. Wer nicht transparent kommuniziert, hat verloren. Denn am Ende entscheidet die Öffentlichkeit darüber, ob sie mit der Kommunikation oder Reaktion eines Unternehmens zufrieden ist. Im schlimmsten Fall verlieren Anspruchsgruppen das Vertrauen in das Unternehmen, was sich wiederum negativ auf den Aktienkurs, die Mitarbeiter:innen- oder Kund:innenzufriedenheit, auf Abverkäufe oder Ähnliches widerspiegelt. Es gibt etliche Beispiele, in denen Unternehmen in einer kritischen Situation schlecht gehandelt beziehungsweise kommuniziert haben und die Konsequenzen tragen mussten. Das heißt allerdings nicht, dass man als Kommunikator:in sämtliche Details auf einem Silbertablett präsentieren kann oder muss. Es gilt immer abzuwägen, was im Sinne des Unternehmens ist, und dabei trotzdem zu versuchen, das größtmögliche Maß an Transparenz zu wahren, um damit langfristige Reputationsschäden zu vermeiden.

3.2 Von den richtigen PR-Instrumenten

Alexandra Koehler
Senior Public-Relations-Manager bei Forto

Eine PR-Strategie definiert wichtige Ziele, Zielgruppen, Kanäle und Botschaften. Eine Strategie beantwortet aber oft noch nicht das Wie. Wie kommt man in die Medien? Die Rede ist hier von PR-Instrumenten, Taktiken, Aktivitäten, Maßnahmen oder Kampagnen. Welche Instrumente findest du unverzichtbar?

Alexandra · Als unverzichtbar empfinde ich die klassische Pressemitteilung und persönliche Gespräche mit Journalist:innen – sei es offiziell als Interview oder als Hintergrundgespräch. Je nach Branche sind die wichtigen Medien natürlich andere, doch der Weg dahin, gute Kontakte und Vertrauen zu Medien aufzubauen, ist ein Muss. Ebenfalls unverzichtbar sind für mich eigene Kanäle, insbesondere die sozialen Medien, aber auch ein Blog oder Pressebereich auf der Webseite, eigene Veranstaltungen, vielleicht sogar ein eigener Podcast – kurz alles, bei dem das Unternehmen die Hoheit über die Inhalte hat.

Deine Meinung zu *paid media*? Advertorials? Bezahlten Interviews? Gastbeiträgen?

Alexandra · Damit ein junges Start-up als (noch) unbekannte Brand Bekanntheit erreicht, kann dies sicherlich von Vorteil sein. Auch können Platzierung und Verbreitung exakt selbst bestimmt werden. Möchte man jedoch Vertrauen und Akzeptanz langfristig und nachhaltig aufbauen, sollten meiner Meinung nach eher glaubwürdige (und kostengünstigere) Maßnahmen in Erwägung gezogen werden.

Konferenzen, Messen, andere Veranstaltungen – lohnt sich das?

Alexandra · Das lohnt sich immer. Wichtig ist nur, dass man gleich zu Beginn die relevanten Veranstaltungen kennt. Nichts ist zermürbender als Mühe, Zeit und auch Geld in die falsche Zielgruppe zu investieren. Generell gilt: Sich als Start-up „hautnah" und persönlich an einem Stand oder bei einer Konferenz zu präsentieren, zahlt immer auf die Brand und das dazugehörige Vertrauen ein. Denn so können Werte und Unternehmensgeist am authentischsten vermittelt werden. Das ist nicht nur für potentielle Kund:innen oder Investor:innen spannend, sonder vielmehr auch für zukünftige Mitarbeitende.

Ich empfehle daher, schon zu Beginn eine Liste mit relevanten Konferenzen und anderen beruflichen Zusammenkünften zu erstellen. Was für euch spannend sein könnte, findet ihr auch über eine kleine Wettbewerbsanalyse heraus. Aber Achtung: Manche Veranstaltungen sind ganz schön teuer. Definiert also gleich zu Beginn, was ihr im Jahr bereit seid, dafür zu bezahlen und teilt es auf.

Was hälst du von Veranstaltungen für Journalist:innen, beispielsweise Pressekonferenzen oder Ähnliches?

Alexandra · Ich bin der Meinung, dass PR ein People-Business ist und der Kontaktaufbau sowie die langfristige Pflege von Journalist:innenkontakten dazu gehören. Daher blocke ich mindestens ein- bis zweimal im Jahr einen Tag im Kalender und lade Journalist:innen zu einem bestimmten Thema ins Büro ein.

Instrumente sind das eine, konkrete Maßnahmen oder Kampagnen das andere. Manche Unternehmen pflegen PR-Kalender, arbeiten also nach einem Themenplan, den sie definieren. Wie stehst du dazu?

Alexandra · Ist man als Start-up in einer speziellen Industrie, wie wir mit Forto in der Logistik, dann haben wir sicherlich thematische Eckpfei-

3.2 Von den richtigen PR-Instrumenten

ler im Jahr wie beispielsweise die Peak Season oder Chinese New Year. Das nehmen wir natürlich zum Anlass und kommunizieren entsprechend. Gleich zu Beginn des Jahres sollte sich jedes Start-up einen Plan mit den wichtigsten Themenschwerpunkten machen. Schaut euch aber auch eure Wunschmagazine an und verfolgt ein wenig deren Themenpläne. Oft haben diese auch bereits vorab Content Specials in ihren Media Kits hinterlegt. Wichtig ist, dass ihr immer noch ein wenig Spielraum für Ad-hoc-Themen lasst. Man weiß nie, was in Gesellschaft oder Industrie passiert und für euch das Zugpferd sein könnte, welches ihr mit eurem Wissen bedient.

Wie können Kommunikationsverantwortliche den Erfolg von einzelnen Maßnahmen und Instrumenten bewerten?

Alexandra · Zunächst einmal: PR dient dem Image und dem Vertrauen eines Unternehmens. Dies messbar zu machen ist nicht immer so einfach. Dennoch gibt es auch in der PR einige Instrumente, die den Erfolg einer Kampagne bewerten können. Klassisch werden die Clippings herangezogen, also alle Erwähnungen, Platzierungen oder Veröffentlichungen zu eurem Unternehmen. Mein Tipp: Setzt euch mehrere Google Alerts zu eurem Start-up. So könnt ihr die Clippings besser tracken.

Auch die Website Visits und Leads können ein Indikator sein. Haben sich die Besucherzahlen nach einer PR-Kampagne deutlich erhöht, kann das auf die Kampagne zurückzuführen sein. Hilfreich ist es, wenn ihr eure Kund:innen und Bewerber fragt, wie sie auf euer Unternehmen aufmerksam geworden sind. Dann könnt ihr den Erfolg danach bemessen. Und fragt auch, welche Medien sie lesen. Vielleicht wird euer nächster Artikel dann genau dort sein.

Ganz wichtig finde ich, auf Klasse statt Masse zu achten. Definiert vorab eure Tier-1-Medien – also die Medien, die für euch besonders wichtig sind. Dann versucht, diese Medien so gut als möglich zu bespielen. Dies gelingt im Übrigen auch, wenn ihr gezielt dort Journalist:innenkontakte aufbaut und pflegt.

Für Start-ups aus Deutschland ist es mitunter schwierig, in anderssprachige Medien zu kommen. Oft ist der Fokus auf einheimische Start-ups gerichtet. Was sind deine Erfahrungen?

Alexandra · Wir haben bei Forto das Glück, dass wir durch unsere internationalen Investor:innen viel Support in dieser Richtung bekommen und manchen Journalist:innen im Ausland vorgestellt werden. Dennoch ist es auch für uns, insbesondere bei unseren Expansionen, nicht immer ganz einfach, direkt in Kontakt mit der internationalen Presse zu treten. Grundsätzlich ist es wichtig, immer den Mehrwert hervorzuheben, der dem Markt durch die Inhalte geboten werden. Warum sonst sollte eine Journalistin oder ein Journalist die Geschichte aufgreifen? Das gilt aber für deutschsprachige Medien mindestens genauso wie für anderssprachige – in jedem Fall schärft es nochmal die Botschaft.

Auch im Leben eines erfolgreichen Start-ups gibt es meist früher oder später den Punkt, an dem alle Geschichten erzählt und der nächste große Meilenstein noch nicht erreicht ist. Ein bekanntes Thema? Und wenn ja, wie kann man die Durststrecke überbrücken?

Alexandra · Grundsätzlich gilt: Inhalte liegt auf der Straße – zumindest fast. Natürlich gibt es nicht jede Woche eine Fundraising-Meldung oder eine Produktinnovation. Und manchmal gibt es Wochen, da fehlt es einem an Kreativität. Dennoch muss PR nicht immer nur in Form von einer eigenen Pressemeldung kreiert werden. Auch Gastbeiträge, Interviews oder Ähnliches können eine positive Wahrnehmung erzeugen. Mein Tipp: Geht eure Medienliste durch und schreibt die Magazine aktiv an. Fragt eure Journalist:innenkontakte, was die Leute gerade bewegt oder welches Thema beispielsweise für euch als Gastautor spannend sein könnte. Vielleicht könnt ja gerade ihr mit eurem (oftmals datenbasierten) Wissen die richtigen Antworten liefern. Seid immer Trendsetter, niemals Follower:innen.

Zum Abschluss eine schwierige Frage: Eine Pressesprecherin will ein weiteres Teammitglied einstellen und soll der Geschäftsführung aufzeigen, welchen Beitrag die PR zum Unternehmenswert leistet. Wie würdest du das begründen?

Alexandra · Wenn das Start-up und die Inhalte wachsen, dann wachsen auch die Aufgaben und vor allem die damit verbundenen Möglichkeiten für die PR. Meiner Meinung nach der größte Fehler ist zu glauben, dass eine Person alle Kompetenzen gleichzeitig und am besten noch mit Höchstleistung abdecken kann. Außerdem fördert ein:e Sparringspartner:in mit frischen Ideen und neuen Ansätzen das persönliche Wachstum und damit auch das des Start-ups.

3.3 Die Messbarkeit von PR

David Krebs
PR & Communications Specialist bei Sharpist

Warum sollten Start-ups – oder auch andere Unternehmen – in PR investieren? Ist das nicht ein purer Luxus?
David · Ich muss keine Sekunde zögern, um die zweite Frage mit einem ganz klaren und deutlichen Nein beantworten zu können. Denn gerade für Start-ups ist PR essenziell und ein ungemein wichtiges Instrument, um eine Vielzahl von Menschen, potenziellen Nutzer:innen oder auch Unterstützer:innen in Form von Geldgeber:innen oder Mitarbeiter:innen zu erreichen, die man mit klassischen Marketingmaßnahmen eventuell gar nicht erreichen würde. Im Vergleich zu etablierten Unternehmen und großen Marken fehlt es Start-ups oftmals an Bekanntheit und sie müssen zunächst die Aufmerksamkeit der Öffentlichkeit auf sich ziehen. Luxuriös muss es dann gar nicht werden. Selbst mit kleinem oder auch keinem Budget – und hier spreche ich aus eigener Erfahrung – kann durch PR eine hohe Reichweite erzielt werden. Der Vorteil im Vergleich zu einer kostspieligen Anzeige: Lesende sehen Journalist:innen als neutrale Personen an, die wertfrei über das Start-up und dessen Leistungen berichten. Dies wiederum bringt eine höhere Glaubwürdigkeit mit sich, wenn es darum geht, wichtige Neuigkeiten geschickt zu platzieren, damit sie von relevanten Anspruchsgruppen gesehen werden.

Eine Herausforderung für viele Kommunikationsexpert:innen: Der Einfluss ihrer Arbeit ist meist indirekt: eine höhere Bekanntheit im Markt, mehr Vertrauen von Kund:innen und anderen Anspruchsgruppen, mehr Bewerbungen, eine höhere Mitarbeiter:innenbindung und -zufriedenheit, bessere Google-Rankings. Wie misst man den Wertbeitrag von PR zum Unternehmenserfolg?

David · Die Frage nach der Messbarkeit von PR-Erfolg ist wahrscheinlich genauso alt wie die PR-Disziplin selbst und kann in den meisten Fällen auch leider nur unzufriedenstellend beantwortet werden. Über die Jahre wurden viele Tools und Kennzahlen entwickelt, die Abhilfe schaffen sollen. Vom Anzeigenäquivalenzwert, eine der meistgefragten Analysekennzahlen und zugleich eine der umstrittensten, über die (potenzielle) Reichweite, die Druckauflage oder die Anzahl von Clippings bis hin zu vor allem für Online-Medien beliebte Kennzahlen wie Klicks und Views. Die Liste der möglichen Maßstäbe an derer PR-Schaffende den Erfolg der eigenen Arbeit messen ist lang. Doch so wirklich etabliert hat sich davon nichts. Ein Grund hierfür ist sicher auch, dass PR-Arbeit viel mehr ist als nur das Platzieren von Artikeln. Denn auch das Verhindern negativer Schlagzeilen gehört zu den wichtigen Aufgaben, die es zu erledigen gilt. Ein möglicherweise negativer Beitrag, der dank dem Zutun der PR-Abteilung nicht veröffentlicht wird, ist mit dem Anzeigenäquivalenzwert selbstredend nicht zu erfassen, kann jedoch von unschätzbarem Wert sein für das Unternehmen und seine Ziele. Daher ist meiner Meinung nach eine klare Zielsetzung für einzelne PR-Kampagnen viel wichtiger, als einen allgemeinen Wertbeitrag von PR als Gesamtdisziplin auf den Unternehmenserfolg krampfhaft und in aufwendigen Verfahren feststellen zu wollen.

Dann lass uns direkt noch konkreter werden: Ein Pressesprecher soll die Kommunikationswirkung einer Kampagne bewerten. Was empfiehlst du?

David · Ich empfehle im Vorhinein mit den involvierten internen Anspruchsgruppen direkt zu klären, was das gewünschte Resultat der PR-Kampagne ist, was sie sich dadurch erhoffen und was die übergeordneten allgemeinen Unternehmensziele sind, die hinter dem Projekt stecken. Es ist wichtig, zu Beginn zu verstehen, wie man mit den zur Verfügung stehenden Informationen, aber auch den internen Ressourcen, den größten Mehrwert stiften kann. Erst dann kann man dementsprechend die Kampagne planen und auch direkt – wie man so schön sagt – Expectation-Management betreiben bei allen Beteiligten. Denn oftmals muss man zunächst mit dem Irrglauben aufräumen, dass es nur ein Erfolg wird, wenn viele Clippings gesammelt werden können. „The more, the merrier", hört man dann gerne. Doch wie so häufig gilt auch hier in den meisten Fällen: Qualität statt Quan-

3.3 Die Messbarkeit von PR

tität. Lieber einen Volltreffer landen im gewünschten und zuvor definierten Zielmedium, als viele verschiedene Artikel in Medien, deren Leserschaft sich eigentlich gar nicht für das Produkt, die Dienstleistung oder die Neuigkeit des Unternehmens interessiert. Mit einer klaren Zielvorgabe lässt sich die Kommunikationswirkung und der Erfolg der Kampagne am Ende deutlich leichter bewerten.

Deine Meinung zu Clippings?

David · Wie so viele unserer Kolleg:innen und wie man zwischen den Zeilen zuvor eventuell schon herauslesen konnte, habe auch ich ein zwiegespaltenes Verhältnis zu Clippings. Habe ich schon einmal erleichtert aufgeatmet und meine Augen haben gestrahlt, wenn nach dem Versand einer Pressemitteilung ein Clipping nach dem anderen im Monitoring-Tool erschienen ist? Ja. War die einzige Reaktion, die ein Clipping in mir hervorgerufen hat, ein müdes Lächeln und ein Achselzucken? Auch das war schon der Fall. Denn genauso wie nicht jeder Artikel in einer Zeitung die gleichen Gefühle bei allen Leser:innen auslöst, lässt auch nicht jedes Clipping auf die gleiche Weise das Herz von PR-Schaffenden höher schlagen.

Ich habe bei Unternehmen gearbeitet, wo die einzige Kennzahl zur Bewertung der PR-Arbeit die Anzahl an Clippings war, die in einem Monat generiert wurden. Alles Weitere war zunächst nebensächlich. Auch wenn die Schlagzeilen von einem negativen Ereignis bestimmt waren und sich die Zahl der Veröffentlichungen nur deshalb in die Höhe geschraubt hatte: ein Monat mit vielen Clippings war ein guter Monat. Doch sollten Clippings meiner Meinung nach eine so tragende Rolle zugeschrieben bekommen und diese als einziger ausschlaggebender Indikator herangezogen werden? Nein. Erst mit der Zeit wurden weitere Faktoren eingeführt, welche die Clippings nach Themenbereichen kategorisiert und so ein differenzierteres Gesamtbild ermöglicht haben. Doch wie bereits erwähnt, passiert bei der tagtäglichen PR-Arbeit noch so viel mehr im Hintergrund, wovon nicht alles in einem direkten Resultat in Form eines Clippings endet. So ist manchmal ein Hintergrundgespräch unter drei oder zwei deutlich mehr wert als eine Handvoll Clippings, wenn sich dadurch die Einstellung der Person gegenüber dem Unternehmen oder dem Produkt grundlegend verändert und sich dies dann in zukünftigen Artikeln positiv äußert.

Welche Rolle spielen Nutzungsstatistiken von Webseiten oder Social Media?

David · Meiner bisherigen Erfahrung nach zu urteilen spielen Nutzungsstatistiken von Webseiten und/oder Social Media für die Messbarkeit von PR-Maßnahmen eine eher untergeordnete oder vielmehr gar keine Rolle. Selbstverständlich kann nach einer Pressemitteilung und daraus resultierenden Artikeln mehr Traffic auf die Webseite eines Unternehmens gelenkt werden und die Besucherzahlen steigen, aber daran gemessen werden sollte PR-Arbeit nicht. Gleiches gilt für Social Media und beispielhaft der Anstieg der Anzahl an Follower:innen. Kann PR diese beiden Bereiche dennoch unterstützen? Ja. Sollte es die Hauptaufgabe sein? Nein. Hier sehe ich jeweils die SEO- und Social-Media-Expert:innen in der (Eigen-)Verantwortung. Dass man sich als PR-Schaffende:r dennoch mit ihnen austauscht und gemeinsam an einem Strang zieht, sollte ohnehin selbstverständlich sein.

Im Bereich Kommunikationscontrolling tummeln sich unzählige Instrumente und Anbieter, von kostenlosen Google Alerts über kostenpflichtige Pressemonitorings bis zu umfassenden Medienresonanzanalysen. Was ist ab welchem Stadium oder für welche Art der Kommunikation sinnvoll? Was Geldverschwendung?

David · Hier sind meiner Meinung nach verschiedene Faktoren in Betracht zu ziehen. Im Anfangsstadium, wenn die Häufigkeit der Berichterstattung über das Unternehmen ohnehin noch nicht so hoch ist, muss nicht in teure Monitoring-Tools investiert werden. Da sind die kostenlosen und in der Regel auch sehr zuverlässigen Google Alerts völlig ausreichend. Gesammelt in einer Tabelle mit weiteren Informationen zum Sentiment des Artikels kann man problemlos den Überblick behalten. Auch die Pressearbeit der Konkurrenz lässt sich so mit wenig Aufwand und den richtigen Google Alerts ganz umsonst verfolgen.
Nimmt die Anzahl an täglichen Clippings aufgrund steigender Bekanntheit mit der Zeit immer weiter zu und/oder es wird internationale Berichterstattung in anderen Ländern als dem Heimatmarkt erwartet, ist es sinnvoll, sich mit Dienstleistungen rund um die Medienbeobachtung durch Dritte auseinanderzusetzen. Arbeitet man in einem neuen Markt ohnehin mit einer lokalen Agentur zusammen, kann das Monitoring oftmals direkt von dieser übernommen werden. Eine andere Entscheidungshilfe, auf welches Instrument zurückgegriffen werden sollte, ist die Frage nach der Geschwindigkeit, in der auf einen erschienenen

Artikel reagiert werden muss. Muss dies schnell passieren, um eine Krise rechtzeitig erkennen und abwenden zu können, dann empfehle ich schon früh auf ein Monitoring-Tool zu setzen. Ob eine ausführliche Medienresonanzanalyse notwendig ist, hängt wiederum vom Produkt und dessen Konfliktpotential im gesellschaftlichen Diskurs ab. Sie kann aber auch projekt- oder kampagnenbasiert einen Mehrwert stiften, wenn eine differenzierte Analyse eines bestimmten Themas wichtig für ein Unternehmen ist, um eine Handlungsgrundlage für strategisch wichtige Schritte zu schaffen.

Ein Tool, dass dir das Kommunikationscontrolling erleichtert?
David · Mein Gedächtnis. Denn wenn ich etwas gelernt habe in den letzten Jahren, dann ist es, dass man sich nicht nur auf technische Tools verlassen sollte. Mindestens genauso wichtig, wenn nicht sogar wichtiger, ist es, dass man auch stets selbst den Überblick bewahrt über die aktuelle Berichterstattung rund um das eigene Unternehmen. Technik kann unseren (Arbeits-)Alltag zwar vereinfachen, aber gerade in der PR-Arbeit ist der Faktor Mensch ein ganz entscheidender Bestandteil und einer der wichtigsten Bausteine, der letztlich über den Erfolg unserer Arbeit und all der damit verbundenen Bemühungen entscheidet.

3.4 Die Medien-Clipping-Analyse

Elisabeth Euler
Junior PR-Managerin bei Getsafe

Medienclippings werden in fast allen Unternehmen als Indikator geglückter oder misslungener Kommunikationsmaßnahmen ausgewertet. Bei Getsafe ist das nicht anders. Wie funktioniert der Ansatz?

Elisabeth · Zunächst einmal erstellen wir ein Archiv, in dem jeder Zeitungsartikel, jeder Blogbeitrag, jeder Podcast, kurzum der gesamte öffentliche Auftritt unserer Firma in den Medien, getrackt wird. Von da aus berechnen wir bei Getsafe mittels eigens entwickelter Kriterien und Formeln einen sogenannten Impact Factor. Dieser hilft uns, die Resonanz empirisch einzuordnen und uns einen Überblick zu verschaffen, wie die Firma in den Medien so dasteht.

Du sagst, ihr berechnet einen Impact Factor. Wie funktioniert das konkret?

Elisabeth · Wenn wir den Impact Score eines Clippings berechnen, vergeben wir für verschiedene Kriterien eine Anzahl von Punkten. Hierbei haben wir eine Reihe qualitativer beziehungsweise quantitativer Kriterien aufgestellt. Zu den quantitativen Kriterien zählen:

- Überschrift (Werden wir in der Überschrift des Beitrages erwähnt?)
- Erste Nennung (Wann im Laufe des Artikels werden wir zum ersten Mal genannt?)
- Umfang der Nennung (Wie lange ist der Beitrag?)
- Dominanz (Wie dominant werden wir dargestellt im Vergleich zu unserer Konkurrenz?)
- Abbildungen (Sind Bilder von Getsafe oder unserem CEO bei dem Beitrag mit dabei?)
- Schlüsselbotschaften (Inwiefern ist unsere Key Message vertreten?)

Für jedes quantitative Kriterium gibt es eine bestimmte Punktzahl, die wir vorab festgelegt haben. Je besser das Clipping, desto höher die Punktzahl.

Zusätzlich sortieren wir die Clippings in qualitative Kategorien ein. Diese sind:

- Art des Mediums
- Sprache
- Kategorie (Artikel, Gastartikel, Interview, Tabelle)
- Zielgruppe
- Tonalität (negativer Subtext?)

Das machen wir deshalb, um besser beurteilen zu können, ob wir auch die Zielgruppe erreichen oder um zu sehen, wie gut wir in internationalen Medien im Vergleich zu deutschsprachigen Artikeln dastehen.

Das klingt nach einem aufwendigen Verfahren. Kannst du das an einem Beispiel erläutern?

3.4 Die Medien-Clipping-Analyse

Elisabeth · Klar. Nehmen wir ein fiktives Beispiel: Ein nationales Medium veröffentlicht ein Interview mit unserem CEO. Nun vergeben wir für die Anzahl der Unique User des Magazins eine gewisse Punktzahl für die Reichweite (in diesem Fall: mittel, also 25 Punkte). Für die Überschrift gibt es null Punkte, da wir nicht namentlich erwähnt werden. Die initiale Nennung liegt bei fünf Punkten (= Höchstpunktzahl), weil wir direkt am Anfang des Beitrags namentlich genannt werden. Die Dominanz ist ebenfalls hoch, da es im Wesentlichen um unser Unternehmen und niemanden sonst geht. Für Abbildungen gibt es auch die Höchstpunktzahl, da zu Beginn unser Gründer abgebildet ist. Und auch eine Kernbotschaft wird in dem Interview rübergebracht. Am Ende werden diese Punkte zusammengerechnet und die Summe ergibt den sogenannten Coverage Factor.

Der Coverage Factor bewertet also das Clipping möglichst objektiv. Wir haben aber gesehen, dass das allein nicht ausreicht. Ein Fernsehbeitrag ist für uns sehr viel schwerer zu erreichen als ein Beitrag in einem Print-Magazin. Und ein Artikel in einem Lifestyle-Magazin, in dem wir noch nie waren, ist für uns ein größerer Erfolg als ein Beitrag in einem Fachmagazin, das sehr oft über uns berichtet. Um diesen Aspekten rechnung zu tragen, vergeben wir zusätzlich einen sogenannten Success Factor. Dieser beantwortet letztendlich die Frage: „Wie schwierig ist es, diese Berichterstattung zu wiederholen?"

Am Ende werden der Coverage Factor und der Success Factor miteinander ins Verhältnis gebracht und daraus ergibt sich letztendlich der Impact Factor. Bei Getsafe betrachten wir einen Impact Factor > 4 als hoch.

Worin siehst du Vor- und Nachteile dieser Methode speziell für Start-ups?

Elisabeth · Bei der Analyse der Medienclippings, wie wir sie machen, gibt es Pro- und Kontra- Argumente. Zu den Kontra-Argumenten zählt die Tatsache, dass Medienclippings allgemein nur einen Teil der PR-Arbeit widerspiegeln. Was, wenn PR einen sehr kritischen Beitrag verhindert? Was ist mit einer Bewerberin, die den Weg zum Unternehmen aufgrund eines Social-Media-Posts findet? Oder ein Kunde, der den Gründer bei einer Konferenz sprechen hört? All diese Beiträge externer Kommunikation bleiben bei einer Clippinganalyse außen vor.

Des Weiteren ist die Analyse je nach Anzahl der Clippings auch sehr zeitintensiv. Wir nutzen ein Medienmonitoring, um uns zumindest die deutschen Clippings automatisiert sammeln zu lassen. Den Rest machen wir jedoch manuell selbst. Bei zig Clippings im Monat kommt da schon ein ganz schöner Arbeitsaufwand zusammen und der Service des Medienmonitorings kostet selbstverständlich Geld.

Aber gerade für Start-ups haben die Medienclippings auch einen ungeheuren Wert. Zum einen erhält man einen Überblick über die Resonanz in den Medien, und zwar auch in punkto Tonalität. Außerdem kann man mit gezieltem Tracking auch besser nachverfolgen, welche Botschaften weiterverbreitet werden und welche nicht. Die Clippings sind also ein wichtiger Ansatzpunkt für Start-ups, um die Außenwahrnehmung zumindest grob zu überblicken und möglichst konsistent zu kommunizieren. Dieser Aspekt der Öffentlichkeitsarbeit ist auch deshalb besonders wichtig für Start-ups, weil der Medienauftritt vor Investor:innen und Partner:innen eine immense Rolle spielt. Vor allem, wenn eine Funding-Runde ansteht und das Start-up von allen nur erdenklichen Facetten beleuchtet wird, ist ein Überblick über die aktuelle Medienresonanz absolut unabdinglich.

Das Tolle ist auch: Je nach Unternehmen können die Kategorien, Kriterien und Punktevergaben ganz individuell angepasst werden, damit man möglichst viel daraus ablesen kann. Wir haben lange diskutiert, ausprobiert und verändert, bis wir mit unserem System zufrieden waren.

Der Erfolg der externen Kommunikation wird oft nach wie vor in Clippings gemessen. Ein sinnvoller Weg?

> Elisabeth · Am Ende des Tages bleibt die Analyse der Medienclippings ein interessantes, aber auch limitiertes Feld. Die Beiträge miteinander zu vergleichen kann dabei helfen, gute von schlechten Pitches und deren Konsequenzen herauszufiltern. Aber man kann den Ansatz auf viele verschiedene Arten verfolgen, von denen andere sicherlich teurer oder billiger wären beziehungsweise schneller oder langsamer erledigt würden. Mit dem Internet ergeben sich viele neue Kommunikationskanäle, die von der Clipping Analyse nicht so einfach berücksichtigt werden können (zum Beispiel Social Media). Die Clippings sollten also nicht das einzige Tool zur Erfolgsmessung der externen Kommunikation sein.

4 Organisatorische Herausforderungen im Start-up

Nach diesen Grundlagen geht es weiter zu organisatorischen Besonderheiten. Wie Unternehmenskommunikation im Unternehmen verankert werden sollte, damit befassen sich Paul Peters und Sarah Christiansen, beide langjährige Kommunikationsexperten bei smava. Zwar gibt es kein Patentrezept, wohl aber gewisse Orientierungspunkte, die sie in → Kapitel 4.1 darlegen.

Wie viele Kommunikator:innen bei noch kleineren Start-ups kümmert sich Mareike Schindler-Kotscha um interne und externe Kommunikation, um Content-Marketing, Social Media und Veranstaltungen – und all das in Personalunion. Welche Vorzüge es haben kann, viele Hüte auf einmal zu tragen, darüber spricht sie in ihrem Beitrag ebenso wie über die Besonderheit, ein sehr erklärungsbedürftiges Produkt bei einer kleinen Zielgruppe bekannt zu machen (→ Kapitel 4.2).

Den umgekehrten Fall kennt Melanie Bochmann: Was unterscheidet die externe Kommunikation in einem Scale-up von einem kleineren Start-up? Wie verändern sich Kommunikationsaufgaben und wie organisiert man sich über Landesgrenzen hinweg? Melanie Bochmann hat diesen Prozess bei Delivery Hero begleitet (→ Kapitel 4.3).

Ein Merkmal erfolgreicher Scale-ups ist oft ihre Expansion in andere Länder. Einen neuen Markt zu betreten tangiert viele Bereiche im Start-up – angefangen von einer anderen Sprache über andere Vertriebswege oder Erwartungen und Bedürfnisse der Kund:innen hin zu anderen Bezahlweisen oder Steuersystemen. Die Kommunikation ist nicht weniger stark betroffen. Wie kommt man als ausländisches Unternehmen in die Medien im Zielland? Und was ist besser: eine starke Kommunikationszentrale oder viele unabhängige Expert:innen in den einzelnen Ländern? John Shewell von wefox erklärt seinen Ansatz in → Kapitel 4.4.

Es gibt vermutlich kaum ein Start-up, das von sich behaupten würde, ausreichend Mitarbeiter:innen für all seine vielfältigen Aufgaben zu haben. Der Personalnotstand äußert sich oft auch beim Thema Kommunikation. Dass ein kleines Team oder eine Einzelperson viele Themen bearbeitet, für die sich große Unternehmen gleich mehrere Spezialist:innen leisten, ist keine Seltenheit. Viele Start-ups überlegen dann, mit PR-Agenturen zusammenzuarbeiten – sei es als Ersatz für eigene Festangestellte, als Ergänzung des Teams mit einem bestimmten Aufgabengebiet (zum Beispiel

PR für einen ausländischen Markt oder eine bestimmte Zielgruppe) oder als punktuelle Unterstützung für einen konkreten Anlass (sei es ein Meilenstein wie ein Börsengang oder ein Markteintritt, eine Produkteinführung oder aber eine kommunikative Krise).

Manche Kommunikationsverantwortliche, aber auch manche CEOs, sind Agenturen gegenüber skeptisch. Was ist das Für und Wider der Zusammenarbeit mit Agenturen? Was sind mögliche Stolpersteine? Und wie sieht ein gutes Agenturbriefing aus? Katharina Heller, selbst langjährige Pressesprecherin bei N26 und Zalando, berät nun ihrerseits Start-ups in der Kommunikation und kennt daher beide Seiten. Gemeinsam mit PR-Berater Stanij Wićaz von der Agentur Bettertrust stellt sie sich diesen und anderen Fragen und zeigt auf, welche Erfolgsfaktoren für eine gute Zusammenarbeit entscheidend sind (→ Kapitel 4.5).

4.1 Kommunikation strategisch organisieren

Paul Peters
Leiter Kommunikation bei smava

Sarah Christiansen
PR-Managerin bei smava

Gibt es ein Patentrezept, wie Kommunikation am besten in einem Start-up organisiert ist? Ist sie Teil des Marketings oder eigenständig?

Paul/Sarah · Es gibt kein Patentrezept, aber dennoch einen relevanten Orientierungspunkt. Kommunikation ist dann am besten organisiert, wenn sie effizient einen klar definierten unternehmensrelevanten Mehrwert schafft und dadurch zum Erreichen der Unternehmensziele beiträgt. Wenn klar ist, warum kommuniziert wird und was durch Kommunikation erreicht werden soll, dann ist in der Regel auch klar, wie die Kommunikation am effizientesten organisiert werden kann. In manchen Fällen ist der Mehrwert am größten und die Organisation am effizientesten, wenn Marketing und Kommunikation integriert arbeiten, in anderen Fällen kann eine eigenständige Kommunikationsabteilung sinnvoller sein. Welche Organisationsform geeigneter ist, ist abhängig von den Zielen des einzelnen Start-ups und kann sich mit der Zeit und der Entwicklung des Start-ups auch durchaus ändern.

Gibt es Beispiele dafür? Wann macht das eine, wann das andere Sinn?

Paul/Sarah · Das hängt sehr stark davon ab, warum kommuniziert wird und was erreicht werden soll. In sehr jungen B2C-Start-ups geht es beispielsweise häufig und primär darum, Kund:innen zu gewinnen und das eigene Produkt zu vertreiben. Um erfolgreich und vor allem auch erfolgreicher und nachhaltiger als der Wettbewerb zu sein, braucht es eine Produktkommunikation mit klarer und starker Positionierung, überzeugenden Inhalten, Geschichten und Botschaften genauso wie ein starkes Performance-Marketing für die effiziente Umsetzung. In dieser Phase hilft es, wenn Marketing und Kommunikation integriert arbeiten, denn umso effizienter können beide einen Mehrwert für das Start-up generieren.

Eine eigenständige Kommunikationsabteilung ist dann sinnvoll, wenn es darum geht, parallel verschiedene Mehrwerte zu generieren, wie zum Beispiel Mitarbeitenden durch interne Kommunikation Orientierung und Führung zu geben, neue Investor:innen durch Wachstums- und Erfolgsgeschichten in den Medien oder auf Konferenzen auf das Start-up aufmerksam zu machen oder neue Talente durch maßgeschneiderte Recruiting-Kampagnen zu gewinnen. Spätestens wenn es darum geht, parallel mehrere dieser oder ähnlicher Mehrwerte durch Kommunikation zu schaffen, wird die Kommunikation idealerweise ganzheitlich und als eigenständiger Bereich auf C-Level-Ebene mit entsprechenden Kommunikationsfeldern organisiert. Das sind zum Beispiel Unternehmenskommunikation, Produkt- und Markenkommunikation genauso wie etwa interne Kommunikation und Recruiting-Kommunikation. Diese Kommunikationsfelder haben idealerweise fest etablierte Schnittstellen zu den korrespondierenden Bereichen. In manchen Fällen, wie beispielsweise der Produkt- und Unternehmenskommunikation, übernimmt die Kommunikationsabteilung häufig die Führung. In anderen Fällen berät sie in der Regel eher unterstützend. Wichtig ist, die Schnittstellen und die Abstimmung mit den korrespondierenden Bereichen und den Entscheider:innen der jeweiligen Bereiche so direkt wie möglich zu gestalten. Ansonsten können zwar Mehrwerte für das Unternehmen entstehen, aber gegebenenfalls nicht auf dem effizientesten Weg.

Eine sinnvoll aufgestellte Kommunikation beschränkt sich idealerweise nicht nur darauf, spezifische Mehrwerte in einzelnen Kommunikationsfeldern zu schaffen. Sie sollte auch eine unternehmensweit abgestimmte, widerspruchsfreie Kommunikation anstreben. Dabei geht es auch um ein unternehmensweites Reputationsmanagement. Möglich wird das durch eine strategisch sinnvoll aufgestellte Kommunikationsabteilung, die in sämtliche unternehmensweit geplanten Maßnahmen involviert ist, die die Wahrnehmung interner und externer Anspruchsgruppen prägen. In einer beobachtenden und moderierenden Rolle bewertet sie geplante Maßnahmen im Hinblick auf mögliche Reputationsrisiken und -chancen und gibt Handlungsempfehlungen.

Wann sollten Start-ups die Kommunikation zu einem eigenständigen Bereich machen?

Paul/Sarah · Der Zeitpunkt wird idealerweise definiert durch eine vorausschauende und realistische Planung. Wo möchte das Start-up in einem Jahr, in zwei, in drei Jahren stehen, wie kann das erreicht werden und wie kann die Akzeptanz bei internen und externen Anspruchsgruppen aufrechterhalten und gesteigert werden? Je schneller das Start-up wachsen soll, desto mehr und früher macht es Sinn, die Kommunikation als eigenständige Abteilung zu organisieren. Denn eine strategisch vorbereitete Kommunikation hilft, das Wachstum zu begleiten und zu steuern und so zum Beispiel bestehende Mitarbeiter:innen mitzunehmen und neue ins Team zu integrieren. Je weniger das passiert, desto eher steigt häufig die Unzufriedenheit der Mitarbeiter:innen und die Fluktuation. Eine sinnvoll aufgestellte Kommunikationsabteilung hilft auch dabei, vom Wachstum zu profitieren und Wachstumsherausforderungen zu meistern. So steigt beispielsweise meist die mediale Aufmerksamkeit, je größer das Start-up wird. Damit

4.1 Kommunikation strategisch organisieren

gehen oft auch kritische und hinterfragende Anfragen von Journalist:innen einher. Je besser das Start-up auf diese und andere Wachstumsphänomene kommunikativ vorbereitet ist, desto überzeugender kann es reagieren.

Start-ups sind häufig sehr zahlenfixiert. Lässt sich die Wirkung von Kommunikation belegen?

Paul/Sarah · Ja, und zwar umso besser, je eindeutiger vorher definiert ist, was erreicht werden soll. Das heißt mit Blick auf jedes Kommunikationsfeld: Es muss klar sein, welcher Zweck verfolgt wird, warum also kommuniziert wird, welche qualitativen und/oder quantitativen Ziele zum Beispiel im Hinblick auf die einzelnen Wirkungsstufen der Kommunikation, angefangen beim Input bis zum Outflow erreicht werden sollen und wie die Zielerreichung gemessen werden soll. So lässt sich aufzeigen, was erreicht wurde und was gegebenenfalls nicht und warum nicht. Ob quantitative Angaben dafür immer das beste Mittel sind, ist abhängig vom Zweck und Ziel.

Wie ist ein Kommunikationsteam gut aufgestellt – wen und was braucht es?

Paul/Sarah · Erfolgreiche Kommunikation ist häufig eine Mischung aus Know-how, Erfahrung und Innovation. Für jedes Kommunikationsfeld und jede Rolle muss klar sein, welches Know-how notwendig ist, wie viel Erfahrung es braucht und wie viel Innovation nötig, aber auch möglich ist. Dementsprechend lassen sich Teams zusammensetzen. Gerade bei Führungsrollen ist es wichtig, dass es nicht nur um Kommunikations-, sondern auch um Führungs- und Management-Know-how und -Erfahrung geht. Je größer und ausdifferenzierter die Kommunikationsabteilung ist, desto wichtiger ist es, dass sie von einer Person geführt wird, die neben der notwendigen Führungskompetenz vor allem auch über ein ausreichend breites und übergreifendes Kommunikations-Know-how verfügt. Das funktioniert in aller Regel besser, als wenn Spezialist:innen für ein bestimmtes Kommunikationsfeld auch andere Kommunikationsbereiche fachlich führen und finale Entscheidungen treffen.

4.2 Unternehmenskommunikation als One-Woman-Show

Mareike Schindler-Kotscha
Head of Communications & Marketing
bei HD Vision Systems

Für HD Vision Systems entwickelst du Marketing und Kommunikation in Personalunion strategisch weiter. In vielen anderen Unternehmen sind Marketing und Kommunikation getrennte Bereiche. Wieso ist das bei euch anders?

Mareike · Die pragmatische Antwort lautet: Weil wir noch zu klein sind, um die beiden Themen konsequent zu trennen. Dass ich beide Bereiche verantworte, bedeutet daher, dass wir beiden Bereichen Priorität einräumen. Tatsächlich ist es auch inhaltlich eine sinnvolle Kombination, denn wir verstehen sowohl die Kommunikation als auch das Marketing als informierende Kanäle. Dass ich mich um beide Seiten kümmere, ist damit sogar ein Vorteil – es gibt weniger Brüche in unserer gesamten Außendarstellung, die Story ist einheitlicher.

Was ist die größte externe Herausforderung in deiner Doppelrolle? Was die größte interne?

Mareike · Als ich letztes Jahr bei HD Vision Systems angefangen habe, bin ich mitten in der Coronakrise mit einer quasi unbekannten Start-up-Marke gestartet. Diese zunächst in die Zielgruppe zu bringen – und das mit rein organischen Maßnahmen – war schon eine echte Herausforderung. Natürlich ist das längst nicht abgeschlossen, aber so langsam wandeln sich meine Aufgaben hin zum Aufbau eines konkreten Markenimages. Mit unserer eher konservativen Zielgruppe ist das nicht ganz einfach, insbesondere aufgrund unserer organisatorischen Verschiedenheit. In diese Herausforderung spielt auch die Start-up-ty-

4.2 Unternehmenskommunikation als One-Woman-Show

pische Ressourcenknappheit hinein. Bis auf eine Werkstudentin mache ich alles in Personalunion: PR, Content-Marketing, Marketing, interne Kommunikation ... da wird es nie langweilig! Ein glasklarer Fokus ist dabei unabdinglich.
Intern ist meine größte Herausforderung, alle Informationen zu verbreiten. Wir arbeiten seit Corona hybrid, was die Wissensvermittlung zusätzlich erschwert. Wissen alle, welchen Produktumfang wir derzeit bieten? Welche Features der nächste große Release bringt? Aber auch Informationen wie: Wer hat neu bei uns angefangen und wie können wir diese Personen bei ihrem Start optimal unterstützen? Hier probiere ich immer wieder neue Formate aus.

Du sagst über dich, Content-Marketing sei die Basis deines Schaffens. Inwiefern?
Mareike · Ich bin davon überzeugt, dass Menschen keine nervige Werbung wollen. Warum auch? Wenn überhaupt, suchen sie Informationen zu ihrer persönlichen oder beruflichen Situation, zu einem Produkt, einer Technologie. Menschen verstehen gerne, was um sie herum passiert – auch wenn sie kein aktives Kaufinteresse haben. Entsprechend beinhaltet Content-Marketing für mich kein Squeeze-Marketing, sondern Texte, Bilder und Videos, die einen echten Mehrwert für die Rezipient:innen stiften. Dieser Mehrwert ist für mich die Grundlage all meines Schaffens und genau das kann ich über Content-Marketing erreichen.

Ihr habt ein erklärungsbedürftiges Produkt, das nur für eine kleine Zielgruppe an Unternehmen relevant ist. Was, würdest du sagen, sind Spezifika der B2B-Kommunikation? Und wie schlägt sich das in deiner Arbeit nieder?
Mareike · B2B-Käufer handeln überlegter, in unserer Branche zieht sich der Erwägungsprozess nicht selten ein ganzes Jahr. Da es sich dabei um zentrale Investitionen für die Unternehmen handelt, ist dieses Verhalten nur logisch und konsequent. Entsprechend braucht es in der B2B-Kommunikation eine vertrauensvolle und informierende Begleitung über diesen Prozess hinweg, der zunehmend online und anonym stattfindet. Hier muss man die richtigen Angebote für jeden Zeitpunkt machen.
Erschwerend kommt hinzu, dass wir es heute nicht mehr mit einem:r prototypischen Entscheider:in zu tun haben. Aktuelle Buying Center bei

uns bestehen aus etwa fünf bis zehn relevanten Personen mit jeweils individuellen Bedürfnissen: Der Werkleiter braucht andere Informationen zu einem System als die IT-Administratorin, die es ins Netzwerk integrieren wird. Hier alle relevanten Informationen in hoher Qualität rund um den gesamten Kauf- und Anwendungsprozess zu liefern, ist meine Kernaufgabe. Nur so baue ich in der Kommunikation das notwendige Vertrauen auf.

Wie erreicht ihr diese Zielgruppe?

Mareike · Wir setzen vor allem auf abgestimmte Online-Inhalte. Dazu zählen etwa unsere Webseite mit verschiedenen Downloadangeboten wie E-Guides, Checklisten und Whitepapers. Über SEO und Social Media holen wir uns Traffic auf die Seite. Wer bereits in Kontakt zu uns getreten ist, den informieren wir regelmäßig über Mailings und einen Newsletter. Weil Fachmagazine für unsere Zielgruppe noch sehr relevant sind, veröffentlichen wir dort regelmäßig Case Studies und Fachbeiträge. Anzeigen schalten wir keine. Auch Messen sind ein wichtiger Branchentreff – sie laufen jetzt allerdings erst vorsichtig wieder an. Schließlich führen wir etwa quartalsweise ein eigenes Webinar durch und nehmen an verschiedenen Online-Vorträgen und Konferenzen teil.

Du hast Fallbeispiele erwähnt. Wie gehst du hier vor?

Mareike · Fallbeispiele sind bei unserem hochtechnologischen Produkt super wichtig! Oft sind sie aber gar nicht so einfach zu bekommen ... Wir haben viele Kund:innen aus dem Automotive(-Zulieferer)-Bereich, da herrscht oft Geheimhaltungspflicht. Entsprechend besteht für uns die doppelte Herausforderung, dem Sorge zu tragen und gleichzeitig möglichst präzise über die Anwendung zu berichten.

Wie löst du das?

Mareike · Wenn ich vom Abschluss einer relevanten Anwendung höre, kläre ich mit dem Unternehmens- und Projektmanagement die Eckdaten ab: Ist meine Einschätzung als strategisches Beispiel richtig? Ist der Kunde offen für eine Nennung? Was sind die konkreten Mehrwerte unserer Lösung? Üblicherweise erhalte ich vom Projektmanager bereits jede Menge technische Informationen und Bildmaterial.

Nach dessen Sichtung kommt die Geschichte: Ich überlege mir, welche Erfolgsgeschichte ich unserer Zielgruppe mit der Anwendung erzählen kann. Steht auch hier das Grundgerüst, überlege ich, wo sich die Veröffentlichung lohnt. Alle Fallbeispiele landen stets auf unserer Webseite. Idealerweise gibt es ein kurzes Video für Social Media. Außerdem biete ich besonders spannende Themen gerne einer:m Redakteur:in eines Branchenmagazins an. Für uns bei HD Vision Systems sind diese Fachmagazine hochrelevant, weil sie unsere Reichweite verhältnismäßig unkompliziert vergrößern. Erst wenn auch das geklärt ist, geht es ans eigentliche Schreiben. Darauf folgen schließlich die verschiedenen Veröffentlichungen.

Welche Rolle spielen Tages- und Wirtschaftszeitungen und die sozialen Medien für eine gute B2B-Kommunikation?

Mareike · Kurz und knapp: Zeitungen sind für uns bisher ein Nice-to-Have, ohne Social Media ginge gar nichts. In den sozialen Medien müssen wir im Vergleich zu Tages- und Wirtschaftszeitungen nicht erst eine bestimmte Größe übertreffen, um relevant zu sein. Unsere eigenen Kanäle erlauben uns, verhältnismäßig einfach eigene Reichweite aufzubauen. Tages- und Wirtschaftszeitungen sind deswegen aber nicht irrelevant. Gerade die Regionalpresse sollte man nicht unterschätzen. So konnten wir über einen Beitrag in der hiesigen Presse etwa schon eine regionale Größe auf uns aufmerksam machen – unser Vertrieb hatte es vorher noch nicht zur entscheidenden Person geschafft. Und alles nur, weil diese morgens in der Regionalzeitung schmökert.

Welche Rolle spielen Fachkonferenzen? Und wie ist hier eure Strategie?

Mareike · In der industriellen Bildverarbeitung und Automatisierung allgemein sind der fachliche Austausch und aktuelles Wissen zentral – entsprechend wichtig ist es für unsere Zielgruppe, sich auf Fachkonferenzen zu informieren. Durch Corona haben sich Online-Formate stärker durchgesetzt. Das ist eine tolle Möglichkeit für uns als kleines Start-up, uns ohne großen Aufwand daran zu beteiligen. Entsprechend führen wir möglichst viel online durch oder nutzen Synergie-Effekte. In unserer Branche funktionieren viele Fachkonferenzen über die Vorab-Einreichung eines Exzerpts. Die passendsten und spannendsten Beiträge erhalten den Zuschlag – Kosten fallen auf Rednerseite dann oft nicht an. Bisher haben wir noch für keinen Vortrag bezahlt. Ausschließen würde ich es für die Zukunft aber nicht.

Üblicherweise spricht bei HD Vision Systems immer unser CEO – als promovierter und habilitierter Physiker mit Schwerpunkt auf Lichtfeld-Bildverarbeitung ist er absoluter Experte für alles Technische rund um unsere Technologie. Außerdem hat er aus seiner Zeit an der Universität Heidelberg jede Menge Erfahrung im Halten von Publikumsvorträgen.

Bei Start-ups gibt es meist erstmal eine Innovation, ein Produkt, einen Markt. Irgendwann ist die Gründungsgeschichte erzählt, das Produkt bekannt, die technische Neuerung als Thema in allen Facetten beleuchtet. Und dann?

Mareike · Das ist das Schöne am Start-up: Es gibt keinen Stillstand! Hier passiert in einem Vierteljahr manchmal so viel, dass man Produkt oder Unternehmen kaum wiedererkennt. (Kleine) Innovationen gibt es täglich. Wer wie ich mit begrenzten Ressourcen agiert, erlebt üblicherweise sehr viel mehr Berichtenswertes, als tatsächlich umsetzbar ist. Da ist es wichtig, die richtigen Unternehmensprioritäten zu setzen.
Außerdem gilt: Nur weil man etwas vor drei Jahren erklärt oder vorgestellt hatte, muss sich nicht jeder daran erinnern können – oder es damals überhaupt rezipiert haben. Inhalte mehrfach zu verwenden *(content recycling)* ist auch in der Kommunikation sinnvoll. Das wiederum schafft Spielräume, neue Formate und Geschichten zu entwickeln, wenn die wichtigsten Geschichten bereits erzählt sind.

Wie misst du den Erfolg deiner Kommunikation?
 Mareike · Im Bereich Analytics und Erfolgsmessung bin ich wohl eher im Marketing angesiedelt: Ich messe zum einen die Zahl generierter Inbound Leads, als auch verschiedene Branding-Metriken. Also Kanalreichweiten, User Engagement, Webseite-Statistiken, E-Mail-Öffnungsraten und so weiter. Bei HD Vision Systems gilt die Devise, dass jede Maßnahme ein konkret messbares Ziel haben sollte. Das ist nicht immer ganz einfach – ich denke gerade an Telefonanrufe als Reaktion auf einen Pressetext. Grundsätzlich finde ich es aber klasse, dass es auch bei begrenztem Budget heute so viele Möglichkeiten gibt, die eigenen Maßnahmen auf Erfolg zu überprüfen. Das fängt mit den Social-Media-Analysen an, geht weiter über Mailing-Statistiken und findet bei Google ein breites Portfolio. Aktuell nutze ich dort vor allem Analytics, die Search Console und Google My Business.

Wie schafft man es, im Alleingang Kommunikation und Marketing für ein hochtechnologisches Start-up zu meistern?
 Mareike · Die Antwort darauf lautet eindeutig: Es geht nicht. Sowohl Kommunikation als auch Marketing sind heute so vielfältige und anspruchsvolle Aufgaben, dass jede daraus resultierende Teilaufgabe beliebig aufwen-

dig sein kann. Deswegen ist es unabdingbar, sich einen klaren Fokus zu setzen und diesen beizubehalten. Start-up-typisch muss sich dieser natürlich hin und wieder verändern, aber ein Fokuspunkt hilft, bei all den Optionen und Gelegenheiten nicht den Überblick zu verlieren oder sich heillos zu überarbeiten.

Ein Kommunikationsthema, das dir besonders am Herzen liegt?

Mareike · Ein Thema, mit dem wir uns in Deutschland traditionell schwertun, ist das Scheitern. Egal, wie gut wir uns vorbereiten, analysieren und sorgfältig arbeiten: In Start-ups funktioniert nicht immer alles und das wirkt sich auch auf die Kommunikation aus. Sowohl interne als auch externe Kommunikation müssen es dann verstehen, durch diese Phase zu tragen. Ohne zu übertreiben, sollten wir auch die kleinen Fortschritte und Erfolge aufzeigen. Kommunikation im Start-up ist ein kontinuierliches Auf und Ab – ich muss bereit sein, beides anzunehmen und auszugestalten. Nur, wenn ich dabei das gelegentliche Scheitern aushalten kann, wird mir eine gute Start-up-Kommunikation gelingen.

4.3 Vom Scale-up zum Dax-Konzern

Melanie Bochmann
Director Corporate Communications bei Delivery Hero

Delivery Hero hat das erreicht, wovon viele Gründer:innen träumen. Mittlerweile mischt ihr sogar im DAX mit. Was ist deine größte Herausforderung bei der Arbeit?

Melanie · In einer Organisation, die so schnell wächst wie Delivery Hero, muss auch die Kommunikation vor allem eins sein: schnell. Die größte Herausforderung ist hierbei, die Balance zu halten zwischen der Agilität eines Start-ups und der Prozessoptimierung eines weltweit etablierten Konzerns.

Um es konkreter zu machen: Corporate Communications bei Delivery Hero ist aus drei Gründen eine ganz besondere Aufgabe: Erstens: Das Unternehmen hat seinen Hauptsitz in Deutschland und operatives Geschäft in rund 50 Ländern – einschließlich lokaler Kommunikationsteams, die weitgehende Autonomie in der täglichen Arbeit haben. Zweitens: Aufgrund seiner starken Performance wurde Delivery Hero im Sommer 2020 in den DAX aufgenommen, wo wir als junges Technologieunternehmen, das Wachstum über Profitabilität stellt, ein wenig aus der Reihe tanzen, was zu verstärktem öffentlichem (einschließlich medialem) Interesse führt. Drittens: Delivery Hero ist zwar eines der größten Technologieunternehmen Deutschlands, jedoch als Marke kaum bekannt. Das liegt daran, dass Delivery Hero die Muttergesellschaft von zahlreichen Verbrauchermarken ist, die überwiegend durch Zukauf in den Konzern gekommen sind. Genau das wollen wir ändern und Delivery Hero als Innovationstreiber, Vorreiter für Nachhaltigkeit in der Lieferindustrie, Pionier zukunftsfähiger Konzepte wie Quick Commerce sowie als Verfechter von Diversität und Inklusion positionieren.

Du hast es schon angesprochen: Euer Unternehmen ist mittlerweile in rund 50 Ländern aktiv. Ein richtiger Konzern. Wie steuert ihr die Kommunikation in den einzelnen Ländern und Märkten?

Melanie · Für unser zentrales Kommunikationsteam bedeutet das, die Kolleg:innen von Buenos Aires über Stockholm und Dubai bis Singapur und Seoul hinter einer gemeinsamen Mission zu vereinen, Synergien zu schaffen und konsistentes Storytelling sowie Krisenmanagement zu gewährleisten. Das funktioniert zum einen über die Schaffung von persönlichen Beziehungen und Vertrauen: regelmäßige Calls sowie eine monatliche globale Konferenz gehören zur Tagesordnung. Zum anderen benötigt man ein gutes Gespür dafür, was auf der globalen Bühne gerade im Trend ist und sich gleichzeitig gut lokalisieren lässt – idealerweise, bevor Mitwettbewerber dies tun. Eine enge Zusammenarbeit als globale Communications Community ist dafür unabdingbar, auch wenn die Reporting Lines der lokalen Teams zu den jeweiligen Managing Directors führen.

Kleine Start-ups freuen sich über jedes Interview, jeden kleinen Artikel in den Medien. ihr könnt euch vermutlich vor Anfragen kaum retten. Wie hat das eure Arbeit und eure Kommunikation verändert?

Melanie · Delivery Hero befindet sich im sogenannten Hypergrowth mit einem Umsatzwachstum von rund 100 % seit zehn Quartalen (Stand Q2 2021). Seitdem wir nun auch im DAX sind, arbeiten wir als Kommunikationsteam im ständigen Scheinwerferlicht. Das vereinfacht unsere Arbeit zum einen (für Interviews mit unserem CEO gibt es mittlerweile eine Warteliste), zum anderen ist kaum eine Fehlertoleranz erlaubt (wodurch zum Beispiel alle Kommunikationsmaterialien inzwischen einer Prüfung durch unsere Rechtsabteilung standhalten müssen). Der Eintritt in den DAX hat unserem Team einen Professionalisierungsschub verliehen: Sämtliche Unternehmenssprecher:innen müssen ein Media Training durchlaufen, bevor sie Interviews geben können. Mit Hilfe eines Message House haben wir unsere Kernbotschaften überarbeitet. Unsere Webseite und Social-Media-Kanäle wurden entsprechend einer neu kreierten Visual Identity und der Kernbotschaften völlig neu aufgezogen. Zum ersten Mal in der Firmengeschichte tritt Delivery Hero selbst als Organisator von globalen Veranstaltungen auf, wie zum Beispiel den Quick Commerce Experience Days. Und natürlich haben wir unsere Ressourcen aufgestockt und zahlreiche neue Kolleg:innen an Bord geholt, um dem erhöhten Interesse der Öffentlichkeit begegnen zu können. Dies sind nur einige Beispiele dafür, wie unser Team aus den Start-up-Schuhen herausgewachsen ist.

Du hast gesagt, dass Delivery Hero teilweise weniger bekannt ist als eure Marken – ähnlich wie Nivea und Beiersdorf. Was unternehmt ihr dagegen?

Melanie · Das stimmt, die von den Endkund:innen verwendeten Apps unserer Tochtergesellschaften wie foodpanda, talabat, foodora oder PedidosYa – um nur einige zu nennen – sind schon eher *top of mind*, wohingegen Delivery Hero vorwiegend eben „nur" als stark wachsendes M&A-Unternehmen bekannt ist. Um das zu ändern, haben wir uns Expert:innen ins Team geholt, die daran arbeiten, Delivery Hero über seine finanziellen Kennzahlen hinaus bekannt zu machen. Verstärkt bringen wir nun Neuigkeiten und Positionen zu Themen wie Corporate Responsibility, Carbon Neutrality, Zukunft von Plattformarbeit, Tech for Good, verändertes Konsument:innenverhalten usw. in die Öffentlichkeit. Unser Ziel ist es, als Unternehmen nicht nur in den großen Diskussionen mitzumischen, sondern sie global anzuleiten – und ein ganzheitlicheres Bild unserer Unternehmenswerte zu schaffen.

Wie meistert ihr diese Herausforderungen als Kommunikationsteam im Spannungsfeld zwischen ständiger Beobachtung durch die Öffentlichkeit und immer noch tief verankerter Start-up-Mentalität?

Melanie · Mit Hilfe skalierbarer Prozesse, agiler Arbeitsweise und – ganz traditionell – Improvisationstalent. Mit vier Sub-Teams, die im täglichen Austausch stehen, gehen wir diese Aufgabe über einen 360°-Ansatz an: Interne Kommunikation, strategische Kommunikation, digitale Kommunikation sowie Events arbeiten an gemeinsamen Kampagnen und kollaborieren für Change sowie Krisenmanagement. Agile Prozesse (einschließlich OKRs, Kanban Boards, Stand-ups und Retrospektiven) helfen uns dabei, einen Überblick über die sich ständig wandelnden Erwartungen und Prioritäten zu behalten, und gleichzeitig als Team reibungslos zu funktionieren. Und wir haben vor allem eins gelernt: Planung ist gut, Flexibilität ist besser.

Wie meinst du das?

Melanie · Für die Arbeit in einem Scale-up wie Delivery Hero benötigt es den berühmten Entrepreneurial Spirit. Häufig sind Prozesse noch nicht erprobt und müssen erst geschaffen werden, und in der Regel muss man Antworten auf Fragen selbst finden. Dies geht einher mit großer Verantwortung – und großer Freiheit: Man kann Ziele selbst definieren, dem eigenen Instinkt folgen und unabhängig von Hierarchien Ideen einbringen, Projekte leiten und Innovationen vorantreiben.

Was heißt das für euer Team?

Melanie · Unser Team ist genau wie unser Unternehmen: international und divers, und es ist die Vielfalt von Meinungen und Ideen, die uns erfolgreich macht.

Nach mehreren Jahren bei Delivery Hero habe ich gelernt, dass erfolgreiche Kommunikation zuhause beginnt: im Team selbst. Erst wenn Verantwortlichkeiten und Prioritäten klar definiert sind und eine Basis von gegenseitiger Unterstützung sowie Vertrauen geschaffen ist, kann unsere Arbeit gelingen. Dafür braucht es eine Vision, die Stabilität bietet – häufig im

Gegensatz zu der alltäglichen Arbeit. Für uns ist diese Vision, ein einzigartig erfolgreiches Unternehmen auf seiner Reise zu begleiten, zu beschützen und zu unterstützen. Und damit haben wir gerade erst begonnen.

4.4 Internationale PR

John Shewell
Director of Communications bei wefox

Lass uns zum Thema internationale Medienarbeit sprechen. Ihr seid in mehreren Märkten aktiv. Wie zentral kann und sollte die Kommunikation sein? Oder müssen Botschaften grundsätzlich für verschiedene Länder angepasst werden?

John · Die Kommunikation sollte aus meiner Sicht zentral sein und direkt an den oder die CEO und das Führungsteam berichten. Das ist entscheidend. Denn auf diese Weise gibt es einen einheitlichen Standard für das gesamte Unternehmen, die Aussagen verwässern nicht, und dennoch lassen sich einzelne Botschaften – wenn notwendig – flexibel an die verschiedenen Länder anpassen. Bei wefox setzen wir daher auf eine Speichenarchitektur (*hub and spoke modell*): Inhalte und Neuigkeiten werden über die Unternehmenskommunikation (hub) abgestimmt, die ein Netzwerk zu den Kommunikationsverantwortlichen in den Ländern aufrechterhält. Auf diese Weise können wir die lokalen Bedürfnisse unserer Zielgruppen erfüllen und gleichzeitig sicherstellen, dass wir uns eng an unseren Unternehmenszielen und unserer Gesamtstrategie orientieren.

Welche Ziele verfolgt ihr mit der externen Kommunikation in anderen Ländern? Gibt es da Unterschiede? Und wer sind eure wichtigsten Zielgruppen?

John · Unsere übergeordnete Kommunikationsstrategie gibt spezifische Ziele vor, die wir messen und bewerten. Sie umfasst drei Ebenen – die globale Ebene, die Markt- oder Länderebene und die Geschäftsfeld- oder Produktebene. Alle Aktivitäten sind dabei darauf ausgerichtet, die allgemeine Unternehmensstrategie zu unterstützen. Unsere wichtigsten Zielgruppen sind unsere Mitarbeiter:innen und Kund:innen, Investor:innen und Partner:innen. Uns ist es wichtig, dass wir unseren Zielgruppen eine einheitliche Botschaft vermitteln, um sicherzustellen, dass sie genau verstehen, wofür wir stehen und warum es uns gibt.

Aus diesem Grund glaube ich an eine sehr enge Zusammenarbeit zwischen dem Kommunikationschef oder der Kommunikationschefin und dem oder der CEO und gegebenenfalls einer oder einem Vorstandsvorsitzenden, denn nur so lässt sich die Unternehmensreputation sicher steuern. Zumindest braucht es einen direkten Draht zwischen Kommunikation und CEO, das ist die absolute Mindestanforderung. Aus meiner Sicht sollte die Unternehmenskommunikation immer danach streben, in der Geschäftsführung gehört zu werden, um den Ruf des Unternehmens mitzugestalten, voranzutreiben und zu verteidigen.

Bei einer Expansion investieren Unternehmen früh in Marketing und Vertrieb. Das Thema PR behandeln sie dagegen oft stiefmütterlich. Für dich nachvollziehbar?

> John · Nein. Dies ist eine große Fehleinschätzung, die viele Unternehmen machen, und sie kann zu einem sehr kostspieligen Fehler werden, und zwar aus dem einfachen Grund: Die Medien können den Ruf eines Unternehmens positiv prägen, ihn aber auch zerstören. Es dauert Jahre, einen Ruf aufzubauen, und nur Tage, ihn zu zerstören. Intelligente Gründer:innen und Vorstände sind sich dessen bewusst und investieren früh in ein effektives Reputationsmanagement.
>
> Der grundlegende Zweck einer guten Öffentlichkeitsarbeit besteht darin, über glaubwürdige Medienkanäle Vertrauen aufzubauen. Dieses Vertrauen entsteht unter anderem durch Nachrichten, die berichtenswert sind und die Journalist:innen schätzen. Es ist erwiesen, dass die Menschen dem

4.4 Internationale PR

unabhängigen Journalismus mehr vertrauen als der Werbung. Diesen Unterschied bezeichnen wir im englischen Sprachraum als *trust gap* und PR spielt eine wichtige Rolle, diese Vertrauenslücke zu schließen.

Zugleich ist PR oft fünf- bis zehnmal billiger als Werbedienstleistungen und kann dennoch bis zu zehnmal mehr Wert schaffen. Ein positiver Bericht über ein Unternehmen in einem erstklassigen globalen Medium wie der Financial Times, CNN, CNBC, Forbes, Bloomberg, Welt oder Handelsblatt kann mehrere zehntausend Euro kosten. Diese Medienkanäle verfügen über ein hohes Maß an Glaubwürdigkeit, sodass ihre Werbetarife ihren Status als Premiummedien widerspiegeln. Hier mit Berichten präsent zu sein, ist sehr viel werthaltiger als bezahle Medialeistung; deshalb sollte die Investition in PR eine Selbstverständlichkeit sein.

Übrigens: Alle Start-ups, die ein enormes Wachstum erlebt haben, haben oft eines gemeinsam – solide Medienarbeit. Dies hat den doppelten Vorteil, dass sie mit sehr geringen Investitionen (im Vergleich zu Werbung) ihren Bekanntheitsgrad steigern und weitere Investor:innen für sich interessieren zu können. So entsteht ein positiver Kreislauf. Wenn die Finanzvorstände aller Unternehmen dies beherzigen würden, könnten sie nicht nur enorme Summen einsparen, indem sie ihre Budgets vom Marketing auf die PR verlagern, sondern sie würden auch einen höheren Marken- und Unternehmenswert erzielen.

Natürlich müssen wir zwischen strategischer Kommunikation und ad-hoc PR unterscheiden, denn es gibt viele wachstumsstarke Start-ups, die in den Medien viel Aufmerksamkeit erregt haben, und einige davon waren nicht immer positiv. Strategische Kommunikation versteht das Unternehmen und arbeitet eng mit dem Führungsteam zusammen, um das Unternehmen im Umgang mit den verschiedenen Interessengruppen, einschließlich der Kund:innen, zu lenken. Das ist der Unterschied zwischen strategischer Kommunikation und ad-hoc PR.

Große Agenturen, kleine PR-Boutiquen, Freelancer, inhouse Mitarbeiter:innen – es gibt zahlreiche Möglichkeiten, um PR in einem anderen Land zu machen. Welche Vor- und Nachteile siehst du? Kann man das überhaupt pauschalisieren?

John · Das hängt von dem Unternehmen, seiner Branche und seiner Wachstumsphase ab. Oft ist es für Start-ups günstig, zunächst eine:n Freiberufler:in zu engagieren, um Berichterstattung zu sichern und gleichzeitig flexibel zu sein. Das Start-up muss jedoch einen klaren Plan für den Aufbau einer eigenen internen Kommunikationsfunktion haben. Als allgemeine Faustregel gilt, dass es nie ratsam ist, die Berichterstattung auszulagern. Ich rate jedem Unternehmen, immer zwischen 1 und 3 % der gesamten Finanzierungsrunde in die PR zu investieren, um den Bekanntheitsgrad der Marke zu steigern, um Glaubwürdigkeit auf dem Markt zu schaffen und neue Investitionsrunden anzuziehen.

Start-ups, die auf diese Weise denken, sind in der Regel schneller erfolgreich als ihre Konkurrenten, und ein guter Kommunikationsprofi wird immer darauf abzielen, das Markennarrativ seines Start-ups mit Blick auf die nächste Finanzierungsrunde aufzubauen. Ziel ist es, durch den Aufbau einer eigenen Kommunikationsfunktion eine eigene Geschichte zu entwickeln und nur die nicht zum Kerngeschäft gehörenden Aspekte, also etwa die Medienbetreuung, auszulagern. Alles andere sollte im eigenen Haus bleiben.

Mit wefox ist es gelungen, eine atemberaubende internationale Berichterstattung zu erreichen – sogar in Medien aus arabischen und asiatischen Ländern. Wie habt ihr das geschafft?

John · Vor allem durch eine sorgfältige Vorbereitung. Wir planen die übergreifende Geschichte und die spezifischen Schlüsselbotschaften Monate im Voraus, um einen Erzählbogen zu spannen und das Ganze mit Medien- und Präsentationstraining auf den Punkt zu bringen. Wir definieren die effektivsten Kanäle, die die größte Reichweite für unsere strategischen Ziele bringen, und investieren in die Infrastruktur, die wir dafür benötigen. Außerdem verbringen wir viel Zeit damit, die Medienlandschaft im Vergleich zu unseren Mitbewerbern zu erforschen, um die wichtigsten Trends und Themen zu ermitteln, die in unserem Sektor diskutiert werden, sodass wir den „narrativen Raum" definieren können, um unsere Botschaften für das Unternehmen sorgfältig zu formulieren. Es steckt viel Arbeit in diesen Kommunikationskampagnen – die Pressemitteilung ist nur das Endprodukt, und selbst dann neigen wir dazu, die Geschichte erst einzelnen Journalist:innen anzubieten, bevor wir sie über einen Verteiler schicken.

Was sind bei internationaler PR die größten Herausforderungen?

John · Den richtigen Zeitpunkt zu finden. Der Versuch, verschiedene Zeitzonen für eine wichtige Ankündigung in Einklang zu bringen, ist eine ziemliche Herausforderung, vor allem, wenn sich mehrere hochkarätige globale Medien um dieselbe Geschichte bewerben, um sie zu veröffentlichen. Ein weiterer Aspekt ist die Art und Weise, wie eine Geschichte formuliert wird – bestimmte Ausdrücke können unterschiedlich interpretiert werden. Nehmen wir das Beispiel Deutschland und die Schweiz – die Sprache mag sich stark ähneln, aber die Nuancen können völlig unterschiedlich sein. Gleiches gilt für die britischen und US-amerikanischen Medien.

Die Kommunikation in mehreren Ländern zu steuern, ist anspruchsvoll. Worauf sollten Kommunikationsverantwortliche achten?

John · Das sind aus meiner Sicht vier Dinge: Der erste Aspekt sind Möglichkeiten der Recherche, und zwar sowohl formell über Monitoringtools als auch informell über direkte Gespräche vor Ort. Reist in die Länder, in denen ihr tätig seid, und sprecht mit den Teams und Journalist:innen. Es gibt nichts Besseres als lokale Kenntnisse. Stellt viele Fragen und stützt euch nicht auf Mutmaßungen oder Hypothesen.

Der zweite Aspekt sind einfache, flexible und skalierbare Systeme, die eine kohärente und konsistente Kommunikation gewährleisten. Diese Systeme sollten auch eine regelmäßige Rückkopplungsschleife haben, um sicherzustellen, dass lokale Informationen erfolgreich erfasst und die Ergebnisse der lokalen Aktivitäten überwacht werden.

Der dritte Aspekt ist die Messung. Es ist wichtig, über die richtigen Instrumente zu verfügen, um die Kommunikation zu verfolgen, zu messen und zu überwachen.

Der vierte und letzte Aspekt ist die Flexibilität gegenüber Veränderungen und die Akzeptanz von Fehlern, gerade wenn man schnell agiert. Betrachtet das ganze Unterfangen als einen offenen Lernprozess und verfeinert euer Vorgehen ständig. Und habt einen Sinn für Humor, denn es wird unweigerlich etwas schief gehen, also solltet ihr die Dinge nicht zu persönlich nehmen.

Wie messt ihr euren Kommunikationserfolg?

John · Wir verwenden eine Reihe von Ansätzen, um unsere Kommunikationsziele zu messen. Dazu gehören Episoden der Medienberichterstattung, die für das Thema relevant sind, der Umfang der positiven Stimmung, die Gesamtreichweite und unter bestimmten Umständen die Handlungen einer bestimmten Zielgruppe, die wir durch das Medienengagement beeinflussen wollen. Im Moment versuchen wir, eine Reihe von Glaubwürdigkeits- und Reputationswerten zu definieren, um unser Reputationsmanagement besser steuern zu können.

Wie begründest du die Bedeutung von internationaler PR?

John · Es gibt drei Schlüsselfragen, die sich meiner Meinung nach alle Start-ups und ihre Gründer:innen stellen sollten: Erstens: Wie verändert das Start-up mit seinen Produkten und Dienstleistungen das Leben der Menschen? Zweitens: Wofür wollen sie in 10, 15, 20 Jahren bekannt sein, wenn sie es geschafft haben? Und drittens: Was würde passieren, wenn die Welt nichts davon wüsste?

Wenn Gründer:innen diese Fragen beantworten, wird ihnen meist klar, dass die Medien wichtige Akteure sind, und sie sollten zu dem Schluss kommen, dass strategische Kommunikation ein wesentlicher Bestandteil ihrer Investitions- und Wachstumsstrategie ist.

4.5 Wie eine gute Zusammenarbeit mit PR-Agenturen gelingt

Katharina Heller
Gründerin von Heller Yeah Communications | Ex-Zalando | Ex-N26

Stanij Wićaz
Head of Public Relations bei Bettertrust

4.5 Wie eine gute Zusammenarbeit mit PR-Agenturen gelingt

Stanij, was kann eine PR-Agentur leisten, was Start-ups aus eigener Kraft nicht schaffen? Oder sind Agenturen einfach eine „verlängerte Werkbank"?
Stanij · PR ist sehr zeitintensiv. Die Auslagerung der PR ermöglicht es Start-ups, sich auf das Kerngeschäft zu konzentrieren. Sie legen in der Wachstumsphase den Fokus auf die Entwicklung ihrer Dienstleistungen und Produkte sowie deren Vertrieb. Letzteres wird vor allem zusätzlich durch eine Abteilung für Marketing befeuert. Leider fassen viele Start-ups Marketing und PR unter ein Dach. Dies führt dazu, dass die Trennlinien zwischen beiden oft aufweichen. Ein Problem, denn während Marketing auf eine direkte Wirkung und das Produkt abzielt (und somit absatzorientiert ist), verfolgt PR langfristig das strategische Ziel, für das Unternehmen Akzeptanz und Vertrauen unter Interessensgruppen und einer breiten Öffentlichkeit zu erhalten und aufzubauen.

Um das zu erreichen, braucht es nicht selten konstruktive Kritik. Und gerade weil Agenturen den unabhängigen und professionellen Blick von außen liefern, fungieren sie als neutrales Bindeglied zwischen der Außen- und Innenwelt eines Start-ups. Agenturen unterziehen Start-ups einer kritischen Beobachtung und geben der Öffentlichkeitsarbeit Tiefe und Struktur, indem sie sich tagtäglich mit der öffentlichen Meinung und Themen auseinandersetzen, Trends schnell identifizieren und so Gründer:innen dabei helfen, außerordentliche Medienpräsenz zu erhalten. PR-Agenturen sind in diesem Sinne Seismografen der öffentlichen Meinung. Sie wissen, welche Geschichten Aufmerksamkeit erzeugen und welche weniger. Ihre Analysen und Erfahrungswerte speisen sich dabei aus dem Zugang zu einem großen Netzwerk an Medienkontakten sowie einer Fülle an Informationsquellen – Ressourcen, über die Start-ups gerade zu Beginn selten verfügen.

Katharina, du hast dich vor zwei Jahren selbständig gemacht, um noch mehr Unternehmen dabei zu unterstützen, die Welt von ihren Ideen wissen zu lassen und mehr Menschen zu erreichen. Du kennst aber auch die interne Seite. Wie siehst du es? Wann können Agenturen helfen, wann ist eine eigene Abteilung besser?

Katharina · Ich empfehle jedem Unternehmen, so früh wie möglich Kommunikationskapazitäten intern aufzubauen und die Position eines Kommunikationsverantwortlichen zu besetzen. Diese Person muss sich nicht ausschließlich um Pressearbeit kümmern, sondern kann je nach Senioritätslevel, Skillset und Größe des Unternehmens alle kommunikationsrelevanten Kanäle betreuen – von Social Media über die Unternehmenswebseite bis hin zu Auftritten von Unternehmensvertreter:innen auf Konferenzen und Veranstaltungen. Stehen Kommunikationsverantwortende noch am Anfang ihrer beruflichen Laufbahn, können erfahrene Freelancer oder Agenturpartner:innen beim Aufsetzen und der Weiterentwicklung von Strukturen und Prozessen helfen, coachen und bei Bedarf bei Projekten unterstützen, die eines speziellen Fachwissens bedürfen.

Allerdings profitieren auch reifere Unternehmen mit internen, bereits gut aufgestellten Kommunikationsteams von der Zusammenarbeit mit Agenturen, zum Beispiel beim Einstieg in neue Märkte. Unternehmensintern fehlt es Kommunikationsteams oft an ausreichend Verständnis für die dortige Presselandschaft sowie an relevanten Kontakten im neuen Markt. Ein:e lokale:r Agenturpartner:in bringt all das mit, hat Überblick über aktuelle Themen, die in lokalen Medien stattfinden und informiert das Unternehmen proaktiv darüber, wann es sich wie zu positionieren lohnt. Auch die projektweise Zusammenarbeit mit Agenturen ist ein bewährtes Modell, denn sogar ein erfahrenes Kommunikationsteam verfügt nicht notwendigerweise über Expertise in Spezialgebieten wie der Kommunikation im Rahmen eines Börsengangs oder mit besonderen Zielgruppen wie Behörden und Gewerkschaften.

Ob nun mit oder ohne Agentur – Basis für eine erfolgreiche Kommunikationsarbeit bleibt immer das Standing der Kommunikationsverantwortenden im Unternehmen. Gerade in Start-ups sind Gründer:innen stark in Kommunikationsentscheidungen involviert und haben oft das letzte Wort – nicht immer mit positiven Folgen für die Reputation des Unternehmens. Für Kommunikator:innen ist es deshalb entscheidend, sich von Tag 1 Vertrauen aufzubauen, um sich Gehör und Entscheidungshoheit zu verschaffen. Der Aufbau einer starken Reputation kann viele Jahre dauern – eine falsche unternehmensstrategische Entscheidung zerstört die Früchte dieser Arbeit oft innerhalb weniger Minuten. Die Unternehmensführung tut deshalb gut daran, Kommunikationsverantwortende von Anfang an in wichtige unternehmensstrategische Entscheidungen miteinzubeziehen. Viele rufschädigende Unternehmensentscheidungen wären nicht getroffen worden, wenn Kommunikationsverantwortende rechtzeitig einen Platz am Tisch gehabt hätten.

Wie sieht ein gutes Agenturbriefing aus?
Katharina · Die Austausch mit einer Agentur sollte bereits vor Briefingerstellung beginnen: Die besten Briefings entstehen im kooperativen Prozess zwischen Unternehmen und Agentur. Gerade bei jungen Start-ups mit wenig PR-Erfahrung ist es Aufgabe der Agentur, sicherzustellen, dass Klarheit über die konkrete Aufgabenstellung, Ziele und Zielgruppen, Timelines, Anspruchsgruppen und Verantwortlichkeiten herrscht. Immanent im Rahmen der Briefingerstellung ist ein offenes Gespräch darüber, was erreicht werden soll – und was realistisch erreicht werden kann. Hier muss die Agentur die Wünsche des Unternehmens einem Realitätscheck unterziehen und in die Diskussion gehen, anstatt einfach abzunicken und zu hoffen, dass es schon irgendwie klappt. Auch die Übereinkunft über Erfolgsmessung und Erfolgskennzahlen sollte möglichst früh im Prozess erfolgen. Das alles mag banal klingen, die Realität ist aber: Gerade das gemeinsame Verständnis über die Zielsetzung kommt oft zu kurz. Viele Unternehmen, mit denen ich ins Gespräch komme, bringen eine Grundskepsis gegenüber Agenturen mit, weil ihnen entweder Ergebnisse versprochen wurden, die nicht eingehalten werden konnten, oder man sich gar nicht erst zu konkreten Zielen abgestimmt hat.

Agenturen arbeiten für mehrere Kund:innen gleichzeitig. Das hat den Vorteil, dass sie viel sehen und ein großes Netzwerk an Kontakten mitbringen. Es hat aber auch den Nachteil, dass sie das Unternehmen nicht so gründlich kennen. Wie seht ihr das?
Stanij · Viele Agenturen haben sowohl PR-Spezialist:innen als auch PR-Generalist:innen im Team. Spezialist:innen verfügen über das notwendige Nischenwissen und kennen die Branche und das Marktumfeld des Unternehmens im Idealfall bereits gut genug, um sofort loslegen zu können. Insbesondere in der Ansprache von Fachmedien kann eine entsprechende Expertise von Vorteil sein.

Generalist:innen haben dagegen den Vorteil, dass sie geübt darin sind, für unterschiedliche Interessensgruppen komplexe Zusammenhänge auf ihren Kern zu reduzieren und für ein größeres Publikum verständlich und greifbar zu machen. Start-ups haben ohnehin meist Empfänger:innengruppen in verschiedenen Bereichen und Branchen. Eine holistische Perspektive ermöglicht erst Storytelling auf unterschiedlichen Ebenen. Dies ist insbesondere wichtig bei der Ansprache von Journalist:innen. Denn auch sie müssen gegenüber ihrer Leserschaft Komplexität reduzieren und Geschichten aus unterschiedlichen Blickwinkeln erzählen. Generalist:innen findet man öfter in Agenturen als in den Unternehmen selbst.

In Summe ist eine Partnerschaft zwischen Start-ups und Agenturen ein stetiger Optimierungsprozess, der vorteilhafte Interdependenz aus Fach- und generellem Wissen erzeugen und unterschiedliche Kompetenzen auf beiden Seiten bündeln kann. Im stetigen Dialog miteinander und durch eine entsprechende inhaltliche Vorbereitung einer Kampagne, zum Beispiel durch Workshops, kann sich eine Agentur fehlendes Wissen über das Unternehmen aneignen.

Wie klappt eine gute Zusammenarbeit? Was sind entscheidende Faktoren?

Katharina · Das Ziel von Agentur und Unternehmen sollte immer eine partnerschaftliche Zusammenarbeit auf Augenhöhe sein, die auf Vertrauen, Offenheit und Wertschätzung basiert und eine gute Feedbackkultur auf beiden Seiten fördert. So lässt sich möglichst früh ein optimaler Workflow zwischen beiden Parteien erreichen.

Stanij · Das kann ich nur unterschreiben. Beide Seiten müssen sich als gleichwertige Parteien einer Kooperation sehen und ein Gefühl der gegenseitigen Abhängigkeit schaffen. Leider genießt der Satz „Der Kunde ist König" immer noch weite Verbreitung in der Agenturwelt – ironischerweise oft zum eigenen Nachteil. Ich bin der festen Überzeugung, dass die beste Performance und große Taten dort gelingen, wo gegenseitige Sympathie, Vertrauen und ein gewisses Maß an Wertschätzung aufeinandertreffen. Start-ups müssen verstehen, dass ein solches Umfeld in ihrem Interesse liegt und PR-Agenturen sich unter diesen Umständen am ehesten mit dem Unternehmen identifizieren. Wo Frustration und Selbsttäuschung gedeihen und negativen Einfluss auf die Motivation ausüben, kann es keinen nachhaltigen Erfolg geben.

Ein weiterer Faktor für eine erfolgreiche Zusammenarbeit ist das richtige Erwartungsmanagement zwischen beiden Parteien. Aus der Erfahrung heraus kommt es nicht selten vor, dass Start-ups und PR-Agenturen im Vorfeld konkrete Gespräche über gegenseitige Erwartungen vermeiden. Missverständnisse sind dann schon vorprogrammiert – und damit jede Menge Konfliktpotential. Es sollte klar ermittelt, abgestimmt und vereinbart werden, was PR zu leisten imstande ist, auf welcher Grundlage die Partnerschaft geführt wird, welche Kennzahlen und Ziele festgelegt werden, über welchen Zeitraum etc. Wenn später Äußerungen fallen wie: „Ich hatte mir von der PR einen deutlichen Anstieg in den Absatzzahlen erhofft"; „Der Artikel hatte leider keinen Backlink" oder „Der Journalist hat leider zu wenig über das Produkt geschrieben", dann ist das Kind bereits in den Brunnen gefallen. Erwartungsmanagement kann Diskrepanzen vorbeugen.

Und drittens muss auch das Start-up investieren und eine:n feste:n Ansprechpartner:in zur Verfügung stellen. Das bedeutet nicht, dass PR-Agenturen sich bei Start-ups nach den Inhalten und Themen erkundigen. Eine PR-Agentur, die einen Nutzen für ein Start-up darstellen soll, arbeitet proaktiv, nicht reaktiv. Dennoch ist der Austausch wichtig.

Katharina · Ich würde hier gerne noch ergänzen. Ohne eine:n konkrete:n Ansprechpartner:in auf Unternehmensseite geht es nicht. In reiferen Unternehmen findet sich diese Rolle innerhalb der Kommunikationsabteilung, bei jüngeren Firmen ohne dediziertes Kommunikationsteam sind es oft die Marketingverantwortlichen. Wer auch immer es letztlich ist – diese Instanz muss imstande sein, der Agentur schnellen Zugriff auf weiterführende Informationen (zum Produkt oder Unternehmen, zu Markt-Insights, Studien, Berichten aus dem Bereich der Kund:innen) zu gewährleisten, Zugang zu relevanten Personen aus dem Unternehmen zu ermöglichen und auch mal schnell Entscheidungen zu fällen – oder einen kurzen Draht zu relevanten Entscheider:innen haben. Gerade in der Kommunikation mit Medienvertreter:innen müssen oft innerhalb weniger Stunden Informationen und Zitate zur Verfügung gestellt werden. Zu viele Abstimmungsschleifen verhindern im schlimmsten Fall eine kommunikative Chance.

Eine gute Zusammenarbeit mit der Agentur heißt auch, dass das Unternehmen Zeit investieren muss. Kommunikationserfolge stellen sich nie allein mit der Beauftragung einer Agentur ein. Im besten Fall zeigt die Agentur dem Unternehmen natürlich regelmäßig proaktiv Möglichkeiten und Maßnahmen auf, die auf die gemeinsam gesteckten Ziele einzahlen. Dennoch ist es Aufgabe des Unternehmens, gerade zu

Beginn der Zusammenarbeit ausreichend Kapazitäten für ein gelungenes Onboarding einzuplanen, damit die Agentur handlungsfähig ist: Einführungen in Unternehmensstrategie und -vision, die Arbeit einzelner Teams, die Produkt- und Servicepalette. Bleibt die Zusammenarbeit mit der Agentur langfristig bestehen, so lohnt es sich, einen solchen Wissensaustausch regelmäßig zu wiederholen, zum Beispiel jährlich. Unternehmensziele, -prioritäten und -strategie, Produkte und Teamaufstellungen ändern sich schließlich mit der Zeit.

Erfolgsentscheidend sind zudem faire Zeitvorgaben, die der Agentur genug Vorbereitungszeit lassen. Ich erlebe immer wieder, dass sowohl Kommunikationsabteilungen als auch die Agenturen erst sehr spät in neue Themen einbezogen werden und nur wenig Zeit für die Planung und Umsetzung bleibt. Wer Erfahrung mit der Kommunikation in Start-ups hat, ist zwar meist darin geschult, Kampagnen und Maßnahmen sehr schnell und effizient umzusetzen. Dennoch lässt sich oft mit einer zu knappen Timeline nicht das bestmögliche Ergebnis erzielen, allein weil es zum Beispiel für die Arbeit mit Redaktionen eines gewissen Vorlaufs bedarf.

Ein Start-up ist nicht besonders innovativ, hat gerade keine großen Neuigkeiten, will aber in die Medien. Wie viel PR ist realistisch?

Stanij · Was innovativ ist und was nicht, ist nicht entscheidend. Der Begriff „Innovation" ist ohnehin ein längst verbrauchtes *buzzword*, das Journalist:innen kaum noch aufhorchen lässt. Natürlich werden Finanzierungsrunden gern von den Medien aufgegriffen. Doch immer auf die nächste Unternehmensnachricht zu warten, reicht nicht. PR ist dann erfolgversprechend, wenn sie konstant Geschichten erzählt. In den meisten Unternehmen schlummern großartige Geschichten, die Dramatik und Emotionen beinhalten, Identifikationspotentiale schaffen und somit das Interesse der Medien wecken. Um diese aufzuspüren, helfen Gespräche mit Schlüsselfiguren – den Gründer:innen, der HR-Abteilung, Product, Engineering und viele mehr. Ein aktives Mediamonitoring und Konkurrenzanalysen helfen dabei, auf aktuelle Themen aufzuspringen (Newsjacking) oder eigene Debatten- und Themenschwerpunkte zu setzen (Agendasetting).

Viele Gründer:innen haben unrealistische Erwartungen, wollen gleich auf die Titelseite des Spiegel oder noch besser ins Wall Street Journal. Kommt euch das bekannt vor? Wie geht ihr damit um?

4.5 Wie eine gute Zusammenarbeit mit PR-Agenturen gelingt

Stanij · Zunächst muss Gründer:innen bewusst sein, dass PR weder ein Wunschkonzert noch Rosinenpickerei ist. Wer eine Liste an Wunschmedien formuliert, in denen er sich wiederfinden will, sollte lieber Werbung schalten als PR-Agenturen zu beauftragen. Allerdings ist es nicht verkehrt, sich große Ziele zu stecken. Und grundsätzlich glaube ich, dass auch noch unbekannte Gründer:innen in Medien wie Forbes oder Fortune kommen können, sofern sie etwas zu einer gesellschaftlich relevanten Debatte beizutragen haben.

Katharina · Dass Gründer:innen ambitionierte Erwartungen an Pressearbeit haben, ist zunächst weder verwerflich noch verwunderlich. Sie brennen für ihre Idee und konnten bereits Investor:innen, Kund:innen und Mitarbeiter:innen von ihr überzeugen. Warum sollten Der Spiegel oder das Wall Street Journal sie also nicht auf die Titelseite bringen, fragen sie sich. Ihr starkes Involvement in PR ist auch deshalb nachvollziehbar, weil gerade in sehr frühen Phasen der Unternehmensentwicklung die Verantwortung für viele Bereiche des Unternehmens bei Gründer:innen liegt – von Business Development über Product und Marketing bis hin zur Pressearbeit. Kommunikationsverantwortende und Agenturen dürfen sich grundsätzlich nicht davor scheuen, den Think-Big-Anspruch von Gründer:innen zu verinnerlichen und ambitionierte PR-Ziele zu stecken.

Oft fehlt Gründungsteam jedoch das Wissen darüber, wie Journalist:innen arbeiten, was für sie relevant ist und was alles hinter den Kulissen der Medienarbeit geschieht. Agenturen und Kommunikationsverantwortende im Unternehmen sollten deshalb Möglichkeiten ergreifen, um Gründer:innen und im besten Fall das ganze Unternehmen darüber aufzuklären. Das schafft langfristig Vertrauen in die Arbeit sowie die Entscheidungen des Kommunikationsteams.

Die folgenden drei Maßnahmen haben sich als wirksam erwiesen: Sowohl in Start-ups als auch in reiferen Unternehmen sind regelmäßige All-Hands (Vollversammlungen) und interne Fortbildungsveranstaltungen, die von einzelnen Fachabteilungen veranstaltet werden, an der Tagesordnung. Kommunikationsverantwortende sollten sie (gerne mit Hilfe der Agentur) nutzen, um die neuesten Kommunikationsprojekte vorzustellen und transparent zu machen, was hinter den Kulissen der PR-Arbeit geschieht. Auch ein informeller Austausch zwischen Gründer:innen und Medienvertreter:innen kann zu einer besseren Vorstellung der Erwartungen und Needs von Redaktionen und damit zu einem realistischeren Verständnis von PR verhelfen. Daneben lohnt es sich, aktuelle Analysen, Artikel und Kommentare zu Trends und Neuigkeiten aus der eigenen Branche mit Gründer:innen zu teilen und zu diskutieren – auch wenn das eigene Unternehmen darin nicht präsent ist. So lässt sich nicht nur ein besseres Verständnis dafür entwickeln, wie Wettbewerber kommunizieren, sondern auch für die Rezeption bestimmter Themen in den Medien.

Im Gegensatz zum Marketing sind Maßnahmen in der externen Kommunikation schlecht planbar. Wie misst man den Erfolg von PR?

Stanij · Im Gegensatz zum Performance-Marketing lässt sich PR schlichtweg nicht auf Cost per Click reduzieren. Dennoch gibt es auch in der PR Möglichkeiten der Erfolgskontrolle. Immer wieder hört man von Start-ups, die in der Vergangenheit mit Agenturen zusammengearbeitet haben, dass ihnen nicht klar ist, wofür sie zahlen und was sie von einem monatlichen Retainer erwarten können. Start-ups erwarten letztlich Berichterstattung – und das nicht auf „Content-Friedhöfen", sondern in Qualitätsmedien, die in Kongruenz zu den Zielen und Zielgruppen stehen.

Innerhalb eines Vertrags zwischen Start-up und Agentur können daher Kennzahlen definiert werden, die qualitativen und quantitativen Kriterien entsprechen. Dazu zählt eine Mindestanzahl an redaktionell entstandenen Beiträgen in definierten Medien. Auch die Qualität der Medien – also die Anzahl an Top-Tier-Medien in Relation zu Fach- und Regionalmedien – ist in diesem Kontext eine wichtige Kennzahl. Wichtig ist für Start-ups auch zu wissen, welchen Anteil der Berichterstattung sie gegenüber Mitbewerbern einnehmen – der sogenannte Share of Voice.

Katharina · Die Kernfrage lautet: Was soll erzielt werden und wen möchte das Unternehmen erreichen? Die Maßnahmen externer Kommunikation können auf eine große Bandbreite von Zielen einzahlen und an eine Vielzahl unterschiedlicher Zielgruppen gerichtet sein. Geht es um die Bekanntmachung eines neuen Produkts oder Services und damit um die Zielgruppe bestehender und potenzieller Kund:innen? Soll das Interesse potenzieller Investor:innen geweckt werden? Geht es um die Stärkung der Arbeitgebermarke, um potenzielle Talente zu erreichen? Soll das Vertrauen in der Öffentlichkeit (wieder-)hergestellt werden?

Bei der Produktkommunikation bilden Reichweite und Verbreitung wichtige messbare Kennzahlen: Wie viele der möglichst reichweitenstarken Medien innerhalb der Zielgruppe haben die Produkt-News aufgegriffen, wie viel Sichtbarkeit hat die Service-News im Rahmen der Berichterstattung, wurden vorab definierte Kernbotschaften aufgegriffen?

4.5 Wie eine gute Zusammenarbeit mit PR-Agenturen gelingt

Der Erfolg von Maßnahmen der strategischen Unternehmenskommunikation hingegen hängt selten mit der Anzahl generierter Artikel und der damit einhergehenden Reichweite zusammen. In der Regel geht es hier darum, wie viele der relevanten Medien die proaktiv gesetzten Themen und Botschaften aufgegriffen haben. Bei komplexeren Themen kann auch die Anzahl von Maßnahmen wie Hintergrundgespräche mit relevanten Medienvertreter:innen eine wichtige Erfolgskennzahl sein. Denn auch wenn diese nicht zwingend in Berichterstattung resultieren, so wirken sie sich im besten Fall positiv auf das Verständnis für das Thema und die Strategie des Unternehmens aus und stärken die Beziehung mit Medienvertreter:innen langfristig. Letztlich kann der Erfolg externer Kommunikationsmaßnahmen auch das Ausbleiben von Berichterstattung sein – nämlich dann, wenn es um ein für das Unternehmen kritisches Thema geht.

Für welche Erfolgsmessung auch immer Kommunikator:innen sich entscheiden – sie sollten stets genug Zeit und Kapazitäten einplanen, um ihre Erfolge mit Gründer:innen, der Unternehmensführung und sogar dem ganzen Unternehmen zu teilen. Das trägt zum Verständnis der Kommunikationsdisziplin innerhalb des Unternehmens bei und dient als Grundlage für die interne Etablierung der Kommunikationsabteilung. Es gehört zum Aufgabenspektrum der Agentur, Auftraggeber:innen dabei zu unterstützen, ihre Erfolge sichtbar zu machen.

5 Wo geht es in die Zeitung? Die Kunst der Media Relations

Ein wesentlicher Aspekt der Unternehmenskommunikation ist der Beziehungsaufbau und die Beziehungspflege zu den Medien. Mit einer guten Geschichte Gehör bei Journalist:innen zu finden, ist keine unmögliche Aufgabe – die notwendige Recherche und ein bisschen Fingerspitzengefühl beim Pitch vorausgesetzt.

Einige Gründer:innen verkennen jedoch ganz gern, dass ihre eigenen beruflichen Themen und Tätigkeiten für „die Welt da draußen" weitaus weniger spannend sind als für sie selbst. Da entwickelt eine Ingenieurin eine App zur einfacheren Spesenabrechnung und kein Hahn kräht danach. Ein Wirtschaftswissenschaftler gründet ein Start-up, das digitale Bildung schon im Kindergartenalter anbietet und keiner erfährt es. Das ist für das betroffene Start-up frustrierend, zumal es andererseits doch auch vermeintlich unspannende, geradezu banale Dinge in die Zeitung, ins Radio oder ins Fernsehen schaffen.

Doch was heißt das nun für die Kommunikationsverantwortlichen in Start-ups? Wie schafft man es in die Medien? Nach welchen Kriterien wählen die Journalist:innen aus? Was sind absolute No-Gos in der Pressearbeit?

Das folgende Kapitel wechselt den Blick und fragt nach bei Journalist:innen, die tagtäglich zu Start-ups berichten. Es beginnt jedoch zunächst bei den Start-ups selbst. Georg Hauer, ehemaliger General Manager DACH und Nordeuropa bei N26, erzählt, wie es sich anfühlt, interviewt zu werden. Anders als die Kommunikationsverantwortlichen, die meist eher im Hintergrund agieren, stand Georg häufiger im Rampenlicht. Wie bereitete er sich vor? Und was sind Stolpersteine (→ Kapitel 5.1)? Helena Treeck, Kommunikationschefin bei Volocopter, vertritt die Auffassung, dass ein großes Netzwerk allein nicht reicht – es braucht auch eine überzeugende Geschichte. Wie sie Kontakte aufbaut und Journalist:innen anspricht, legt sie in ihrem Artikel (→ Kapitel 5.2) dar. Solveig Rathenow, Leiterin des Wirtschaftsressorts bei Business Insider, spannt den Bogen von der PR zum Journalismus. Sie kennt beide Seiten und gibt Einblicke, wie eine gute Zusammenarbeit ihrer Meinung nach gelingt (→ Kapitel 5.3).

Nach diesem Einstieg geht es um konkrete Besonderheiten unterschiedlicher Medien. Was sind die Anforderungen von Nachrichtenagenturen? Darauf geht Nadine Schimroszik, Tech-Korrespondentin bei Reuters, ein (→ Kapitel 5.4). Susanne Schier vom Handelsblatt erklärt, worauf sie bei der Berichterstattung Wert legt und wie sie mit Übertreibungen von Start-ups umgeht (→ Kapitel 5.5). In eine ähnliche Richtung weisen die Beiträge von Andreas Weck vom Magazin t3n (→ Kapitel 5.6) und von Sarah Heuberger, Redakteurin bei Gründerszene (→ Kapitel 5.7). Wie sticht ein Start-up aus der Masse hervor und wie halten es beide mit kritischen Fragen? Wo ist für sie eine rote Linie überschritten und wie muss ein Pitch aussehen, damit sie ihn gut finden?

Friederike Trudzinski, Ressortleiterin Text bei den Frauenzeitschriften Jolie und Grazia, nimmt das Thema Lifestyle-Journalismus in den Blick (→ Kapitel 5.8). Worauf sollten Kommunikationsverantwortliche achten, wenn sie es mit weicheren Themen versuchen? Was unterscheidet Lifestyle-Journalismus von anderen Spielarten, wie etwa dem Boulevardjournalismus? Ein immer beliebteres Medium sind Podcasts. Joël Kaczmarek produziert mit „digital kompakt" einen bekannten Podcast in der Start-up-Welt und erläutert, was für ihn wichtig ist (→ Kapitel 5.9). Zuletzt erklärt Janna Linke, Moderatorin und Journalistin bei ntv, wie es Start-ups ins Fernsehen schaffen. Schonungslos offen zeigt sie dabei auch die Hürden auf (→ Kapitel 5.10).

Allen Autor:innen gemein ist eine klare Absage, Journalismus nur als Hofberichterstattung zu betrachten. Dafür gibt es bezahlte Werbung. Unbequeme Fragen müssen erlaubt bleiben, und die beste Art, medialer Kritik vorzubeugen, ist eine faktenbasierte, ehrliche Unternehmenskommunikation.

5.1 Media Relations aus Sicht des Interviewten

Georg Hauer
COO/CFO bei HAWK:AI | Ex-N26

Du warst über drei Jahre lang ein zentraler Sprecher für N26 und hast in dieser Zeit viele Interviews gegeben. Wie viele waren es im Monat?

Georg · Die Grenze zwischen echten Interviews und informellen Hintergrundgesprächen, aus denen ebenfalls oft Zitate entnommen werden, ist fließend. Ich habe wohl jede Woche mit ein bis zwei Medienvertreter:innen gesprochen. Das ist gut, denn ein regelmäßiger Austausch schafft eine gute beidseitige Vertrauensbasis. Zu Spitzenzeiten, zum Beispiel wenn es eine große Neuigkeit zu verkünden gibt, waren es aber auch schon mal sieben bis acht Interviews in nur zwei Tagen. Ob Zeitung, Radio, Podcast oder TV-Interview macht aber natürlich einen großen Unterschied.

Inwiefern?

Georg · Alle Formate haben ihre Vorteile, aber auch Eigenheiten. Im Radio ist es beispielsweise wichtig, sich sehr knapp zu halten und auf das Wesentliche zu konzentrieren. Meist werden nur wenige Sätze gesendet und man weiß vorab nie welche. Im Fernsehen hingegen sind Körpersprache und Auftreten mindestens genauso wichtig wie die gesprochene Botschaft selbst. Dadurch muss man sich ganz anders darauf vorbereiten. Spaß machen mir persönlich aber alle Formate. Ich schätze die Gespräche mit Journalist:innen. Man lernt ja auch selbst immer etwas Neues dazu. Beispielsweise, welche Fragen die Öffentlichkeit zum eigenen Unternehmen beschäftigen.

Wie bereitest du dich auf Gespräche vor? Und wie sieht für dich ein gutes Briefing aus?

Georg · Eine gute Vorbereitung ist das A und O für ein erfolgreiches Mediengespräch. Diese Arbeit kann einem das PR-Team auch nicht abnehmen.

Das Briefing kann noch so gut sein – wenn es erst wenige Minuten vor dem Interview gelesen wird, hat es wenig Wirkung. Meist bereite ich mich auf Gespräche bereits am Vortag in Ruhe vor, für ganz wichtige Gespräche sogar über mehrere Tage hinweg. Dabei setze ich mir klare Ziele: Was will ich eigentlich in dem Gespräch erreichen? Will ich Interesse an einem neuen Produkt wecken? Will ich Kontext geben, um eine kontroverse Entscheidung zu erklären? Will ich eine Position zu einem Industriethema geben? Oder will ist erst einmal erklären, was das eigene Unternehmen überhaupt macht? Nicht jede:r Medienvertreter:in kennt uns ja gleichermaßen.

Wenn man zum gleichen Thema mit mehreren Medien spricht, sollte man sich gezielt auf die Unterschiede vorbereiten, denn keine zwei Interviews sind genau gleich. Recherchiert die Interessen der Gesprächspartner:innen und den Kontext des Interviews und passt euch entsprechend an. Der Interviewstil und die Fragen von einem britischen Journalisten können sich von jenen einer deutschen Journalistin fundamental unterscheiden. Bereitet euch auch auf kritische Fragen vor. Je größer ein Start-up wird, desto wichtiger wird das.

Ist ein Gespräch schon mal daneben gegangen? Und wenn ja, weshalb?

Georg · Natürlich läuft nicht jedes Gespräch, wie man es sich erhoffen würde. Bei einer guten Vorbereitung sollte man sich zwar eigentlich nicht von Fragen überraschend lassen, aber es kommt trotzdem vor. Auch mit solchen Situationen professionell umzugehen, ist ein Teil der Aufgabe als Unternehmenssprecher:in. Wichtig ist, dass man von jedem Gespräch etwas lernt. Ich bitte deshalb unseren PR-Manager nach jedem Gespräch um ein ehrliches und strukturiertes Feedback. Nur so kann man besser werden.

Journalist:innen fragen ja nicht immer nur nach den Erfolgen. Wie gehst du mit kritischen Fragen um?

Georg · Kritische Fragen sind wichtig und gehören zum Journalismus dazu. Diese müssen aber deshalb auch entsprechend gut vorbereitet werden. Wichtig ist, dass man auch die kritischen Fragen transparent und ehrlich beantwortet. Menschen merken natürlich, wenn man ausweicht. Ganz schlecht ist es, einfach gar nicht zu antworten, denn das bietet viel Spielraum für Interpretationen. Stattdessen empfehle ich, sehr präzise seine Position darzulegen. Wenn man etwas nicht kommentieren kann, zum Beispiel unveröffentlichte Unternehmenskennzahlen, dann darf man dies aber natürlich auch sagen.

5.1 Media Relations aus Sicht des Interviewten

Je größer und erfolgreicher ein Unternehmen wird, umso größer wird das öffentliche und mediale Interesse. Wie hast du das bei N26 erlebt?

Georg · Das mediale Interesse an N26 ist gestiegen. Anfangs war N26 noch ein Start-up, für das sich primär Tech-Medien begeistert haben. Heute ist N26 eine globale Bank mit Millionen von Kund:innen mit einem Börsengang als realistischer Option. Dadurch wurde das Unternehmen natürlich auch für internationale Wirtschaftsmedien und TV-Nachrichten interessant. Unser gesamtes PR-Team hat sich dabei entsprechend weiterentwickelt. Reichten anfangs noch ein bis zwei Personen, um alle Presseanfragen zu beantworten, ist das Team heute bereits auf über zehn Mitarbeiter:innen angewachsen.

N26 gilt als Vorzeige-Start-up in Deutschland und ganz Europa. Aber es gab auch Schattenseiten. Ein Streit um den Betriebsrat, ein angeblich schlechter Kundenservice, der Rückzug aus Großbritannien. Wie offensiv sollten Unternehmen in solchen Fällen kommunizieren? Oder ist es manchmal besser, Ereignisse unkommentiert zu lassen?

Georg · Eine offene, ehrliche und proaktive Kommunikation ist fast immer besser als die Alternative, einfach abzuwarten. Auch wenn ein Thema einem Unternehmen vielleicht unangenehm ist, schafft eine proaktive Information langfristig Vertrauen in das Unternehmen. Außerdem gibt es uns die Möglichkeit, auch unsere Sicht der Dinge darzustellen.

Ein Medium hat Insiderinformationen und konfrontiert euch damit. Wie gehst du damit um? Und was empfiehlst du anderen Start-ups?

Georg · Das kommt sehr auf die Information und den Wahrheitsgehalt sowie das Medium und den Journalisten oder die Journalistin an. Grundsätzlich gilt auch hier für uns: Wir sind offen und ehrlich, kommentieren aber auch nicht alles. Häufig sind die vermeintlichen Insiderinformationen auch reine Spekulation und basieren auf Gerüchten. Dann ist es wichtig, das auch deutlich zu machen und zu erklären.

Ein persönliches Highlight in der Zusammenarbeit mit Medien?

Georg · Ein 8-minütiges Live-Interview auf CNN zum Start von N26 in der Schweiz. Die Wachstumszahlen in den ersten 48 Stunden danach haben unsere Monatserwartung für den Launch übertroffen. Das ist die Macht von PR.

Was würdest du einem:r jungen Start-up Gründer:in raten, wie man mit Journalist:innen umgeht?

Georg · Drei Tipps:
① Bereitet euch auf jedes Interview gut vor. Egal, wie oft ihr bereits zu eurem Unternehmen gesprochen habt, jedes Mediengespräch ist anders. Wenn ihr keine Zeit für die Vorbereitung habt, lehnt das Interview besser ab.
② Versteht, welche Geschichten für Journalist:innen relevant sind und wählt sorgfältig aus, wem ihr eine Pressemitteilung schickt oder ein Interview pitcht. Qualität der Auswahl geht vor Quantität des Verteilers. Ansonsten verschwendet ihr im besten Fall eure Zeit und im schlechtesten Fall gibt es einen negativen Presseartikel.
③ Authentisch wirken bedeutet nicht, spontan zu sein. Auch wenn manche Menschen wirken, als wären sie ein Naturtalent; dies kommt meist einfach von sehr viel Übung. Sogar erfahrene CEOs und Gründer:innen üben zuhause vor dem Spiegel. Seid euch nicht zu gut dafür.

5.2 Media Relations – Why should they care?

Helena Treeck
Head of PR bei Volocopter

Du hast PR von der Pike auf in Agenturen gelernt und kommunizierst gerne Themen, die andere für reine Zukunftsmusik halten. Was heißt für dich PR?
  Helena · Public Relations im weitesten Sinne ist das Management der Eigendarstellung gegenüber der Öffentlichkeit. Dafür baut man Beziehungen zu Multiplikator:innen, Schlüsselfiguren, Veranstalter:innen oder Insti-

tutionen auf, über die man diese Öffentlichkeit gut erreicht. PR wirkt aus meiner Sicht in zwei Richtungen: Aus Sicht des Start-ups bereitet PR Neuigkeiten, Produkte, Geschichten und Meilensteine so auf, dass die Relevanz für Kund:innen, Unternehmen, Investor:innen und den größeren Markt einfach verständlich ist. Wir beantworten die W-Fragen für jedes Thema so, dass die Neuigkeiten nach innen und außen einheitlich verstanden und eingeordnet werden können. Für die Journalist:innen bietet PR Themen und Geschichten, die interessant für Lesende sind, bereitet die Informationen auf, findet Gesprächspartner:innen und steht für die Wahrhaftigkeit dieser Informationen ein.

Und warum ist es für Start-ups entscheidend?

Helena · Public Relations ist ein guter Weg, Aufmerksamkeit und Verständnis für das eigene Unternehmen oder Produkt zu etablieren. Die Herausforderung dabei ist, dass Start-ups oftmals Quick Wins suchen und PR-Arbeit grundsätzlich Zeit braucht und langfristig angelegt ist.

Eine Pressemitteilung oder ein Themen-Pitch sind immer nur ein Angebot an Journalist:innen. Zugegeben, begeisterten Gründer:innen ist es oftmals schwer zu erklären, dass Pressearbeit keine Veröffentlichung garantieren kann – schließlich sind sie felsenfest der Meinung, dass es nichts Spannenderes für eine:n Journalist:in geben kann, als über ihr ‚Baby' zu schreiben. Aber das zu vermitteln, ist auch Teil des PR-Jobs.

PR ohne Journalist:innen geht nicht. Wie kommt man an die richtigen Ansprechpartner:innen?

Helena · Da habe ich eine eher unbeliebte Meinung. Ich halte das Netzwerk bei Weitem für nicht so wichtig wie eine gute Geschichte und sich ins Zeug zu legen. Klar, wenn man jemanden kennt, schadet das nichts. beim Thema Ansprechpartner:innen finden, ist Recherche ausschlaggebend. Wer hat in welchen Medien über ähnliche Themen geschrieben? Wenn es schon vergleichbare Produkte oder Start-ups gibt, hat man den Vorteil, dass man Artikel über die „Konkurrenz" finden kann – die Journalist:innen und deren Leser:innen haben offensichtlich Interesse an dem Thema.

Oftmals vergessen wir, dass ja auch Journalist:innen „Kund:innen" haben. Ein Beitrag wird geschrieben, wenn er für diese Zielgruppe relevant ist. Da gilt es herauszufinden, für wen das eigene Thema relevant ist. Oder andersherum: Wie muss man das eigene Thema aufbereiten, worauf den Fokus legen, damit es für Journalist:innen interessant wird?

Was hältst du von Journalist:innendatenbanken wie Meltwater oder Cision? Nutzt ihr ein Tool?
Helena · Ich bin kein großer Fan von vorgefüllten Datenbanken. Sie können als erster Anhaltspunkt dienen. Doch man sollte die Person, der man seine Geschichte pitcht, gut kennen oder recherchiert haben. Bevor du die E-Mail schreibst, oder den Telefonhörer in die Hand nimmst, solltest du dir für dich sicher sein, dass der Pitch relevant ist für die Journalist:in. So etwas lässt sich aus einem Tool schwer herauslesen.

Wie bahnst du den Kontakt zu Journalist:innen an?

Helena · Immer mit konkretem Anlass: ein Tweet, ein Artikel, ein LinkedIn-Post – kurz alles, was einen Einstieg ermöglicht, um zu erklären, warum ein Austausch für beide Seiten interessant wäre. Dann rufe ich am liebsten an, das geht meistens am schnellsten, selbst wenn ich die Person noch nicht kenne – denn ich bin ja überzeugt, dass ich etwas bieten kann, das interessant ist.

Lass uns noch konkreter werden: Wie lautet deine Betreffzeile, wenn du eine:n Journalist:in zum ersten Mal per E-Mail ansprichst? Und wie ist die E-Mail aufgebaut? Kurz und knackig oder besser mit einigen Hintergrundinformationen?
Helena · Die E-Mail muss kurz und knackig sein. Der Inhalt sollte mit einem Blick aufgenommen werden können, Stichpunkte und fette Schrift helfen da enorm. Hauptsache die Frage „Warum ist das relevant für mich?" kommt klar bei der Leser:in an. Diese E-Mail ist der Trailer, wenn man es schafft, das Interesse der Journalist:in zu wecken, dann kann man beim nächsten Telefonat alles im Detail erklären.

Verrätst du uns einen Pitch, der unheimlich gut funktioniert hat?
Helena · Es gibt keinen Blanko-Pitch, der immer funktioniert. Ein Pitch funktioniert dann, wenn er personalisiert ist und Lust auf mehr macht. Eine Aktion, auf die ich nach wie vor stolz bin, war eine Oper im Rahmen der Salzburger Festspiele, die ich in der TV Spielfilm, dem Opernglas und auf GQ.de platziert habe. Dieselbe Oper, aber jeder Pitch genau auf das Medium und die Interessen der Leser:innen ausgerichtet. Für die TV Spielfilm lag der Fokus auf der „ersten Fernsehoper der Salzburger Festspiele exklusiv auf Servus-TV", für das Opernglas war der Aufhänger „Klassik trifft Moderne:

5.2 Media Relations – Why should they care?

Opernstar Diana Damrau in Fernsehoperinszenierung im Red-Bull Hangar" und für *GQ* wählte ich „Männeroper: Tobias Moretti in der Entführung aus dem Serail zwischen den Flying Bulls im Hangar".

Wie hältst du mit dem Journalist:innen-Netzwerk den Kontakt? Man hat ja nicht jeden Monat etwas zu vermelden ...

Helena · Tatsächlich melde ich mich ausschließlich, wenn es einen Anlass dazu gibt: Neuigkeiten von Unternehmensseite, ein Artikel zum Markt, der ein Gesprächseinstieg ist, eine Veranstaltung, auf der beide sind. Krampfhaft Kontakt zu halten, bringt insbesondere in der Tech-, Start-up- und Unternehmenskommunikation wenig, zumal man in einem Start-up auch einfach die Zeit dazu nicht hat. Wichtiger finde ich, ein Vertrauensverhältnis aufzubauen. Dabei sind Zuverlässigkeit, Erreichbarkeit, Transparenz und faktenbasierte Kommunikation das A und O. Dann kann man eine Beziehung auf Augenhöhe aufbauen und beide wissen, wenn man sich meldet, dann hat das Hand und Fuß.

In der Lifestyle-Kommunikation läuft da vieles anders, aber man kann auch gute langfristige PR-Kontakte aufbauen, ohne ständig in Kontakt zu sein. Wichtig ist, dass man über die Zeit einige Journalist:innenkontakte aufbaut, von denen man weiß, dass sie wirklich faktisch berichten.

Viele Journalist:innen werden mit Presseanfragen überhäuft. Wie oft hakst du nach, bevor du aufgibst?

Helena · Da ich mich nur melde, wenn ich wirklich denke, dass die Neuigkeit für das Medium interessant ist, hake ich nach, bis ich eine konkrete Antwort bekommen habe. Insbesondere, wenn man gerade erst anfängt, die Pressearbeit aufzubauen, ist auch jede begründete Absage Gold wert. Ich nutze diese Gespräche auch, um genauer zu erfahren, welche Themen konkret für Journalist:innen von Interesse sind. Oftmals kann man in einem solchen Gespräch auch gemeinsam Themen entwickeln, die spannend für das Medium sind und auf die man alleine nicht gekommen wäre.

Manchmal gibt es Fragen von Journalist:innen, die ein Unternehmen nicht beantworten möchte. Deine Lösung?

Helena · Ein wesentlicher Teil der PR-Arbeit ist, Aufklärung zu betreiben und Transparenz zu schaffen. Fragen nicht zu beantworten, sollte immer die letzte Option sein. Wenn es einen guten Grund dafür gibt, die Fragen nicht zu beantworten, haben die allermeisten Journalist:innen Verständnis dafür. Das gilt etwa, wenn Wettbewerbsgeheimnisse betroffen sind, wenn rechtliche Konsequenzen drohen oder noch nicht alle Fakten bekannt sind. Wie bei allem in der Presse- und Medienarbeit sind Offenheit und Ehrlichkeit die beste Strategie.

Dein wichtigstes PR-Tool?

Helena · Allgemein Google. Hier kann man gute Aufhänger für Geschichten finden, Medien, Journalist:innen und Konferenzen recherchieren, Massenversandtools etc. Ansonsten glaube ich nach wie vor an den Versand der klassischen Pressemitteilung als Basis für alles Weitere. Einen Verteiler baut man über die Jahre organisch auf.

Besonders erfolgreich sind meiner Erfahrung nach News, die man in Vorträgen auf großen Konferenzen bekannt gibt. Dann kann man oftmals das Mediennetzwerk der Konferenz mitnutzen und viele der wichtigsten Journalist:innen sind schon vor Ort. Super wichtig ist auch ein Presseportal, das wie ein Service-Center aufgebaut ist. Journalist:innen sollen möglichst einfach alle Informationen und Bilder erhalten, die sie für einen Artikel benötigen. PR ist ein Service: Wir möchten unserer Öffentlichkeit den Zugang zu Informationen so einfach wie möglich gestalten.

Sonst noch was?

Helena · PR ist keine Raketenwissenschaft, aber sie erfordert Disziplin, Konsistenz, eine Liebe zum Detail, Durchhalte- und Durchsetzungsvermögen. Es ist die Aufgabe der PR-Abteilung, der Welt zu erklären, was das Unternehmen macht und warum das wichtig und richtig ist, und zwar so, dass es jeder versteht. Das ist nicht leicht, stiftet aber einen großen Wert für das Unternehmen. Deswegen ist eine langfristige strategische Herangehensweise auch für kleine Start-ups essenziell.

5.3 Die Zusammenarbeit zwischen PR und Journalismus

Solveig Rathenow
Ressortleiterin bei Business Insider Deutschland

Du kennst beide Seiten, PR und Journalismus. Was hat sich für dich als Journalistin verändert?
Solveig · In meinen ersten Monaten wieder zurück im Journalismus hat sich für mich vor allem etwas sehr Konkretes verändert: Ich war überrascht davon, mit welcher Chuzpe Interviews im Autorisierungsprozess umgeschrieben werden. Vielleicht war es früher nicht so massiv, vielleicht hatte ich es verdrängt. Ich hatte den Fall, dass mir ein Pressesprecher eine komplette Antwort rausgestrichen hat, mit der Begründung: „Wir können uns nicht erinnern, das gesagt zu haben". Ohne Ton-Aufnahme geht es also leider gar nicht mehr.

Da ich nun die andere Seite kennengelernt habe, erstaunt mich das umso mehr. Ich habe während meiner PR-Zeit nämlich sehr viel Wert darauf gelegt, dass Zitate nur verändert werden, wenn sie inhaltlich falsch sind. Den Stil habe ich natürlich den Journalist:innen überlassen.

Was mich auch immer wieder überrascht, ist, wie manche Pressesprecher:innen ihr Berufsbild verstehen. Anstatt mit Journalist:innen zu kooperieren und auf einer beruflichen Ebene den Austausch zu suchen – gerade bei schlechten Neuigkeiten –, wird teilweise immer noch eine Strategie der totalen Abschottung betrieben, sobald etwas schief läuft. Ich dachte, diese Zeiten wären vorbei – denn zumindest bei den Kommunikationsveranstaltungen, die ich besucht habe, wie Stammtische oder auch beim Bundesverband der Kommunikator:innen, wird das Thema Zusammenarbeit zwischen PR und Journalismus ständig betont und thematisiert. Dass es in der Praxis oft dann leider doch noch nicht gelebt wird, enttäuscht.

Gibt es etwas, dass du aus deiner früheren Zeit als Pressesprecherin vermisst?
Solveig · Die viele Freizeit – Scherz. Es ist aber tatsächlich so, dass ich in der PR oft den Eindruck hatte, es gibt Peak-Zeiten, wo es besonders hektisch ist – zum Beispiel vor dem Launch einer neuen Firma, einer großen Veranstaltung oder einer Funding-Runde. Das ist Stress in Reinform. Im Journalismus dagegen – und gerade im Online-Journalismus – fühlt sich manchmal jeder Tag an, als müsste man einen Marathon im Sprintmodus laufen. Es kann jederzeit etwas passieren, was einen Stress-Peak auslöst – jemand stirbt, eine Firma meldet überraschend Insolvenz an oder sonst eine Neuigkeit, die man nicht hat kommen sehen und auf die man sofort reagieren muss. Oder es passiert gar nichts (schöne Grüße ans Sommerloch), Autorisierungen kommen nicht rechtzeitig oder Interviews werden verschoben und man muss sehen, wo man von irgendwo her schnell gute Geschichten bekommt.

In der PR kann dieser Überraschungseffekt am ehesten eintreten, wenn man Informationen zu spät vom Management bekommen hat und dann von einem recherchefreudigen Journalisten am Telefon kalt erwischt wird – unangenehm und ein schlechtes Zeichen für die Kommunikation zwischen PR und Management, aber nichts, was täglich passiert. Ich habe es immer als essenziell empfunden, dass ich über (fast) alles im Unternehmen früh Bescheid wusste – denn nur so konnte ich auch vorbereitet in die Kommunikation gehen. Das verlangt ein gutes Vertrauensverhältnis.

PR ohne Journalist:innen geht nicht. Wie kommt man an die richtigen Ansprechpartner:innen?

> **Solveig** · Ganz sicher nicht über die 34. Pressemitteilung. Erst einmal ist es wichtig, in die Recherche zu gehen: Beschäftigt sich die Person, die ich anschreibe, überhaupt mit meinem Thema, schreibt sie öfter darüber oder hat sie nur mal ihr Kürzel unter eine aufgegriffene dpa-Meldung gesetzt – vielleicht, weil im Newsroom die Hütte brannte und die Kolleg:in, die sonst zuständig ist, nicht da war? Ist die richtige Journalist:in gefunden, bietet sich eine Kennenlern-E-Mail an.
> Ich für meinen Teil mag es überhaupt nicht, wenn ich Anrufe von Unbekannten bekomme, und finde es sehr irritierend, wenn wildfremde Menschen meine Mailbox vollreden. Aber eine nett formulierte E-Mail,

in der mein Name richtig geschrieben ist und ich gefragt werde, ob wir uns zu einem virtuellen Kaffee zu einem maximal 30-minütigen Ideenaustausch verabreden wollen, denn man hätte Kontakte in die und die Bereiche, über die ich auch schon mal geschrieben habe – ja, gerne! Während dieser 30 Minuten ist es dann wichtig, eben nicht nur „Meine Firma, meine Vita, mein grandioses Produkt" zu spielen, sondern sich vorher zu überlegen, was abseits davon für mich als Journalistin interessant sein könnte, abseits der reinen Werbebotschaften.

Viele Journalist:innen werden mit Presseanfragen überhäuft. Was empfiehlst du den Presseverantwortlichen?
Solveig · Sobald ein persönlicher Kontakt hergestellt wurde, haben es auch Pressemitteilungen leichter, aus der Masse hervorzustechen. Dabei hilft zum einen eine persönliche Ansprache oder im besten Falle natürlich auch eine individuelle Behandlung: Kann ich die Pressemitteilung exklusiv bekommen oder zumindest mit einer Sperrfrist etwas früher als die anderen?

So kann ich die Nachricht (wenn es denn eine ist) besser in den Redaktionsalltag einplanen, mir noch einen anderen Dreh dafür überlegen oder habe noch Zeit, eine:n Interviewpartner:innen zur Einordnung anzufragen – alles Dinge, die dazu beitragen, dass es am Ende eine größere Geschichte wird.

Datengeschichten, also von Unternehmen beauftragte Umfragen, sind ein beliebtes Mittel unter PRler:innen, um Kommunikationsanlässe zu schaffen. Wie stehst du dazu?
Solveig · Es kommt darauf an. Ist die Umfrage repräsentativ und hat einen Mehrwert für meine Leser:innen – fragt also nach Themen, die eine breitere Masse interessieren und nicht nur ein Fachpublikum oder die Kund:innen dieser einen Firma –, dann hat sie gute Chancen. Wichtig ist natürlich die absolute Unabhängigkeit des Instituts, das die Umfrage durchgeführt hat.

Was muss eine datengestützte Pressemeldung bieten, um sich von der Masse abzuheben?
Solveig · Die Daten müssen vertrauenswürdig, die Umfrage sollte witzig und das Ergebnis überraschend sein. Ich weiß zum Beispiel nicht mehr, wie oft ich im letzten Jahr Umfragen gelesen habe, dass immer mehr Services online genutzt werden, vom Banking bis zur Beratung für Schwangere. Schön, aber wenig überraschend in einer globalen Pandemie.

Wie sieht es mit Infografiken, Tabellen, Schaubildern aus? Lohnt sich der Aufwand, oder drucken es Medien ohnehin nicht ab?

Solveig · Wenn die Grafik anschaulich ist und einen Mehrwert bietet, spricht in der Regel nichts dagegen – es sei denn, das Firmenlogo überstrahlt alles.

Wirst du häufig zu Start-ups oder anderen Unternehmen eingeladen? Und wenn ja, was muss man dir bieten, damit du hingehst?

Solveig · Durch die Corona-Einschränkungen hielten sich die Einladungen in Grenzen, vieles fiel aus. So langsam nimmt es aber wieder Fahrt auf und die Einladungs-E-Mails trudeln wieder regelmäßiger ein.

Zu was ich gar nicht gehe, sind komplette Werbeveranstaltungen, also in der Art von „Wir weihen unseren neuen Showroom ein" – und unsere neuen Produkte gleich mit. Zu was ich gerne eingeladen werde, sind exklusive Networking-Runden, wo man in einem kleineren Rahmen interessante Leute kennenlernen kann, die einem auch in Zukunft zu spannenden Geschichten verhelfen können.

5.4 Von den Besonderheiten der Nachrichtenagenturen

Nadine Schimroszik
Korrespondentin bei Reuters

Was unterscheidet Nachrichtenagenturen von anderen Medien? Inwiefern tickt ihr anders?

Nadine · Wir legen einen hohen Wert auf Ausgewogenheit und versuchen, jegliche Wertung zu vermeiden. Bei zeitlichem Druck laufen wir Nachrichtenagentur-Journalist:innen zwar zu Höchstform auf, versuchen uns diese aber für Breaking News aufzubewahren und lieben deswegen Nachrichten mit einem klar vorab formulierten Veröffentlichungszeitpunkt.

Dann können wir eine Meldung vorschreiben, was vieles erleichtert – vor allem das Geschäft mit ständig auf uns lauernden Breaking News.

Wie wichtig ist Exklusivität für euch?

Nadine · Exklusivität ist für uns enorm wichtig. Eine Nachricht als erstes aus „gut unterrichteten Kreisen" zu haben, oder ein Gespräch mit sich sonst rar machenden Interviewpartner:innenn zu führen, zählt viel, weil wir dann den Nachrichtenfluss vorgeben, möglicherweise bei der Aktie eines börsennotierten Unternehmens für Ausschläge sorgen und unsere Meldungen von anderen zitiert werden.

Es gibt ja mehrere bekannte Nachrichtenagenturen. Reuters zählt dazu, aber auch Bloomberg, dpa, AP, AFP. Gibt es Unterschiede in der Arbeitsweise? Was sollten Presseverantwortliche beachten?

Nadine · Generell lohnt es sich für Start-ups immer, Ansprechpartner:innen bei allen Nachrichtenagenturen zu haben. Nicht jede Nachrichtenagentur richtet sich an die gleichen Kund:innen. Es lohnt sich, jeweils etwas über die Ausrichtung zu wissen. Der Schwerpunkt von Reuters liegt wie bei Bloomberg in Wirtschaftsthemen. In Deutschland berichten wir auf Deutsch wie auch für internationale Kund:innen auf Englisch. Die Schwerpunkte zwischen beiden Angeboten variieren jedoch und es lohnt sich immer eine Rücksprache mit den zuständigen Journalist:innen. Im Vergleich zu Reuters ist dpa lokaler aufgestellt und hat einen starken Deutschlandfokus.

Wie sieht für dich eine ideale E-Mail eines Pressesprechers oder einer Pressesprecherin aus?

Nadine · Im besten Fall habe ich den Namen des Start-ups oder der Presseverantwortlichen schon mal gehört oder es besteht bereits ein persönlicher Kontakt. Gut sind kurze schnörkellose E-Mails, die schnell auf den Punkt kommen und die Relevanz der Nachricht wiedergeben. Das kann die kurze Ankündigung sein, dass bald eine neue Finanzierungsrunde ansteht oder eine Expansion ins Ausland. Das sollte alles gleich in den ersten drei Sätzen stehen, weil ich häufig gar nicht die Zeit habe, angesichts der Flut an E-Mails, weiterzulesen, sollten die ersten Sätze nicht mein Interesse wecken. Dann brauche ich nur noch eine Handynummer und eine schnelle Rückmeldung bei Nachfragen.

Wann ist ein Start-up für dich interessant? Und welche Rolle spielen wirtschaftlicher Erfolg und Finanzkennzahlen? Oder anders gefragt: Schafft es ein Start-up mit 50 Mitarbeiter:innen und einem Jahres-

Umsatz im einstelligen Millionenbereich überhaupt in die Medien? Und wenn ja, wie?

Nadine · In der Regel muss ein Start-up eine gewisse Größe und einen gewissen Bekanntheitsgrad haben, damit es bei uns eine Rolle spielt. In der Seed Stage oder mit einer Series A hat man keine Chancen, außer es investiert vielleicht ein Regierungschef in die Firma. Ab Finanzierungsrunden im dreistelligen Millionenbereich, einer Expansion in den US-Markt oder dem Einstieg von Investoren wie Softbank, Sequoia oder Dax-Konzernen werden auch wir hellhörig. Umsatzzahlen habe ich bisher nur von wenigen Start-ups mitgeteilt bekommen. Allerdings gibt es ab und zu auch Fälle, wo Start-ups außerhalb der genannten Vorgaben interessant sein können. Ausnahmen bestätigen auch bei uns die Regel. Gibt es spannende Trends, die von einem Start-up mit einem bestimmten Produkt oder einer Dienstleistung gut abgebildet werden, kann es die Firma bei uns auch mal auf den Draht schaffen, obwohl sie noch vergleichsweise klein ist. Als Beispiel fällt mir das Thema Nachhaltigkeit ein.

Als deutsches Start-up ist es schwierig, in internationale Zeitungen wie das Wall Street Journal, die Financial Times oder andere zu kommen. Hast du einen Tipp? Wie kommen Start-ups in internationale Publikationen?

Nadine · Internationale Zeitungen müssen eine ähnlich hohe Nachrichtenflut bewältigen wie Nachrichtenagenturen. Da gehört das Aussieben zu den Kernkompetenzen von Journalist:innen. Start-ups aus anderen Ländern haben allein deswegen kaum Chancen, weil schon die Start-ups vom Heimatmarkt nur bei großen Neuigkeiten ihren Weg in die Blätter und das Online-Angebot finden. Meiner Meinung nach gelingt es deutschen Start-ups am ehesten, wenn sie eine hierzulande erfolgreiche „Kopie" eines bekannten US-Start-ups ins Leben gerufen haben. Ansonsten kann unter bestimmten Umständen sicherlich auch der Blick auf bestimmte deutsche Phänomene von Interesse sein. Als mögliche Themen kommen mir das enorm gestiegene Private-Equity-Kapital, das in deutsche Start-ups fließt, oder die Popularität Berlins oder die Zusammenarbeit zwischen Universitäten und Start-ups und möglicherweise auch von Einwander:innen gegründete Start-ups oder die Angst vor dem Scheitern in den Sinn. Wer es da schafft, einen spannenden Pitch zu formulieren, wird vielleicht belohnt.

Du hast ein Interview geführt und schickst wörtliche Zitate nochmal an die Interviewpartnerin. Alle kritischen Fragen wurden gestrichen, dabei hast du die Aussagen sogar aufgezeichnet. Wann ist für dich eine Grenze erreicht?

Nadine · Ganz ehrlich, am einfachsten ist es, wenn Zitate nicht abgestimmt werden müssen. Das stellt eine enorme Zeitersparnis dar und Zeit ist bei Nachrichtenagenturjournalist:innen ein begehrtes Gut. Wir zeichnen Gespräche immer auf und es fiele mir nicht im Traum ein, an Zitaten zu werkeln. Bin ich mir unsicher, frage ich stets nach oder biete bei komplexen und komplizierten technischen Themen auch von selbst an, Zitate einzureichen. Wenn Zitate doch auf Anfrage abgestimmt werden müssen, sollte die Beantwortung sehr schnell gehen. Wenn es keine Meldung mit einem bestimmten Veröffentlichungszeitpunkt ist, sollte es nicht länger als eine Stunde dauern, bis ich eine Antwort bekomme. Und dann sollten da am besten auch nur Schönheitsfehler korrigiert werden und nichts Inhaltliches. Geschieht dies doch mal, denke ich sehr schnell darüber nach, einfach keine Meldung zu schreiben oder die Zitate komplett herauszulassen. Jede:r Chef:in eines Start-ups sollte sich vorher überlegen, wozu er oder sie sich äußern möchte und wozu nicht. Er oder sie sollte auf Fragen nach der Firmenbewertung, dem Geschäftsmodell, dem Weg zur Profitabilität und Problemen mit der Mitarbeiterschaft vorbereitet sein und gegebenenfalls sofort sagen, dass dazu keine Stellung genommen wird.

In manchen Situationen wissen Journalist:innen mehr als die Kommunikator:innen des Unternehmens. Versetze dich einmal in die Rolle der Kommunikationsverantwortlichen. Wie sollten sie mit Vorwürfen und Anschuldigen von Journalist:innen umgehen?

Nadine · Da bin ich wahrscheinlich die falsche Ansprechpartnerin. Ich mache Interviewpartner:innen keine Vorwürfe oder bringe Anschuldigungen vor. Natürlich konfrontiere ich Firmenchef:innen mit Nachrichten anderer Medien und eigenen Quellen, wenn es beispielsweise um Protestaktionen von Mitarbeiter:innen, Gewerkschaften oder schlecht laufende Finanzierungsgespräche geht. Ist so etwas im Raum, sollten der Kommunikationsbeauftragte das vorab mit dem Firmenchef oder der Geschäftsleitung besprochen und souveräne Antworten aufgezeigt haben. Mehr sollte bei einem Interview mit einer Nachrichtenagentur nicht von Nöten sein. Ist ein Gespräch doch mal nicht rund gelaufen, lohnt sich immer ein Anruf. Denn in der Regel hat jede:r Beteiligte Interesse an einem guten Verhältnis.

Was hältst Du von der Aussage „Kein Kommentar"?

Nadine · Ich kann die Aussage „Kein Kommentar" gut verstehen und auch einordnen. Bei Fusionsgerüchten oder ähnlichem sind Firmenchefs die Hände gebunden. Allerdings ist diese Aussage auch wenig hilfreich. Sie wird Journalist:innen nicht davon abhalten, woanders nachzufragen und an einer Sache dranzubleiben. Wenn eine Frage mit einem klaren Nein oder Ja beantwortet werden kann, hilft das Journalist:innen sicherlich mehr bei der Einordnung.

Dein Wunsch an Kommunikator:innen?
Nadine · Kommunikationsbeauftragte sollten erreichbar, schnell und präzise sein.

5.5 Wirtschaftsjournalismus

Susanne Schier
Finanzkorrespondentin beim Handelsblatt

5.5 Wirtschaftsjournalismus

Es gibt sehr erfolgreiche Unternehmen mit mehreren hundert oder tausend Mitarbeiter:innen, die nie in den Medien sind. Braucht es PR bei Start-ups überhaupt?
Susanne · Ich würde sagen – ja. Presseberichte sind für Start-ups eine Möglichkeit, die Firma bekannter zu machen. Zudem werden die Gründer:innen ab einer gewissen Unternehmensgröße ohnehin nicht darum herumkommen, sich auch kritischen Fragen von Journalist:innen zu stellen. Gut ist, wenn ihnen dann jemand zur Seite steht, der Erfahrung auf diesem Gebiet hat. Aus Journalist:innensicht ist es zudem hilfreich, wenn Start-ups auf ihrer Webseite einen übersichtlichen und schnell auffindbaren Pressebereich mit Kontaktdaten und den zentralen Fakten zum Unternehmen haben.

Ein Journalist sucht nach einer Geschichte. Skandale verkaufen sich besser als Friede-Freude-Eierkuchen-Lobeshymnen. Also befragt er ehemalige Mitarbeiter:innen, irgendjemand wird schon etwas Negatives zu sagen haben. Müssen Unternehmen das akzeptieren?
Susanne · Es ist richtig, dass Journalist:innen nach Geschichten suchen. Ein Artikel, in dem es nichts zu erzählen gibt, wird auch nicht gelesen. Aber ganz so simpel ist die Wirklichkeit nicht. In den allerseltensten Fällen ist das Wirtschaftsleben schwarz und weiß, und das gilt auch für Start-ups. Es ist nur natürlich, wenn Gründer:innen ihr Unternehmen im allerbesten Licht sehen und es auch so nach außen darstellen wollen. Aber jede Erfolgsgeschichte hat auch ihre Schattenseiten. Geben Gründer:innen allzu vollmundige Versprechungen ab, müssen sie auch akzeptieren, wenn das Erreichen der Ziele hinterfragt wird. Je früher sich Gründer:innen daran gewöhnen, dass die Medien sie konstruktiv, aber auch kritisch begleiten, desto besser.

Viele Start-ups kommunizieren relativ offen. Ist das naiv?
Susanne · Die meisten Start-ups nehme ich nicht als sehr offen wahr. Harte Zahlen und Fakten geben sie nur selten heraus. Sie müssen es meist ja auch nicht. Manchmal berichten Start-ups allerdings sehr frühzeitig über ihre nächsten Projekte, die sie dann nicht so schnell umsetzen können wie erhofft – beispielsweise, weil die bürokratischen Hürden höher sind als gedacht. Hier lässt sich oft beobachten, dass Start-ups im Laufe der Zeit zurückhaltender werden, solche unvollendeten Projekte schon öffentlich zu machen.

Presseleute fokussieren sich auf die positiven Seiten des Start-ups. Doch manchmal gibt es vielleicht auch unangenehme Themen zu berichten: Entlassungen, die Geschäftszahlen sind schlechter ausgefallen als erwartet, ein Markteintritt verzögert sich. Wie proaktiv sollten Start-ups hier kommunizieren?

Susanne · Auf längere Sicht zahlt sich Ehrlichkeit aus. Wer auch negative Punkte einräumt und Schwächen nicht ständig beschönigt, wird von Journalist:innen und auch von Leser:innen als glaubwürdiger wahrgenommen. Dass es bei Start-ups auch Rückschläge gibt, ist den meisten Menschen ohnehin bewusst. Dinge selbst zu kommunizieren und nicht darauf zu warten, bis sie ans Tageslicht kommen, hat den Vorteil, dass man Begründungen und Einordnungen liefern kann. Für besonders wichtig halte ich, dass Presseleute bei konkreten Anfragen zu unangenehmen Themen nicht lügen oder Journalist:innen auf die falsche Fährte locken.

Eine Journalistin interviewt ein Mitglied der Geschäftsführung. Das Gespräch ist freundlich, alle Fragen werden beantwortet. Kurze Zeit später erscheint der Beitrag, der unerwartet kritisch ausfällt. Was empfiehlst du den Kommunikationsverantwortlichen?

Susanne · Ein Unternehmen sollte grundsätzlich die Möglichkeit erhalten, zu Vorwürfen und Kritikpunkten im Vorfeld eines Artikels Stellung zu nehmen. Wird der Standpunkt der Geschäftsführung im Beitrag deutlich und von der Journalistin lediglich kritisch eingeordnet, sollte das Start-up dies aushalten können. Kommen in dem Text neue Vorwürfe vor, über die im Vorfeld nicht mit dem Unternehmen gesprochen wurde, ist das unfair. Wie die Kommunikationsverantwortlichen damit umgehen sollten, kommt stark auf den Einzelfall an. Wenn sich jemand von mir ungerecht behandelt fühlt, würde ich mir jedenfalls wünschen, dass die Person nochmals das Gespräch sucht, bevor sie andere Wege geht.

Eine Veranstaltung speziell für Journalist:innen organisieren und einen Blick hinter die Kulissen bieten – ist das eine gute Idee oder Zeitverschwendung? Haben Medienvertreter:innen für solche Besuche überhaupt Zeit?

Susanne · Im Tagesgeschäft ist es oft nicht einfach, sich Zeit für längere Außer-Haus-Termine zu nehmen. Dennoch kann es sinnvoll sein, ein Geschäftsmodell ausführlich vorgestellt zu bekommen. Gerade technologiegetriebene Start-ups nutzen in ihrer Kommunikation häufig Schlagworte wie beispielsweise künstliche Intelligenz. Für Außenstehende ist es oft schwer

5.5 Wirtschaftsjournalismus

zu beurteilen, was konkret dahintersteckt. Wenn ein Start-up bei einem persönlichen Besuch Anwendungsfälle vorstellt, kann dies hilfreich sein.

Wenn ein Start-up zu einem erfolgreichen Scale-up geworden ist, kommen die Anfragen der Journalist:innen automatisch. Ist dieser Eindruck korrekt? Und wie können es ganz junge Unternehmen schaffen, die rote Zahlen schreiben und noch keine beeindruckenden Kund:innen oder Wachstumszahlen vorweisen können?

Susanne · Viele Start-ups versuchen, vor allem Meldungen zu ihrem eigenen Unternehmen zu platzieren. Auch wenn manche Neuigkeiten wichtige Meilensteine in der Entwicklung des Start-ups sind, so sind sie nicht unbedingt für eine breite Leser:innenschaft relevant. Interessanter ist häufig, wenn eine junge Firma einen Themenvorschlag zu einem allgemeinen Branchentrend macht und erklärt, wie sie sich da positioniert.
Start-ups sollten zudem herausfinden, wer die geeignete Ansprechperson bei einem Medium ist, und versuchen, einen längerfristigen Kontakt aufzubauen. Geben sie hingegen das Gefühl, dass Gesprächsangebote und Pressemitteilungen an einen breiten Verteiler versendet werden, habe ich meist wenig Interesse daran.

Umgekehrt fragt man sich als Leser:in manchmal, wie es manche Randthemen so prominent in die Medien geschafft haben. Um ein Beispiel zu bringen: Zu Beginn der Coronapandemie, direkt im ersten Lockdown, landete ein Start-up recht erfolgreich in den Medien mit einer Analyse, die zeigte, dass Menschen weniger für Restaurants und Reisen und dafür mehr für Home-Entertainment und Essenslieferservices ausgeben. Hast du eine Erklärung?

Susanne · Ohne den Fall konkret zu kennen: Vielleicht war das die richtige Studie zur richtigen Zeit? Vielleicht waren die Ergebnisse damals noch nicht so selbstverständlich, wie sie heute klingen, oder es wurde ein gefühlter Trend zum ersten Mal mit einer quantitativen Analyse untermauert? Generell ist die Einschätzung, was ein Randthema ist und was nicht, sehr subjektiv. Man könnte auch argumentieren, dass ein Thema, das die Aufmerksamkeitsschwelle mehrerer Medien überspringt, per Definition kein Randthema mehr ist. Generell – und das gilt nicht nur für Start-ups – ist es häufig einfacher, Studien zu platzieren, wenn man diese einem Medium exklusiv anbietet und zunächst nicht über einen breiten Verteiler verschickt. Voraussetzung ist natürlich, dass die Studien nachrichtlich interessant genug sind.

Was, wenn Unternehmen bestimmte Fragen von Journalist:innen nicht beantworten möchte? Wie sollte ein:e Pressesprecher:in reagieren?

Susanne · Ist ein gewisses Vertrauen da, ist es hilfreich, wenn ein:e Pressesprecher:in im Hintergrund erklärt, warum das Unternehmens offiziell nichts sagen will, und die Informationen in den entsprechenden Kontext einordnet. Jedes Unternehmen hat das Recht zu schweigen, aber dann darf sich das Management auch nicht wundern, wenn sich die eigene Position nicht in den Artikeln wiederfindet.

Eine rote Linie, die Presseleute nie überschreiten sollten?

Susanne · Start-ups, die sich an Journalist:innen wenden, wünschen sich natürlich eine positive Berichterstattung. Wie oben erwähnt, sollten Presseleute aber nie lügen, auch wenn es um weniger schöne Themen geht. Eine rote Linie überschritten ist zudem, wenn allzu deutlich wird, dass der Pressebericht schlichtweg als günstigere Alternative zu einer Anzeigenschaltung herhalten soll. Ein Start-up, das neue Produkte auf den Markt bringen wollte, schrieb mir in diesem Jahr: „Wir würden uns aus PR-Zwecken gerne zum Start des dritten Quartals online wiederfinden. Denken Sie, das wäre möglich?" Statt aufzuzeigen, welche Inhalte für die Lesenden spannend sein könnten, hörte sich die Anfrage vor allem nach Produktwerbung an – was sie dann für mich uninteressant gemacht hat.

5.6 Start-up-Geschichten zwischen New Work und New Economy

Andreas Weck
Ressortleiter beim t3n-Magazin |
Ex-Silicon-Valley-Reporter in San Francisco

Schaffst du es, all deine E-Mails am Tag zu lesen?

Andreas · Ich lese täglich E-Mails. Der Großteil davon sind Pressemitteilungen, die ich jedoch nur beantworte, sobald ein Thema interessant ist, oder wenn Wert auf eine Rückmeldung, manchmal auch ausgedrückt in einer Nachfrage der PR-Fachkraft, gelegt wird. Ich versuche dann höflich abzusagen. Mir geht es allerdings wie den meisten Journalist:innen: Wir bekommen viel zu viele E-Mails und viel zu viele Pressemitteilungen. 90 % der Pressemitteilungen, die ich bekomme, haben keinen Nachrichtenwert. Ich rate PR-Fachkräften immer dazu, selbst zu überlegen, ob sie die eigene Headline in der Pressemitteilung in einem Medium lesen oder doch eher daran vorbeisehen würden. Ich wette, durch diese Brille betrachtet, fliegt jede zweite Pressemitteilung raus und würde wohl durch einen anderen Pitch ausgetauscht.

Informationslastig oder sehr kurz, in Stichpunkten oder ausformuliert, als Themenangebot oder schon mit Fotos, Grafiken und Daten angereichert – was empfiehlst du Presseleuten, die ein Thema oder eine Geschichte „platzieren" wollen?

Andreas · Auf das Thema blickt jede:r anders. Da ich selten eine gute Geschichte über Pressemitteilungen bekomme, und somit eher weniger als viel Zeit in das Lesen der E-Mail investieren möchte, rate ich immer zu kurzen Themenangeboten: Was ist das Thema? Wer hat dazu was zu sagen? Warum ist das wichtig? Jede Antwort sollte in drei Sätzen überzeugen können. Tut sie das nicht, haben wir wohl tendenziell eine der 90 % an E-Mails, die keinen echten Nachrichtengehalt haben. Denn dann braucht es wahrscheinlich mehr Kontext, um überhaupt klarzumachen, was die Kontaktaufnahme soll. Ich vergleiche das gerne mit einem Elevator-Pitch gegenüber Investor:innen. Du hast zwei Minuten Zeit: Worum geht es? Und warum verdienst du meine Aufmerksamkeit? Wenn du es nach zwei Minuten im Aufzug nicht geschafft hast, Investor:innen darauf eine befriedigende Antwort zu geben, hast du deine Chance womöglich verpasst.

Nach welchen Kriterien wählst du aus, worüber du berichtest?
Andreas · In erster Linie geht es um Exklusivität und Nachrichtenwert. Ein Interview beispielsweise mit einer Gründerin oder einem Gründer möchte ich nicht 20-fach parallel auf anderen Medien lesen. Die Zeit ist für mich schlecht investiert und ich kann sie stattdessen nutzen, um mir ein eigenes Thema und eine:n eigene:n Gesprächspartner:in zu suchen und in diese Richtung eine Interviewanfrage rauszuschicken. Anders ist das natürlich mit Verkündungen. Wenn ein Unternehmen über das aktuelle Quartal berichtet, ist es nur logisch, dass die Pressemitteilung breit veröffentlicht wird. Hier geht es aber um Facts und nicht um persönliche Einblicke einer wichtigen Person. Diese Angebote nehme ich gerne zur Verifizierung von Informationen an.

Einige Journalist:innen arbeiten zunehmend investigativ und befragen beispielsweise ehemalige Mitarbeiter:innen. Ist das gängige Praxis, oder die Suche nach dem Aufmerksamkeit erregenden Skandal?
Andreas · Das kommt natürlich immer stark auf die dahinter liegende Geschichte an. Wenn ein Unternehmen sich in den Medien ständig als bester Arbeitgeber positioniert, lohnt es sich auch mal nachzuhaken was Ehemalige dazu zu sagen haben. Wenn Arbeitnehmende reihenweise das Unternehmen verlassen, dann lohnt es sich auch hier, genau nachzuhaken, warum. In diesen Fällen würde ich meinen: Ja, das ist gängige Praxis unter vielen Journalist:innen, auch ehemalige Mitarbeitende zu kontaktieren. Wer allerdings kontextlos nach Menschen sucht, die was Schlechtes zu sagen haben, ist wohl eher auf der Suche nach einem Skandal. Investigativrecherchen sind immer aufwendig und man wägt natürlich ab, ob die Geschichte sich lohnt oder ob sie eigentlich kaum Nachrichtenwert besitzt.

5.6 Start-up-Geschichten zwischen New Work und New Economy

Gute und möglichst objektive Berichterstattung sollte frei von wirtschaftlichen Interessen sein. Gleichzeitig müssen sich die Medien über Anzeigen mitfinanzieren. Beeinflusst das deine Arbeit?

Andreas · Natürlich wird die Arbeit auch davon in gewisser Weise beeinflusst. Wir wollen Nachrichten und Geschichten veröffentlichen, die auf Interesse bei Leser:innen stoßen. Ein hohes Interesse heißt immer auch eine hohe Reichweite in dem Moment. Und eine hohe Reichweite ist gut für das Geschäft. Da greift eins ins andere. Allerdings, und das möchte ich betonen, steht kein:e Journalist:in morgens auf und fragt sich, welches Thema bringt uns am meisten Geld? Denn das wissen wir gar nicht, da Redaktion und Vertrieb voneinander getrennt sind. Wir fragen uns viel mehr, welches Thema interessiert die Leute? Oder welches Thema, das interessiert, lässt sich noch weiterdrehen? Beispielsweise durch ein Interview mit einer Expertin oder einem Experten. Dass ein Vertrieb mich dazu auffordert, eine bestimmte Geschichte zu schreiben, ist noch nicht vorgekommen und würde ich so auch nicht machen. Ich denke, das deckt sich mit dem Verhalten anderer Kolleg:innen.

Start-ups tendieren zu Übertreibung – meistens, weil sie sich schlicht überschätzen, seltener bewusst. Nimmst du Superlative überhaupt noch ernst?

Andreas · Ein Superlativ hat zumindest erst einmal meine Aufmerksamkeit. Allerdings kann die auch immer wieder enttäuscht werden und das ist dann kontraproduktiv für die PR. In meinen zehn Jahren als Journalist kann ich in den meisten Fällen abschätzen, ob es sich um eine Übertreibung handelt oder nicht. Ich bin aber auch schon auf Superlative reingefallen und habe später gemerkt, dass ich diesen Leuten, die mir die Geschichte gepitcht haben, noch kritischer gegenüberstehen muss. In dem Falle haben es die Personen dann wirklich sehr schwer, nochmal eine Geschichte an mich heranzutragen. Das Vertrauen ist hin und die Tür dann meistens zu.

Im Journalismus kennen wir das Phänomen unsererseits auch als Clickbait. Wenn ich meinen Leser:innen eine heftige Überschrift präsentiere, die bei genauerer Betrachtung dem Inhalt nicht standhält, fühlen sich die Menschen zu Recht um ihre Zeit und Aufmerksamkeit betrogen und klicken beispielsweise tendenziell kein zweites Mal auf meinen Online-

Artikel. Auch hier ist das Vertrauen dann hin. Das kann für niemanden befriedigend sein. Für die Leser:innen nicht, für die Journalist:innen nicht und auf PR-Seite natürlich auch nicht. Ein Superlativ muss halten, was er verspricht.

Ein Start-up hat es mit der Wahrheit nicht ganz so genau genommen und bei Umsatz- und Kund:innenzahlen etwas zu großzügig aufgerundet. Siehst du darüber hinweg, oder fühlst du dich jetzt herausgefordert?

Andreas · Über geschönte Zahlen würde ich nicht hinwegsehen. Das hat mit der Wahrheit nichts zu tun und der sind wir weitestgehend verpflichtet. Zahlen lassen sich überprüfen und sie lügen nicht. In dem Fall liegt die Wahrheit also nicht wie bei Meinungen irgendwo dazwischen. Sie sind wahr oder unwahr. Und wenn jemand eine Unwahrheit an mich heranträgt, dann ist das Vertrauen hin und wir arbeiten sicherlich nicht mehr zusammen. Ich persönlich würde auch mit Sicherheit dieses Verhalten zum Thema in einem Artikel machen und den Betrug aufdecken.

Welche Tipps würdest du PRler:innen geben, damit es für beide Seiten eine gute Zusammenarbeit ist? Und welche negativen Erfahrungen hast du vielleicht schon gemacht?

Andreas · Ich würde ganz klar dazu raten, Journalist:innen nicht auszutricksen. Unsere Berufsgruppe ist da wie Richter:innen und Recruiter:innen sehr sensibel. Vertrauen ist im Leben für gute Beziehungen immer das A und O. Mir wurden schon einige Geschichten beispielsweise als exklusives Themenangebot herangetragen, die ich nach einem kurzen Telefonat mit einer anderen Redaktion als überhaupt nicht exklusiv enttarnt habe. Die Geschichte wurde eins zu eins schon vor Tagen bei einem anderen Medium gepitcht, das das Thema allerdings abgelehnt hat. Wir waren dann quasi die nächsten in der Reihe. Dann lieber einfach sagen, dass man ein Thema hat und auch mit anderen Redaktionen in Kontakt steht, anstatt zu lügen, dass man unbedingt mit mir zusammenarbeiten will.

Vielleicht eine indiskrete Frage: Haben Presseleute schon mal versucht, dich zu bestechen? Oder anderweitig zu manipulieren?

Andreas · Nein. Bestechung ist mir noch nicht passiert. Manipulation in Form von vorgegaukelter Exklusivität ist gang und gäbe und erlebe ich regelmäßig.

5.7 Start-up Geschichten

Sarah Heuberger
Editor bei Gründerszene

Du schreibst für Gründerszene, dem wohl wichtigsten Medium für Start-ups in Deutschland. Wie sieht dein Tag aus?
Sarah · Wahrscheinlich wie in vielen anderen Medienhäusern auch: Ich scanne die wichtigsten Medien für unsere Berichterstattung. Dann schalte ich mich kurz mit meinen Kolleg:innen aus der Gründerszene-Redaktion zusammen, wir besprechen, an welchen Stücken wir gerade arbeiten, und verteilen tagesaktuelle Nachrichten, die schnell auf die Seite müssen. Zum Beispiel, wenn über Nacht die Fusion zweier bekannter Start-ups bekannt gegeben wurde oder es eine große Finanzierungsrunde gab. Danach beantworte ich E-Mails, recherchiere, führe Interviews oder Hintergrundgespräche, schreibe, redigiere oder baue Texte.

Gründerszene wurde jüngst mit Business Insider (BI) zusammengelegt. Welchen Einfluss hat das auf eure Arbeit?
Sarah · In der tatsächlichen, redaktionellen Arbeit hat sich wenig geändert. Die beiden Magazine und Redaktionen bleiben unabhängig voneinander bestehen, die Verlage hingegen wurden zusammengelegt. Ich arbeite weiter vor allem für Gründerszene, manchmal setzen wir aber auch gemeinsame Recherchen mit dem BI-Team um. Ich finde es schön, dass es jetzt gerade mit dem BI-Wirtschaftsressort einen engeren Austausch gibt. Wird etwa ein Food-Start-up von einem großen Konzern übernommen, sprechen wir uns ab, ob das Thema eher bei BI oder bei uns liegt. Außerdem sind wir durch die Zusammenlegung gefühlt näher an den Konzern herangerückt. Räumlich ist das tatsächlich so: Wir sind zwar schon seit 2014 Teil von Axel Springer, saßen aber bisher in unserem eigenen Büro in Berlin-Mitte. Seit ein paar Monaten sind wir nun mit dem BI-Team in ein gemeinsames Büro im Axel-Springer-Hochhaus gezogen. Das hat einerseits viele Vorteile, gerade

was die Ressourcen angeht. Andererseits fühlt es sich jetzt weniger nach Start-up an als zuvor.

Wie viele Pitches bekommst du jeden Tag? Was macht für dich einen guten Pitch aus?

Sarah · Ich bekomme circa 30 bis 40 Pressemitteilungen pro Tag, persönlich auf mich zugeschnitten sind dabei vielleicht so fünf bis zehn. Die meisten überfliege ich nur kurz, weil ich nicht den ganzen Tag mit E-Mail-Lesen verbringen möchte. Oft hilft mir schon der Blick auf den Absender oder die Absenderin: Kenne ich die Person und habe bereits in der Vergangenheit gute Vorschläge von ihr bekommen? Außerdem merke ich schnell, ob sich die Person mit mir und meiner Arbeit beschäftigt hat oder einfach nur gecopy-pastet hat.

Wie merkst du das?

Sarah · „Wie ich sehe, haben Sie sich in der Vergangenheit mit Start-ups beschäftigt", ist mir zu unkonkret. Besser ist ein Bezug auf einen konkreten Artikel von mir, der sich mit einem ähnlichen Thema beschäftigt. Das funktioniert aber auch nicht immer. Nehmen wir an, dass ich gerade ein Bienenwachstuch-Start-up vorgestellt habe, dann möchte ich in näherer Zukunft erstmal keine Firma mehr präsentieren, die ebenfalls Bienenwachsprodukte produziert.

Lagst du bei deiner Einschätzung einer Geschichte auch schon mal komplett daneben? Also eine Geschichte, die du abgelehnt hast und die dann in einem anderen Medium groß rauskam? Oder eine Geschichte, die du groß aufgezogen hast, und es stellte sich als totaler Flop heraus?

Sarah · Bei Start-ups gibt es ja ständig Unwägbarkeiten. Springt auf einmal ein wichtiger Kunde oder eine wichtige Kundin, ein:e Investor:in oder ein:e Partner:in ab, kann es von einem auf den anderen Tag vorbei sein. Deshalb kommt es natürlich vor, dass wir ein Start-up porträtieren, und dann geht die Firma ein paar Monate später pleite. Das werte ich aber nicht als Misserfolg unserer Berichterstattung, solange wir ausgewogen bleiben.

Im besten Fall sind wir in jeder Phase eines Start-ups dicht dran. Am Anfang, bevor es die meisten in der Szene kennen, auf den Höhepunkten seines Erfolges und, falls es doch nicht klappt mit dem Durchbruch, in einem ehrlichen Gespräch darüber, was schief gelaufen ist. Gerade in der Start-up-Welt, wo sich alle so gern für ihre Erfolge feiern, finde ich es besonders wichtig, ehrlich auch über die Misserfolge zu sprechen – nicht als Glorifizierung des Scheiterns, sondern um zu zeigen, dass das eben auch ein Teil des Unternehmertums ist. Wir haben dafür sogar ein eigenes Format namens „Schöner Scheitern".

Wenn wir uns ein Start-up anschauen, gelten bei uns außerdem andere Kriterien als zum Beispiel bei Investor:innen. Bei uns zählt nicht nur der wirtschaftliche Erfolg, sondern auch Faktoren wie etwa: Ist die Person hinter dem Start-up bekannt? Wie einfach oder kompliziert ist das Geschäftsmodell? Kann eine breite Leserschaft etwas mit dem Thema anfangen? Gibt es ein größeres Thema, das man am Beispiel dieses Start-ups erzählen kann? Zum Beispiel ein Start-up, das virtuelle Mitarbeiter:innenbeteiligungen für seine Teammitglieder eingeführt hat und anhand von dessen Beispiel man die Herausforderungen für diese Beteiligungsprogramme erzählen kann. Und dann gibt es noch den Skurrilitätsfaktor: Vor kurzem haben wir etwa ein Start-up porträtiert, das Luxus-Jagdstände herstellt. Natürlich ist das eine Nische und ob sich dieses Geschäftsmodell skalieren lässt, ist auch unklar. Aber es ist eine super Geschichte.

Was nervt dich an Presseleuten am meisten?

Sarah · Wenn Zitate komplett umgeschrieben werden, sodass sie nichts mehr mit dem ursprünglichen Gespräch zu tun haben. Wenn etwas versprochen wird, was dann doch nicht eingehalten werden kann. Ein Beispiel: Ich bekomme ein Interview mit der Gründerin eines US-Start-ups angeboten. Sage ich zu, soll ich dann auf einmal den Marketingchef für Deutschland interviewen. Oder wenn mir jemand etwas pitcht, von dem die Person eigentlich weiß, dass es nicht passt. Zum Beispiel, weil es thematisch überhaupt nichts für Gründerszene ist oder weil die Geschichte eigentlich nur ein Meilenstein für das eigene Unternehmen ist (50.000 verkaufte Geräte, 1.000 Mitarbeitende, zwei neue Büros eröffnet).

Dein Wunsch an Kommunikationsverantwortliche in Start-ups?

Sarah · Wir supporten niemanden, wir pushen auch niemanden. Wir berichten kritisch und wir analysieren. Leider vergessen das manche

Gründer:innen manchmal. Wie der Eklat um den Start-up-Beirat vor einiger Zeit gezeigt hat, herrscht mitunter ein etwas seltsames Medienverständnis bei Unternehmern. Natürlich nicht bei allen, aber immer öfter werden wir mit einer Einstellung konfrontiert, die besagt: Berichterstattung ist super, aber nur, solange es Hofberichterstattung ist. Ich sehe es daher auch als Aufgabe der:s jeweiligen PR-Verantwortlichen, bei ihren Chef:innen für ein realistischeres Bild zu sorgen.

Die Aufgabe von Pressevertreter:innen ist es, ganz im Sinne ihres Unternehmens zu kommunizieren. Mitunter werden auch mal weniger schöne Aspekte unter den Teppich gekehrt oder die Aufmerksamkeit gezielt weg von Defiziten gelenkt. Was ist noch erlaubt, und wo ist für dich eine Grenze erreicht?

Sarah · Wenn ich angelogen werde. Natürlich möchten alle im Sinne ihrer Arbeit- beziehungsweise Auftraggeber:innen kommunizieren. Aber nehmen wir mal an, ich habe von Quellen gehört, dass ein Mitgründer sein Start-up verlassen hat, ich konfrontiere das Unternehmen damit und die Firma streitet dies vehement ab. Kommt dann zwei Tage später raus, dass der Gründer doch schon längst weg ist, fühle ich mich hinters Licht geführt. So etwas ist mir zum Glück bislang nur selten passiert.

Ein Start-up, das aus deiner Sicht in puncto PR bislang alles richtig gemacht hat?

Sarah · Ein Start-up hat dann alles richtig gemacht, wenn es eine zugängliche Pressevertretung hat, mit der man offen sprechen kann.

Stell dir vor, du wärst selbst Pressesprecherin bei einem Start-up. Die Erwartungen des Vorstands sind hoch, die Ergebnisse bislang bescheiden: Es steht weder eine Finanzierungsrunde noch eine Expansion an, du hast kein neues Produkt, keine Partnerschaften zu vermelden, noch nicht einmal besonders beeindruckende Geschäftszahlen ... Was würdest du tun, um in die Gründerszene zu kommen?

Sarah · Verfolgt die aktuelle Berichterstattung genau. Hin und wieder gibt es bei uns Themenschwerpunkte. Erkennt man die und bietet ein passendes Thema an, stehen die Chancen ganz gut, gefeatured zu werden. Gibt es gerade keine Finanzierungsrunde zu verkünden, kann man es immer mit einem Gastbeitrag der Gründerin oder des Gründers versuchen. Dabei gilt: je persönlicher, desto besser. Auf keinen Fall irgendetwas werbliches zu dem eigenen Start-up, damit disqualifiziert sich der Gastbeitrag sofort. Ich würde außerdem versuchen, einen persönlichen Kontakt aufzubauen. Denn kenne ich Pressesprecher:innen bereits, kann man sogar gemeinsam auf einem Thema drauf rumdenken. Es gibt aber einen schmalen Grat zwischen nett, penetrant und nervig.

Sind Start-ups noch nicht so groß, kann es meiner Meinung nach sinnvoll sein, die Gründer:innen selbst miteinzubeziehen in die Pressearbeit. Es macht einfach einen Unterschied, ob die persönliche E-Mail vom Gründer selbst kommt oder von einer Agentur.

5.8 Lifestyle-Journalismus

Friederike Trudzinski
Ressortleiterin Text bei Grazia und Jolie

Du bist Ressortleiterin Text bei Grazia und Jolie. Was genau machst du als Ressortleiterin? Und wie ist die Redaktion aufgestellt?

Friederike · Für Grazia arbeite ich mit fünf festangestellten Redakteur:innen zusammen, eine davon ist zugleich meine Stellvertreterin. Oft haben wir zusätzlich noch Praktikant:innen, die uns für drei oder sechs Monate unterstützen. Mit freien Redakteur:innen arbeiten wir so gut wie gar nicht mehr. Die Produktion des Wochenmagazins Grazia bestimmt unseren Redaktionsalltag: Als Ressortleiterin treffe ich mich täglich mit der Chefredaktion und Kolleg:innen aus der Fotoredaktion, um aktuelle Bilder zu sichten – vor allem von Prominenten. Teilweise inspirieren uns diese Fotos dann zu Themen, beispielsweise zu Modetrends (Was gerade Promis tragen), zu Skandalen oder Liebesgeschichten.

Noch wichtiger ist aber die tägliche Recherche meiner Kolleg:innen. Sie versorgen mich vor der Konferenz mit Neuigkeiten, möglichen Themenideen, Interviewangeboten, neuen Informationen ihrer jeweiligen Expert:innen, Insider:innen und, klar, auch von Presseleuten. Was davon realisiert wird, bespreche ich mit der Chefredaktion, bevor ich mich mit meinem Team zusammensetze (coronabedingt meist digital) und wir die Aufgaben verteilen. Teilweise kommen wir dabei auch schon auf mögliche Jolie-Themen, ansonsten besprechen wir uns für das Monatsmagazin in losen Abständen, etwa einmal pro Woche.

Wie definierst du Lifestyle-Journalismus? Was unterscheidet Lifestyle-Journalismus von anderen Arten des Journalismus, etwa Nachrichtenjournalismus oder Boulevardjournalismus?

Friederike · Grazia und Jolie sind Lifestylemarken, die für bestimmte Werte und eine bestimmte Ästhetik stehen. Wir laden ein, sich in einer Grazia- beziehungsweise Jolie-Welt aufzuhalten. Zu dieser Welt gehört die Auseinandersetzung mit Gesellschaftsfragen genauso wie das neue paar Schuhe oder das Reiseziel, das sich mit dem eigenen Luxusanspruch und Umweltbewusstsein vereinbaren lässt. Natürlich liefern wir auch gut recherchierte Informationen (wie Nachrichtenjournalist:innen) und emotionale Geschichten (wie Boulevardjournalist:innen) – aber im Zentrum steht eher der Feelgood-Charakter, die Unterhaltung und eben dieses Gefühl, einen Rundum-Lifestyle zu kaufen.

Abgesehen von den inhaltlichen Unterschieden, welche organisatorischen Unterschiede gibt es (beispielsweise andere Produktionszyklen, längere Vorlaufzeiten ...)?

Friederike · Lifestyle-Journalismus ist stark durch jahreszeitliche Trends in der Mode, aber auch bei Kosmetik, Reise und Food definiert. Oft schaffen wir bewusst Umfelder für (potenzielle) Anzeigenkund:innen. Das kann man – anders als Newsgeschichten oder aktuelle Microtrends – recht gut vorausplanen. Was die Produktionszyklen betrifft, arbeiten wir im Vergleich mit ähnlichen Heften, allerdings ungewöhnlich kurzfristig. Die Grazia geht am Montag in Druck, am Donnerstag erscheint sie. Und teilweise werfen wir aufgrund der Nachrichtenlage Themen noch am Montag über den Haufen, einige besonders aktuelle Rubriken werden sogar regelmäßig erst am Montag gelayoutet. Im Lifestyle-Bereich haben wir etwas längere Vorläufe. Aber auch da grätscht uns dann immer wieder ein aktuelles Thema rein, für das wir plötzlich Seiten abgeben müssen oder das sich mit

5.8 Lifestyle-Journalismus

dem vorab geplanten doppelt oder beißt. Bei Jolie beginnen wir gut zwei Wochen vor dem Erscheinungstermin mit einem Heft. Bei beiden Heften ist der Anzeigenschluss sehr knapp gesetzt. Wegen kurzfristig geschalteter Anzeigen ändern wir teilweise auch noch im Endspurt den Umfang von Geschichten oder die Themenmischung.

Lifestyle-Journalismus ist noch sehr printlastig. Welche Rolle spielen Online-Inhalte bei euch?

Friederike · Mein Eindruck ist, dass ein Print-Magazin zu kaufen, immer noch den Charakter von Sich-Etwas-Gönnen hat – während man Online-Inhalte eher nebenbei konsumiert. Das Lesegefühl ist ein anderes. Tolle Fotos wirken in Print auch viel besser als auf dem Smartphone, auf dem man dafür Kaufimpulsen schneller nachgehen kann. Mit Grazia und Jolie versuchen wir die Grenzen allerdings immer weiter aufzulösen. So kann man Print-Texte aus dem Heft online im Audio hören, wir verlinken im Heft Online-Inhalte und nutzen teilweise Online-Umfragen für Print-Texte. Doch wir stoßen immer wieder an Grenzen. Einerseits, weil wir in voneinander getrennten Redaktionen arbeiten, andererseits, weil sich die Zielgruppen derselben Hefte online und im Print teilweise stark unterscheiden.

Wie kommt ihr an eure Geschichten? Welche Rolle spielen Presseleute dabei?

Friederike · Im People-Bereich sind die Geschichten meist durch Nachrichten getrieben. Presseleute spielen da eine weniger wichtige Rolle. Und wenn, dann vor allem, weil sie den Kontakt zu einer (prominenten) Person herstellen, etwa über ein Interview oder die Einladung zu einer Veranstaltung. Wenn es um klassische Lifestyle-Themen geht, lesen wir extrem viele Pressemitteilungen (auch wenn wir aus Zeitmangel nur die wenigsten beantworten können), konsumieren andere, vor allem auch ausländische Lifestyle-Magazine, Bücher und Online-Medien. So können wir Trends ermitteln, Themen bündeln und mit konkreten Anliegen auf Presseleute zugehen. Eine bereits bestehende persönliche Beziehung hilft dabei natürlich sehr. Deswegen versuchen wir trotz geringer Besetzung und hohem Workload, Pressegespräche – wenn möglich – wahrzunehmen. Denn teilweise kommt man im Gespräch eben doch auf ganz andere Themenideen.

Was macht deiner Meinung nach eine gute PR-Geschichte aus? Erinnerst du dich an ein positives Beispiel aus der Vergangenheit, bei dem ein Unternehmen alles richtig gemacht hat?

Friederike · Ich freue mich, wenn PR-Leute als Expert:innen fungieren und Trends in ihrem Spezialgebiet erkennen und als Themen anbieten – auch wenn ihre jeweiligen Produkte nicht im Mittelpunkt der Berichterstattung stehen. So haben wir in Bezug auf Dating- oder Sexgeschichten gut mit Onlinedating- oder Sex-Education-Anbietern zusammengearbeitet. Ich bin beeindruckt, wenn mir Presseleute auch bei kurzfristigen Anfragen Interviewgäste aus ihren Unternehmen vermitteln können. Und ich finde es grundsätzlich angenehm, wenn Presseleute offen sind und sich auch auf Ideen einlassen, die sie noch nicht selbst auf ihrer Das-ginge-Liste stehen hatten. Während wir nämlich einen extrem hohen Druck auf Lifestyle-Seiten haben (täglich tausende neue Produkte, von denen man nur einen Bruchteil unterbringen kann), ist die Chance, zusammen eine spannende Businessgeschichte zu erzählen, oft viel größer. Ich erinnere mich gerne an einen Pressetermin mit einem Start-up, bei dem wir mit der Pressefrau und der Gründerin auf die Idee kamen, eine Job-Geschichte über Weinen vor Angestellten zu machen. So etwas empfinde ich als Glücksfall.

Und was bringt dich bei Pressevertreter:innen auf die Palme? Absolute Fehltritte?

Friederike · Ich mag es, wenn Presseleute sich nicht nur per E-Mail, sondern auch telefonisch melden. Allerdings bin ich am Telefon sehr ungeduldig – besonders, wenn mir minutenlang ganze E-Mail-Inhalte heruntergerattert werden, bevor der eigentliche Punkt kommt. Ich bin auch immer verwundert, wenn in Unternehmens- oder Expert:innen-texte ganze Sätze hineingeschrieben wurden, um noch ein bisschen Produktwerbung unterzubringen – oft in vollkommener Missachtung von Zeichenzahl und Umfang. Grundsätzlich stört es mich, wenn PR und Werbung verwechselt werden und nach jeder Interaktion mit Presseleuten auch eine möglichst unkritische Berichterstattung erwartet wird.

Mal ganz konkret: Was muss ich machen, damit mein Unternehmen in Grazia oder Jolie kommt? Wie finde ich die richtige Ansprechperson? Was mache ich, wenn sich auf meinen Kontaktversuch niemand meldet? Ab wann bist du genervt?

Friederike · Eine auf den Punkt formulierte E-Mail an mich als Ressortleiterin oder die für die entsprechenden Bereiche zuständigen Redakteur:innen ist ein guter Anfang. Um die jeweilige Person auszumachen, muss man natürlich auch mal ein oder zwei Hefte durchgeblättert haben. Ich weiß nicht, ob es übertrieben ist, das zu erwarten, aber ich denke, es hilft sehr, wenn die Presseperson das Heft kennt – und den Turnus, in dem es erscheint. So bekomme ich etwa immer wieder Themenideen für Jolie, die mit der Vorlaufzeit eines Monatsmagazins gar nicht mehr realisierbar wären. Im November helfen mir Weihnachtsthemen etwa nicht mehr. Im Zweifel reicht eine gute Themenidee oder ein spannendes Produkt, um unsere Aufmerksamkeit zu wecken. Es kann aber nicht schaden, noch einmal per E-Mail oder Anruf nachzuhaken. Und wenn sich ein persönliches Treffen einrichten lässt: umso besser.

5.9 Podcasts als Medium

Joël Kaczmarek
Gründer & Geschäftsführer bei digital kompakt

Wie viele Anfragen von Gründer:innen oder Presseleuten bekommst du am Tag?

Joël · Vermutlich so zehn bis zwanzig Pressemitteilungen pro Tag und zwei bis drei Anfragen, ob ich jemanden als Gast für unseren Podcast in Erwägung ziehe. Dies variiert aber sicher auch, Montag ist zum Beispiel so ein Tag, an dem jeder Pressemitteilungen verschickt, von daher würde ich als PR-Mensch diesen Tag schon mal meiden.

Wie sieht die Betreffzeile einer E-Mail aus, damit du sie öffnest?

Joël · Es muss einen Relevanz-Faktor geben, also entweder ein spannendes Unternehmen, das darin erwähnt wird, eine relevante Neuigkeit, sprich eine potente Finanzierung oder ein besonderes Vorkommnis. Manchmal ist es auch einfach eine sympathische und persönliche Verpackung. E-Mails, die den Eindruck machen, dass sie an mich persönlich adressiert sind und nicht an einen großen Verteiler, erhöhen bei mir auch immer den Druck zu antworten – auch wenn es in 85 % der Fälle eine Absage ist.

Und wie sieht der erste Satz der E-Mail aus, damit du weiterliest?

Joël · Der erste Satz ist nicht so relevant und ich würde auch weg von der perfekten Betreffzeile kommen. Es geht darum, dass ich schnell verstehe, worum es thematisch geht und was die Person sich von mir wünscht. Da wir unsere Themen ohnehin praktisch ausschließlich selbst wählen, ist die Chance, per E-Mail Gehör zu finden, ohnehin gering. Aber wenn mir dann noch jemand eine E-Mail mit einer Länge von über einer DINA-A4-Seite schickt, darin vier Links zu Videos platziert und mir fünf Fragen stellt, kostet dies einfach nur Zeit, die ich ohnehin nicht erübrigen möchte. Das klingt vielleicht etwas arrogant, aber am Ende des Tages ist Zeit die wichtigste Ressource aller Menschen und deshalb versuche ich, sie sehr wertvoll zu behandeln.

Und was muss gegeben sein, damit du überzeugt bist? Wie kommt man in deinen Podcast?
Joël · Relevanz, Relevanz, Relevanz. Entweder muss das Unternehmen oder die Person bekannt sein und damit viele Menschen interessieren oder der Themenwinkel ist sehr gut, weil besonders. Und dann gibt es noch eine gewisse Tagesaktualität, also womöglich haben wir manchmal Themen, die uns schwerpunktartig gerade besonders beschäftigen.

Was wiegt beim Podcast schwerer: eine charismatische Person oder eine innovative Geschichte? Oder kann man das überhaupt nicht voneinander trennen?
Joël · Vermutlich zweites. 50 % werden von der Tonqualität ausgemacht und die anderen 50 % von der Moderationsfähigkeit der Macher:innen und den Storytelling-Fähigkeiten des Gastes. Ein:e schlechte:r Gastgeber:in kann auch den besten Gast weniger interessant erscheinen lassen.

Gründer:innen von Einhörnern, also mit mehr als einer Milliarde Bewertung, sind in den Medien in der Regel sehr viel präsenter und sind gern gesehene Gäste auf Konferenzen, in Podcasts oder sogar im Fernsehen. Was empfiehlst du Start-ups in einem früheren Stadium? Ist es für PR noch zu früh?

Joël · Sich auf Networking und Storytelling zu konzentrieren. Ein „warmes Intro" zu Medienmacher:innen ist in solchen Fällen oft die einzige Chance auf Berücksichtigung und dann muss die eigene Geschichte sitzen. Es gilt zu verstehen, welche der eigenen Themen interessant sind und welche nicht. Oft überschätzen Gründer:innen auch ihre eigene Geschichte kolossal, deshalb könnte ein PR-Workshop zum Verständnis des eigenen Storytellings hier schon viel bewegen.

Was nervt dich in der Zusammenarbeit mit Presseleuten am meisten?

Joël · Wenn sie ein Nein nicht akzeptieren wollen und/oder nach weiteren Treffern suchen. Es ist ja irgendwie schon zum Standard geworden, dass nicht nur eine Pressemitteilung versendet wird, sondern auch noch eine Nachfass-E-Mail und wenn dann im Falle einer Absage noch weitere Verkaufsversuche erfolgen, finde ich das doch oft ermüdend.

Am wenigsten mag ich persönlich, mit Anrufen behelligt zu werden, weil dies doppelt übergriffig ist: Mir wird nicht nur etwas in mein Wahrnehmungsfeld geschoben, was ich nicht ausgesucht habe, sondern mir wird auch noch der Zeitpunkt und die Länge der Auseinandersetzung diktiert. So etwas moderiere ich sehr schnell und deutlich ab.

Wenn du an Interviews mit Gründer:innen zurückdenkst, gibt es ein persönliches Highlight?

Joël · Toll ist natürlich, wenn du Interviews hast, wo eine ambitionierte Person ein Gründungsvorhaben gestartet hat, und dann zeigt sich mit der Zeit, dass es ein echter Erfolg wird. Zum Beispiel erinnere ich mich noch gut, wie ich Ijad Madisch von ResearchGate auf einer Bürocouch interviewt habe und mittlerweile vernetzt das Unternehmen Wissenschaftler:innen auf der ganzen Welt.

Und dann gibt es Interviews, wo du auch mal total daneben liegst. Ich erinnere mich zum Beispiel noch an mein Gespräch mit der Wander-App Komoot, wo ich hinterher dachte, was das für ein Quatsch sei und dass das doch niemand brauche. Inzwischen ist die App ein Kassenhit im App Store und ich amüsiere mich über mich selbst, das unterschätzt zu haben.

Am spaßigsten waren aber die Interviews, bei denen wir die Drehs besonders gemacht haben. Ich erinnere mich zum Beispiel noch gut an unseren Besuch bei Fahrrad.de, wo ich meine Anmoderation auf einem drei Meter hohen Kartonstapel gemacht habe, auf den ich mit einem Gabelstapler gehoben worden war, oder wie ich mit einem Versandkarton durch die Verpackungsstationen gefahren bin. Lustig war auch, als ich Oliver Samwer überraschend seinen Preis als Gründer des Jahrzehnts übergeben habe. Er wusste von nichts und erklärte bei Rocket gerade jemandem eine Strategie und wischte schnell seine Informationen weg, als wir mit der Kamera hereinkamen. Ein kurzes Palaver und fünf Minuten später waren wir wieder draußen.

5.10 TV-Geschichten

Janna Linke
Journalistin bei ntv

Du sagst selbst von dir, dass du auf der Suche nach spannenden Start-ups und Gründer:innen bist. Was zeichnet spannende Start-ups und Gründer:innen aus?
Janna · ① Sie sind authentisch und innovativ. ② Sie wissen: Storytelling is King. ③ Sie kennen ihr Warum. ④ Ihr Produkt oder ihre Dienstleistung hat einen tatsächlichen Mehrwert für die Gesellschaft.

Dein Schwerpunkt war schon immer TV. Inwiefern unterscheidet sich das Fernsehen von Print-Journalismus?
Janna · Beim Fernsehen steht das Visuelle im Fokus. Besonders dankbar sind in diesem Zusammenhang Produkte oder Dienstleistungen, die man gut zeigen und demonstrieren kann. Das ist bei der ein oder anderen neuen App doch eher schwierig. Heißt: Wir können über deutlich weniger Start-

ups berichten als beispielsweise Print-Medien. Nicht jede Start-up-Idee ist fernsehtauglich. Die, die es aber sind, profitieren umso mehr von der visuellen und emotionalen Erzählweise, die Fernsehen bietet.

Suchst du dir die Geschichten selbst aus, oder hast du ein Produktionsteam, dass das im Hintergrund übernimmt?
Janna · Das geschieht tatsächlich 50/50. Mich erreichen zwar die meisten Presseanfragen, aber wir entscheiden gemeinsam als Team, was wir umsetzen. Die meisten Anfragen bekomme ich übrigens mittlerweile über LinkedIn, was ich super finde, da man sich so direkt ein erstes Bild von den Gründer:innen machen kann. Ich schaue mir auch jede Anfrage genau an. Oft merkt man recht schnell, ob eine Idee auch fernsehtauglich – also relevant, innovativ und leicht visuell zu erzählen – ist. Wenn dem so ist, besprechen mein Team und ich im zweiten Schritt, wie man das Ganze umsetzen kann. Dennoch: Die meisten Beiträge für die Start-up News und das Start-up Magazin entstehen immer noch aufgrund eigener Recherche.

Es gibt mittlerweile viele Start-ups in Deutschland; Du bekommst am Tag zwischen 60 und 100 E-Mails mit Themenvorschlägen. Nach welchen Kriterien entscheidest du? Wie muss ein Themenvorschlag aussehen, damit er hervorsticht?

Janna · Storytelling ist das A und O. Vor allen Dingen, wenn man mit seinem Start-up in die Medien kommen möchte. Was ist euer Warum? Wenn ich darauf von Gründer:innen eine gute Antwort bekomme, ist das schon die halbe Miete. Der andere Punkt ist die Relevanz. Löst die Start-up-Idee wirklich ein bestehendes Problem von vielen Menschen? Nur dann wird es auch für unsere ntv-Zuschauer:innen spannend sein. Und wie innovativ ist die Idee wirklich? Was unterscheidet euch von schon bestehenden Produkten und Dienstleistungen auf dem Markt?

Fürs TV braucht ihr gutes Bildmaterial. Dreht ihr selbst? Was hälst du von selbst gedrehtem Material?
Janna · Was viele Menschen unterschätzen ist der Aufwand, den man für einen Fernsehbeitrag betreiben muss. Für etwa vier Minuten braucht man einen ganzen Drehtag mit Interviews von Gründer:innen, Expert:innen, Konkurrent:innen etc. Dazu kommen noch Schnittbilder. Umso dankbarer sind wir, wenn Unternehmen zusätzlich noch selbst gedrehtes Material

anbieten. Ein gutes Beispiel ist das Start-up Wingcopter aus Darmstadt, das Medikamente und Impfstoffe via Drohne in Entwicklungsländer transportiert. Diese Einsätze hat das Start-up auch filmisch begleiten lassen und uns damit die Möglichkeit gegeben, Situationen zu zeigen, die wir selbst gar nicht hätten filmen können. Wichtig ist allerdings: Unsere Sendung ist kein Werbefernsehen für Start-ups. Deshalb bestehen unsere Beiträge immer zum großen Teil aus selbstgedrehtem Material und O-Tönen. Da können wir sicherstellen, dass auch zu 100 % die Wirklichkeit dargestellt wird.

PR-Leute und Gründer:innen berichten und zeigen meistens nur die positiven Seiten ihres Unternehmens. Wie kritisch bist du?

Janna · PR-Leuten und Gründer:innen muss klar sein, dass in einem TV-Beitrag immer alle Seiten gezeigt und Vor- und Nachteile einer Idee beleuchtet werden. Je ehrlicher und authentischer Gründer:innen von Anfang an sind, desto besser. Wenn mal etwas nicht gut gelaufen ist: Steht dazu und kommuniziert offen. Am Ende kommt nämlich eh immer alles raus.

Bei meinen Beiträgen ist mir wichtig, dass sie nah an der Lebenswirklichkeit unserer Zuschauer:innen, spannend erzählt und innovativ sind. Aber auch die Gründer:innen sollen sich authentisch und richtig dargestellt fühlen. Wir durchleuchten Ideen kritisch, aber immer fair.

Was muss ich als Gründer:in oder Pressesprecher:in machen, um in deine Sendung zu kommen?

Janna · Je einfacher und präzise eine Idee präsentiert wird, desto besser. Das gilt vor allen Dingen fürs Fernsehen. Extrem lange E-Mails sind für mich oft schon ein Zeichen, dass es viel Platz braucht, diese Idee zu erklären. Also besser: sich aufs Wesentliche konzentrieren und die Kernbotschaft transportieren. Hier meine persönliche Start-up-Ideen-Checkliste:

- Ist die Idee des Start-ups gerade gesellschaftlich relevant?
- Interessieren sich das ntv-Publikum für das Thema xy? Hat es Einfluss auf seinen Lebensbereich?
- Ist das Thema einfach zu verstehen? Fernsehen ist ein peripheres Medium, das schnell an einem vorbeizieht.
- Lässt sich eine Geschichte erzählen?

Hast du ein persönliches „Story-Highlight" aus der Start-up-Szene?
Janna · Das sind tatsächlich so viele! Lange beschäftigt hat mich der Dreh beim holländischen Start-up In Ovo. Deren Ziel ist es, männliches Hühnersterben zu stoppen, und zwar indem ihre Technologie das Geschlecht des Kükens schon im Ei erkennt. Diese Idee trifft den Zeitgeist und kann meiner Meinung nach echt etwas zum Guten hin verändern. Auch der Dreh beim Start-up ReWalk hat mich nachhaltig fasziniert. Ihre Idee: Mit Hilfe eines Exoskeletts sollen gelähmte Menschen wieder gehen können. Ein ganz persönliches Highlight waren aber auch die Einblicke, die ich während der Dreharbeiten für meine Silicon-Valley-Reportage 2018 erhalten habe. Die Tech-Riesen und viel Investorengeld auf der einen Seite, aber auch die Schattenseiten wie hohe Obdachlosigkeit und kaum noch zu bezahlende Mieten auf der anderen Seite.

Stell dir vor du dürftest einem Start-up einen Preis für gute Kommunikation verleihen. Welches Start-up würdest du auszeichnen und weshalb?
Janna · Ein Start-up, das ich schon seit vielen Jahren begleite, ist Sono Motors aus München. Die Idee: Ein Auto, das mit der Kraft der Sonne fahren kann. Das Gründerteam kennt sich schon seit der Kindheit; den ersten Prototypen bauten sie in einer kleinen Garage selbst zusammen. Alle Schritte dieser Entwicklung filmten und veröffentlichten sie. Aber Sono Motors kommunizierte, nicht nur, als es gut lief, sondern auch, als das Start-up kurz vorm Ende stand. 2019 ging das Geld aus; es drohte die Insolvenz. Am Ende sammelten die beiden Gründer und die Gründerin via Crowdfunding rund 50 Millionen Euro ein und konnten ihr Unternehmen retten. Auch, weil sie stets offen kommuniziert und so Kund:innen und Investor:innen mitgenommen und überzeugt haben.

Was empfiehlst du Start-ups, die ein „langweiliges" Produkt haben, das sich nicht gut bildlich darstellen lässt?

> Janna · ① Wenn eure Idee innovativ und relevant ist, wird sie ihren Weg in die Medien finden. Am besten startet ihr bei euren Presseanfragen bei den Print- und Online-Medien, da diese deutlich einfacher Artikel und Beiträge produzieren können als wir vom Fernsehen. ② Übertragt eure Idee in den Alltag. In welchen Situationen kann man das Produkt oder die Dienstleistung verwenden? Lässt sich das gut darstellen? ③

Erstellt eigenes Footage-Material. Das macht es Medien leichter sich vorzustellen, was man bildlich zeigen kann.

Dein Appell an PR-Verantwortliche?

Janna · Wir Journalist:innen machen keine kostenlose Werbung. Seid darauf vorbereitet, dass wir eure Geschäftsmodelle fair, aber auch kritisch beleuchten! Kommuniziert ehrlich und offen, dann kann eigentlich nichts mehr schief gehen.

6 Subdisziplinen der PR und besondere kommunikative Anlässe

Media Relations sind ein wichtiger Teil der externen Kommunikation – doch umfasst die externe Kommunikation ungleich mehr. Das → Kapitel 6 beleuchtet einige, wenngleich nicht alle, dieser Facetten. Los geht es mit David Zahn, Leiter der globalen Produktkommunikation bei Klarna, und Christian Hillemeyer, Kommunikationsverantwortlicher bei Babbel. Beide geben Einblicke in die Produktkommunikation (→ Kapitel 6.1). Diese ist dann besonders erfolgreich, wenn es ihr gelingt, Journalist:innen und andere Multiplikator:innen zu Fans zu machen. Wie setzt man ein Produkt in Szene, gerade wenn es kein physisches Produkt ist? Wo fängt man an? Was macht Produktkampagnen erfolgreich?

Daran anknüpfend befasst sich Chiara Baroni von Revolut mit dem Thema Consumer-PR (→ Kapitel 6.2). Hier dreht sich alles um inspirierende, emotionale oder persönliche Geschichten, die so gut sind, dass sie weitererzählt werden. Und zugleich um ansprechende Bilder und Erlebnisse, die neugierig machen, Interesse wecken und im Idealfall zu markentreuen Kund:innen führen.

Ein beliebtes Mittel, um spannende, kuriose oder unterhaltsame Geschichten zu schaffen, sind Daten – seien es extern erhobene oder eigene Daten. Das Kalkül: Repräsentative Studien und Umfragen zu beauftragen und später auszuwerten ist aufwendig – für viele Journalist:innen im Alltag zu aufwendig. Wenn Kommunikationsverantwortliche diese Arbeit abnehmen und dabei gleichzeitig Themen weitgehend neutral beleuchten, kann das für beide Seiten ein Gewinn sein. Christine Stundner hat schon viele erfolgreiche Kampagnen mit Hilfe von Daten erzählt. Eine ihrer Prämissen dabei ist: Daten per se sind nicht spannend – sie werden es aber, wenn sie neue, überraschende Einblicke liefern (→ Kapitel 6.3).

Produkt-PR, Lifestyle-PR und Datengeschichten richten sich oft an Endkund:innen als Zielgruppe. Doch natürlich sind nicht alle Start-ups im Endkund:innengeschäft tätig – viele agieren auch im B2B-Umfeld. Externe Kommunikation für Unternehmenskund:innen ist zwar nicht grundlegend anders, hat aber einige Besonderheiten, die bereits Mareike Schindler-

Kotscha angerissen hatte. Isabell Horvath, Kommunikationsverantwortliche bei Celonis, widmet sich dem Thema ganz explizit in → Kapitel 6.4.

Gute Kommunikationsanlässe für Start-ups sind neue Produkte oder Markteintritte. Doch wie gelingt eine gute Launch-Kommunikation, gerade in anderen Märkten? Kathrin Kirchler hat mit Personio bereits sechs Markteintritte begleitet und schildert einige ihrer Erfahrungen in → Kapitel 6.5. Ihr Tipp: Gerade in ausländischen Märkten ist es hilfreich, mit Agenturen zusammenzuarbeiten, die das Netzwerk mitbringen und die Medienlandschaft in- und auswendig kennen.

Das → Kapitel 6.6 behandelt einen weiteren zentralen Kommunikationsanlass: der Bekanntgabe von Finanzierungsrunden. Für Start-ups sind diese Finanzierungen – zumindest in den ersten Jahren – die wohl wichtigsten kommunikativen Meilensteine, schließlich signalisieren sie, dass das Geschäftsmodell funktioniert und sie Investor:innen überzeugen konnten. Ina Froehner von Scalable Capital hat im Laufe ihrer Karriere schon viele Finanzierungsrunden kommuniziert und kennt auch die Seite der Geldgeber:innen. In ihrem Beitrag plädiert sie für eine sorgfältige Planung und Gelassenheit.

Mit der Funding-Kommunikation verbunden ist das Thema Investorenkommunikation. Im Unterschied zu Aktiengesellschaften und anderen kapitalbasierten Unternehmen ist die Finanzkommunikation (offiziell meist als Investor Relations bezeichnet) bei Start-ups kein eigenständiger Bereich. Ohnehin lassen sich die Investorenkommunikation von Konzernen und Start-ups aus Sicht von Philipp Blankenagel nicht vergleichen. Und auch wenn das Thema in Start-ups in der Regel bei den Gründer:innen und dem Finanzteam liegt, spielt auch die externe Kommunikation eine wichtige Rolle. Welche Rolle genau verrät Philipp Blankenagel in → Kapitel 6.7.

Ein wichtige Aufgabe der externen Kommunikation ist es, das Unternehmen gut im Marktumfeld zu positionieren. Oft geschieht dies über den oder die CEO, die das Unternehmen nach außen vertreten und Kontinuität verkörpern. Caroline Wahl und Barbara Klingelhöfer haben CEO-Kommunikation zu ihrem Beruf gemacht. In → Kapitel 6.8 legen sie dar, weshalb die CEO-Kommunikation in der Unternehmenskommunikation relevanter wird und warum ein isolierter Vortrag auf einer Konferenz oder ein Gastbeitrag allein längst nicht reichen.

Den Abschluss des Kapitels bildet Nina Rauch, die sich um die Strategie und Kommunikation der Corporate-Social-Responsibility-Aktivitäten von Lemonade kümmert. Basis einer glaubhaften CSR-Kommunikation ist ihrer

Meinung nach eine tiefe Verankerung des gesellschaftlichen ökologischen Wirkens im Geschäftsmodell selbst. Wirtschaftliches Wachstum und eine verantwortungsvolle Unternehmensführung dürfen in keinem Widerspruch zueinander stehen, damit ein Start-up nicht zwischen den Interessen seiner Geldgeber:innen und seiner Kund:innen zerrieben wird. Mehr dazu in → Kapitel 6.9.

6.1 Produktkommunikation

David Zahn
Global Product Communications Lead bei Klarna

Christian Hillemeyer
Director Communications bei Babbel

Was genau umfasst Produkt-PR? Und wie unterscheidet sich Produkt-PR von Business-PR?

David · Produktkommunikation ist integraler Bestandteil von Corporate Communications. Es unterscheidet sich also nicht von Business-PR, sondern ergänzt sich sehr gut. Ziel von Product Communications ist es, diversen Anspruchsgruppen neue und bestehende Produkte des jeweiligen Unternehmens näherzubringen und das dahinter liegende

Geschäftsmodell zu erläutern. Gerade im FinTech-Bereich ist die Gemengelage durchaus komplex, weshalb der Bedarf nach Übersetzung, Erklärung und Kontextualisierung sehr hoch ist.
Christian: Das sehe ich genauso. Produkt-PR und Business-PR sind nicht immer zu trennen. Erstere kann durchaus Bestandteil von Letzterer sein. Bei Produkt-PR geht es darum, ein Produkt mit all seinen Eigenschaften an die passenden Zielgruppen zu bringen. Das können wie bei Babbel Konsument:innen sein, oder eben auch Unternehmen, wenn es sich um ein B2B-Produkt handelt. In erster Linie geht es meist natürlich darum, ein Produkt bekannt zu machen, bestimmte gewünschte Attribute zu stärken und es dann letztendlich zu verkaufen. Ein gut kommunizierter Produkt-Launch kann aber natürlich auch zur Reputation des jeweiligen Unternehmens beitragen. Das wäre dann die Schnittstelle zwischen Produkt- und Business- oder Corporate-PR.

Produkt-PR ist eines der Herzstücke verkaufsorientierter PR. Wo liegt die Grenze zum Marketing? Und wie sieht das bei euch konkret aus? Wie arbeitet ihr zusammen?
Christian: Früher hätte ich gesagt, die Grenze ist genau da, wo der Geldfluss anfängt. Das wäre dann Marketing. Aber es gibt natürlich auch weitere, wichtigere Unterschiede. Während es beim Marketing eher darum geht, das Produkt plakativ zu bewerben, geht die Wirkung von Produkt-PR oft tiefer. Grundsätzlich ist PR oft glaubwürdiger als eine Anzeige und kann Geschichten erzählen, die zum Beispiel Brand- oder eben Produkt-Attribute gezielt positionieren und stärken: Journalist:innen können beispielsweise als Testpersonen agieren und die Stimme des Unternehmens neutral wiedergeben. Interessante Fallbeispiele von Nutzenden können zielgruppenaffin platziert werden und emotionale Bindungen und Begehrlichkeiten wecken. Gerade im Bereich Start-up ist Produkt-PR zudem eine günstigere Alternative zum Marketing. Da bezahlt man die Angestellten und eine Agentur für beliebig viele Platzierungen.

Grauzonen zwischen den Bereichen entstehen oft gerade bei Social Media, Influencer:innen-Marketing, Content-Marketing etc. Hier ist es aber nicht essenziell, ob diese Funktionen in einer Organisation bei Marketing oder eben PR aufgehängt sind. Wichtig ist die generelle Abstimmung von Teams bezüglich der Kernbotschaften und des Timings. So arbeiten wir bei Babbel schon lange erfolgreich mit den Marketing-Kolleg:innen an gemeinsamen Kampagnen.

David · Ich würde vielleicht noch ergänzen: Gerade bei der Einführung eines neues Produkts ist es unablässig, sehr eng mit vielen Teams zusammenzuarbeiten, ob aus der Marketing- und Produktabteilung oder anderen Bereichen. Ziel muss es dabei sein, ein gegenseitiges Verständnis für die jeweiligen Aktivitäten und Ziele zu entwickeln, um aus einem Guss, also einheitlich im Messaging über alle Berührungspunkte hinweg, kommunizieren zu können. Die große Kunst ist es, alle Arbeitsstränge entsprechend zu orchestrieren und aufeinander abzustimmen, dass man ein öffentlichkeitswirksames Momentum kreieren kann. Die PR spielt hierbei eine wesentliche Rolle, da sie meistens den Start einer Kampagne markiert und das öffentliche Narrativ setzt, bevor Performance-Marketing, Social Media und/oder Out-of-Home-Kampagnen mit der Kund:innenakquise starten.

Während Marketing sich in erster Linie um das Neukund:innengeschäft und die aktiven Interaktion der Nutzer:innen mit einer Marke (*user engagement*) kümmert, geht es in der Produktkommunikation um Aufklärung und Kontextualisierung, damit Marketing auf einem funktionierenden Erzählstrang aufbauen kann. Gute Produktkommunikation ist die Basis für den Abverkauf des Produkts.

Produkt-PR ist dann besonders erfolgreich, wenn es ihr gelingt, Journalist:innen und andere Multiplikator:innen zu echten Fans zu machen. Konsumgüterhersteller verschicken Produktproben, Reiseveranstalter:innen laden Journalist:innen auf exklusive Reisen ein, Autohersteller bieten Testfahrten an. Bei einer Dienstleistung ist das schwieriger. Wie setzt ihr euer Produkt in Szene? Was empfiehlt ihr?

David · Man könnte meinen, dass Unternehmen, die physische Produkte anbieten, es leichter haben, ihre Leistungen zu vermarkten. Allerdings glaube ich, dass Digitalprodukte dem in nichts nachstehen, sofern sie gute Produkterfahrungen bieten. Konkret meine ich damit: Wie kommuniziert die App oder die Webseite mit einem? Wie verständlich und nutzerfreundlich ist die Handhabung? Wie überrasche ich die Nutzer:innnen regelmäßig und ermutige ihn oder sie an, das Produkt wieder zu nutzen? Das sind natürlich Fragen, die Produkt & Marketing in erster Linie beantworten, jedoch maßgeblich von der Produktkommunikation beeinflusst werden können.

Christian · Ich erinnere mich noch an die Geschichten von Kolleg:innen aus der Games-Branche, die Medienschaffende zum Launch neuer Spiele für eine Woche nach Jamaika geflogen haben. Diese Zeiten sind aber eigentlich vorbei. Die Mechaniken zur Bindung von Presse an Produkte kann man auch grundsätzlich nicht pauschalisieren. Dazu gibt es zu viele Produkte. Die Bandbreite reicht von einem kurzweiligen digitalen Produkt über mit der Post verschickbare Consumer Electronics bis hin zu komplexen Enterprise-Lösungen. Bei Letzteren handelt es sich oft um eine kleine Gruppe von Schlüsselkontakten, die man dann sicher des Öfteren zum Essen einladen sollte. Generell kann ich empfehlen, viel Wert auf den Pitch des jeweiligen Produktes bei wichtigen Journalist:innen zu legen und dabei immer auf die Relevanz für das jeweilige Medium zu achten. Macht man da einen guten Job, ergeben sich langfristige Bindungen oft von selbst. Auch sollte man mit seinem Produkt, soweit das möglich ist, nicht geizen. Bei Babbel gehen wir sehr großzügig mit App-Zugängen oder Live-Sprachlernkursen um. Kurzfristig ist die Ausbeute oft mager, langfristig macht sie sich bezahlt. Abraten würde ich generell von größer angelegten Veranstaltungen, es sei denn, man ist eine sehr bekannte Marke. Nur hier decken sich Aufwand und Ertrag.

Wie sieht eine gute Produkt-Kommunikationsstrategie aus? Welche Fragen muss sie beantworten?

David · Bin ich konsistent mit meinen Botschaften, und zwar überall dort, wo die Konsument:innen damit in Berührung kommen? Stimmt meine Value Proposition mit dem aktuellen Status des Produkts überein? Ist die Produktvision glaubwürdig und verständlich?
Eine gute Produkt-Kommunikationsstrategie muss vor allem eines sein: anpassbar. Die Abhängigkeit vom Produkt-Team ist enorm hoch und da es in der Produkt-Roadmap permanent zu Verschiebungen kommt, ist ein Jahresplan meistens am Ende des ersten Quartals hinfällig. Stattdessen sollte man in der Produktkommunikation ein besonderes Augenmerk auf Kommunikations-Assets legen, die komplexe Inhalte leichter verdauen lassen und idealerweise Begeisterung beim Empfänger oder der Empfängerin auslösen. Gute Produktbilder, erklärende Microsites, interessante Produktvideos, visuell ansprechende Infoblätter

und Infografiken gehören daher unbedingt in den Werkzeugkoffer der Produktkommunikation.

Christian · Die Strategie muss zunächst immer eng mit der Produktentwicklung und dem Produktmarketing abgestimmt sein. Wie ich schon erwähnte, schafft diese Abstimmung den Aktionsrahmen für jegliche Kampagnenaktivität. Bezüglich Fragen oder wesentlichen Punkten, sollte jede Kommunikationsstrategie bei dem eigentlichen Nutzen des Produktes beginnen. Beschreibungen und Bilder sind zwar schön, interessieren aber erst sekundär. Zusätzlich hat jedes Produkt kommunikative Lebenszyklen, von der Markteinführung über die Reifung bis zur Sättigung und schließlich zum Ausschleichen. Jeder dieser Bereiche muss kommunikativ gesondert betrachtet und ausgeführt werden.

Vor 20 oder 30 Jahren haben bestimmte Zielgruppen – zumindest teilweise – ähnliche Medien konsumiert. Heute ist die Medienlandschaft unheimlich vielfältig geworden, für jedes Nischenthema gibt es eigene Blogs und Podcasts, Influencer:innen haben teilweise einen größeren Einfluss als TV-Werbung zur besten Sendezeit. Wie beeinflusst das die Produktkommunikation?

David · Es bietet vor allem mehr Möglichkeiten. Gabriel Weinberg hat ein wunderbares Buch namens *Traction* geschrieben und beschreibt darin die „19 Channels of Growth". Die Digitalisierung ermöglicht uns, spezielle Interessengruppen gezielt zu bespielen, von ihnen zu lernen und Hype-Zyklen zu kreieren. Durch gute Produkte und kluge Markteinführungsstrategien kann man heute Reichweiten erzielen, für die man im analogen Zeitalter vor allem zwei Sachen brauchte: ein exklusives Netzwerk und Geld. Heute ist der Medienmarkt deutlich demokratisierter und dadurch leichter zugänglich als noch im analogen Zeitalter.

Christian · Auch das hängt stark vom Produkt ab. Hat man ein Nischenprodukt, muss man die Nischen ausleuchten und beliefern. Generell lasse ich mich aber von der heutigen Fragmentierung der Kanäle ungern beeinflussen. Es ist nach wie vor so, dass die großen Medien starke und effektive Reichweiten aufbauen. Die unmittelbarsten Effekte auf unsere PR sehen wir bei Babbel beispielsweise immer noch im Prime-Time-TV. Die großen Namen bleiben also die erste Adresse. Je nach Zielgruppe und vor allem nach Alter sollte man aber natürlich die relevanten Medien segmentieren. Und auch hier gilt: Wenn man ein armes Start-up ist, macht ein Anfang in den kleineren Communities und Blogs oft Sinn und bringen schnellere Erfolge. Stück für Stück kann man sich dann bottom-up zu den Großen hocharbeiten.

Klarna hat es geschafft, aus einem langweiligen Produkt eine starke Marke aufzubauen. Was waren entscheidende Erfolgsfaktoren?

David · Das sind einige Faktoren. Angefangen von unserem Operating Model, das wir im Jahr 2017 eingeführt haben und das sehr stark auf Autonomie und Eigeninitiative setzt, über die Veränderung der Corporate Identity von Blau auf Pink, bis hin zu den Leitprinzipien, nach denen jedes einzelne Team bei Klarna arbeitet. Entscheidend für die Veränderung der Wahrnehmung Klarnas ist natürlich, dass wir uns von einem regionalen Zahlungsanbieter hin zu einem globalen Shoppingsystem transformiert und den damit verbundenen Strategiewechsel eingeleitet haben; weg vom reinen B2B-Geschäftsmodell hin zu B2B2C. Natürlich helfen große Kampagnen mit Snoop Dogg, Lady Gaga oder Super Bowl Ads sowie die Produkttransformation hin zu einer Shopping App, aber Klarnas Erfolg kann man nicht nur der einen Abteilung zuschreiben, denn am Ende ist es immer der Erfolg der gesamten Organisation.

Wie war es bei Babbel?

Christian · Sicherlich ein starkes TV-Marketing sowie große Budgets in Performance- und Content-Marketing. Alle diese Bereiche sind sehr gut dafür geeignet, eine Marke schnell und effizient bekannt zu machen. Natürlich haben wir diesen Prozess kontinuierlich mit PR begleitet, was uns Glaubwürdigkeit und Charakter verschaffte.

Welche Rolle spielt Produktfotografie? Welche Tipps kannst du anderen Kommunikationsleuten mit auf den Weg geben?

Christian · Natürlich spielt es immer eine Rolle, wie das Produkt in Szene gesetzt wird. Das sehe ich vor allem in der Verantwortung von Produkt-Marketing. Aus Pressesicht können aber entsprechend Zusatzmaterialien bereitgestellt werden, die eine Bebilderung in den Medien maximieren. Das kann das Produkt in den Händen bestimmter Zielgruppen oder, je nach Markt und Lokalisierungsbedarf, an bestimmten Orten sein. Und ja, gute Bilder machen einen Unterschied. Bitte engagiert immer professionelle Fotograf:innen.

Wenn du neu in einem Start-up beginnen und dort die Produktkommunikation von Beginn an aufbauen müsstest, wie sähe dein 100-Tage-Plan aus?

6.1 Produktkommunikation

David · In erster Linie ist es wichtig, die Grundlagen, also einen Content Plan und Kontaktliste, strukturiert und pragmatisch aufzusetzen. Gerade als Early Stage Start-up ist eine große Herausforderung, kontinuierlich Geschichten zu generieren. Zum einen geht das natürlich gut über Datengeschichten und Agenda-Surfing. Zum anderen ist es aber für Kommunikationsexpert:innen extrem wichtig, sich intensiv und kontinuierlich mit den Produktverantwortlichen auszutauschen, Neuigkeiten im Auge zu behalten und die Konkurrenz in- und auswendig zu kennen, um Journalist:innen gegenüber die Entwicklungen des eigenen Unternehmens gut einordnen zu können. Nur wer auf Tuchfühlung geht und Produktentwicklungen und Nachrichtenwerte übereinander beziehungsweise nebeneinander legt, kann auch regelmäßig gute Geschichten und echte Kampagnen kreieren. Einfach nur zu warten, dass jemand auf einen zukommt und sagt: „Daraus könnten wir eine Geschichte machen" führt in den meisten Fällen zu keinen Ergebnissen.

Christian · Das ist sehr schwer zu sagen und kommt darauf an, was man vorfindet, ob das Unternehmen international ist, wie groß die Zielgruppen sind etc. In einem B2B-Start-up muss es sicher zunächst darum gehen, die Zielgruppen scharf zu umreißen, zu lernen, welche Medien sie rezipieren und auf welchen Veranstaltungen und Messen sie sich treffen. Und man muss den Nutzen kennen, den das Produkt bietet. Weiß man das alles, muss man nur noch „beliefern". Ein Consumer-Produkt aufzubauen, ist oft komplexer. Hier geht es dann um ganze Cluster von Zielgruppen mit all ihren Lebenswelten und den Aufbau einer breiten Markenbekanntheit. Es muss also viel mit Geschichten und Spins experimentiert werden. Erste Recherchen sollten Zielmedien und Schlüsselkontakte zu Tage fördern. Welche Journalist:innen haben beispielsweise in der Vergangenheit schon über das Produkt, den Markt oder Wettbewerb geschrieben? Relevante Pitches müssen schließlich perfektioniert werden, bis sich die gewünschten Ergebnisse einstellen. Mit welchen Kennzahlen Letztere dargestellt werden, sollte auch definiert sein. Grundsätzlich braucht man für das alles ein gutes Team, gute Prozesse und Schnittstellen zu Produktentwicklung und Marketing. Dann kann man loslegen.

An welchen Kennzahlen machst du den Erfolg der Produktkommunikation fest?
David · Die Markenbekanntheit und das Produktverständnis unter den Verbraucher:innen sind die wichtigsten Kennzahlen der Produktkommu-

nikation. Entscheidend dafür ist, wie stark das Produkt Messaging an allen Consumer Touchpoints und in den jeweiligen Marketingkampagnen eingebettet ist. Aber auch im Hinblick auf PR gilt: Qualität sticht Quantität. Entscheidend ist, spannende Produktgeschichten öffentlichkeitswirksam in für den jeweiligen Kontext relevanten Medien zu lancieren. Hier eignen sich Sentimentanalysen besser als beispielsweise reine Reichweiten, da sie Rückschlüsse erlauben, wie neue Produkte oder Neuigkeiten in den Medien und im Markt wahrgenommen werden und was man beim nächsten Mal verbessern kann, um seine Botschaften noch besser zu platzieren.

Christian · Das ist eine sehr gute Frage, denn anders als Marketing oder der Vertrieb misst PR meist keine Absatzzahlen. Bei Babbel setzen wir auf die gezielte Steuerung von Marken- oder Produktattributen durch unsere PR-Arbeit. Dazu befragen wir Nutzer:innenkohorten, die nur mit PR-Kampagnen in Berührung gekommen sind und vergleichen sie zum Beispiel mit Marketingkohorten. So können wir relativ genau sehen, wie wir unser Storytelling anpassen müssen, um gewünschte Effekte zu erzielen. Aber Vorsicht: Das braucht Zeit.

Wenn du dir die Produktkommunikation von unterschiedlichen Firmen anschaust, siehst du irgendwo Schwächen? Was machen Firmen häufig falsch? Gibt es umgekehrt ein besonders positives Beispiel, an dem du dich orientierst?

Christian · Am meisten stört mich Produktkommunikation, der es an Glaubwürdigkeit mangelt. Grundsätzlich bin ich davon überzeugt, das PR-Schaffende die Kirche im Dorf lassen sollten und ergo immer wahrheitsgemäß kommunizieren müssen. Tauchen beispielsweise Schwachstellen auf, sollte man diese nicht notdürftig verstecken. Das wird dann peinlich. Auf der anderen Seite bescherten uns solche Nacht-und-Nebel-Lösch- oder Umdeutungen viele Glücksmomente auf Twitter. Aber Spaß beiseite: Also, kommuniziert immer wahrheitsgemäß, halbwegs realistisch und menschlich. Kennt eure Schwachstellen und seid bereit, diese anzuerkennen, wenn es eng wird. Gerade im Umgang mit Journalist:innen schafft das dauerhafte Beziehungen.

David · Meiner Meinung nach haben viele Unternehmen, die eine gewisse Größe erreicht und ein breites Produktportfolio haben, noch nicht verstanden, wie wichtig es ist, Kommunikationsexpert:innen in den jeweiligen Projektteams zu etablieren, um einerseits nah dran an den Produktentwicklungen zu sein, und andererseits die Wertschöpfungskette zu beeinflussen.

6.1 Produktkommunikation

Kommunikation hier früh zu involvieren ist unerlässlich, um Chancen und Risiken zu erkennen und um vor allem konsistente Botschaften herzustellen. Technologieunternehmen wie Klarna oder Spotify sind da auch dank ihrer interdisziplinären, holokratischen, partizipativen Struktur in der Regel weiter als Unternehmen, die in klassischen Organisationpyramiden agieren.

David, welche Firmen sind aus Deiner Sicht besonders gut in der Produktkommunikation?
David · Die Benchmark ist hier natürlich (Überraschung!) Apple, aber es gibt auch sehr gute andere Firmen, die vielleicht nicht aus der Digitalwirtschaft kommen, von denen man sehr viel lernen kann. Hornbach, Vorwerk oder Sonos arbeiten beispielsweise alle ihre Alleinstellungsmerkmale sehr gut in ihren jeweiligen Kommunikationselementen heraus und schaffen es dabei gleichzeitig, erfolgreich zu emotionalisieren.

Christian, was war eine besonders erfolgreiche Produktkommunikations-Kampagne und weshab?
Christian · Im Bezug auf Babbel gab es da mehrere und keine war wirklich einfach. Gerade der Consumer-Bereich bringt immer eine gewisse Komplexität mit sich. Ein Beispiel ist die Babbel Markteinführung 2015 in den USA. Zu diesem Zeitpunkt waren wir bereits Marktführer in Europa und hatten uns auf einen Durchmarsch eingestellt. Das Wissen war da, das Geld war da. Und dann kam doch alles anders. Wir haben in der ersten Zeit kaum einen Fuß auf den Boden bekommen, da wir die Andersartigkeit der nordamerikanischen Konsument:innen völlig unterschätzten. Denen war Sprachenlernen, so wie wir es kommunizierten, gleichgültig. Und für Europa interessierten sie sich auch nicht. Nach einigen schmerzhaften Erfahrungen haben wir dann die Kurve gekriegt und Amerika zu unserem stärksten Markt gemacht. Unsere Selbstsicherheit war letztendlich ein Hindernis. Nur durch eine komplette Rückbesinnung auf unser Nichtwissen und die Öffnung hinsichtlich der Amerikanisierung unserer Denke konnten wir den Markt knacken. Aus diesem Grund empfehle ich Offenheit und Demut als Grundlage für jede Kampagne.

Euer wichtigstes Tool, auf das ihr auf keinen Fall verzichten würdet?
Christian · Ein tolles Team. Das ist unersetzlich. Ansonsten gute Partner:innen, zum Beispiel lokale Kommunikationsagenturen. Die sind letztendlich oft das Zünglein an der Waage.

David · Absolut. Um dennoch die Frage nach den Werkzeugen zu beantworten: Ich bin großer Fan von Notion. Das Tool hat alles, um seine Kommunikation zielorientiert zu orchestrieren.

6.2 Consumer-PR

Chiara Baroni
PR and Communications Manager DACH bei Revolut

Du siehst dich eher eine „PR-Allrounderin" und hast dich über die Jahre mit allen möglichen Themen befasst, sowohl im Corporate- als auch im Consumer-Bereich. Heute geht es um Endkund:innen. Was genau heißt für dich Lifestyle- und Consumer-PR?

Chiara · Lifestyle- und Consumer-PR heißt Kommunikationsarbeit, die direkt auf Endkonsument:innen ausgerichtet ist: Sie fügt sich in den Lebensstil der Kund:innen ein und findet in den Medien und Kanälen statt, die ihre Interessen und Bedürfnisse thematisieren und ansprechen.

Wo liegt die Grenze zu Marketing?

Chiara · Man könnte sagen, beim Budget .... Aus meiner Sicht sollten aber Consumer-PR- und Marketingmaßnahmen Hand in Hand laufen. Vor allem jetzt, wo Influencer:innen so wichtig geworden sind. Organisiere ich zum Beispiel eine Presseveranstaltung, so bevorzuge ich Örtlichkeiten und eine Fotografin oder einen Fotografen mit Social-Media-Reichweite, damit die Kommunikation in einem Schlag auch auf anderen Kanälen verlängert wird.

Medienkooperationen und Influencer:innen-Marketing laufen in fast jedem Unternehmen unter dem Marketingbudget, im Endeffekt geht es aber immer um die Kommunikation einer Marke oder eines Produktes: Die Botschaft ist eine und soll einheitlich auf allen Kanälen bespielt sein,

6.2 Consumer-PR

sodass sie in unterschiedlichen Formaten über die geeigneten Medien bei der relevanten Zielgruppe ankommt. Silodenken ist kein Freund guter Kommunikation.

Du warst zuvor bei Amorelie, einem Versandhändler für Erotikspielzeuge. Mit Dildos und Umfragen zu Sexvorlieben ist es sicher einfacher, in die Medien zu kommen als mit einer Banking-App, oder?

Chiara · Das kann man so pauschal nicht sagen – zumindest nicht im Consumer-PR Bereich. In beiden Fällen geht es um Themen – nämlich Sex und Geld – die lange negativ besetzt waren und als Tabu galten. Aus meiner Sicht verfolgen Unternehmen wie Amorelie und Revolut – mit sehr unterschiedlichen Produkten – eine ähnliche Vision: Menschen dazu zu ermutigen, wichtige Aspekte ihres Leben selbst in die Hand zu nehmen. Sei es ihre Sexualität oder ihre Finanzen. Die Herausforderungen in der Kommunikation ähneln sich auch: Dabei geht es in erster Linie darum, bestimmte Themen zu enttabuisieren und für die Redaktionen salonfähig zu machen.

Gute Consumer-PR inszeniert eine Marke medial, ohne zu werblich zu sein. Wie gelingt das?

Chiara · Bei Consumer-PR geht es um Inspiration und Emotionen, nicht um Impulskäufe. Das ist für mich der größte Unterschied zur Werbung. In der Welt der Lifestyle-Kommunikation dreht sich alles um Geschichten, die so gut sind, dass sie weitererzählt werden. Und zugleich um persönliche Erlebnisse und ansprechende Bilder. Elemente, die Neugier, Interesse und Begehrlichkeit wecken und oft in nachhaltiger Markentreue resultieren.

Consumer-PR ist harte Arbeit: Nur weil Lifestyle-Journalist:innen über schöne Dinge oder Freizeitthemen schreiben, heißt es nicht, dass sie und ihr Publikum nicht extrem anspruchsvoll sind. Ich versuche mich immer in die Schuhe der Leser:innen zu stellen: Wo, was und aus welcher Perspektive würde ich gern über ein bestimmtes Thema lesen wollen? Was kann ich mit den Informationen anfangen und erleben? Die Fragen sollte man sich bei jedem einzelnen Pitch stellen, um nicht betriebsblind zu werden und unpassende oder unspannende Themen vorzuschlagen.

Nehmen wir Presseveranstaltungen als Beispiel. Eine teure Örtlichkeit und ein gutes Setdesign reichen nicht für eine Medienberichterstattung aus. Würde ich gern darüber lesen wollen, dass sich zehn Journalist:innen zu einem gesponserten Abendessen getroffen haben? Wo liegt der Mehrwert für mich als Leser:in? Es ist Aufgabe der PR-Manager:in, einzigartige kommunikative Anlässe zu schaffen. Die Veranstaltung kann zum Beispiel an einem ausgefallenen Ort stattfinden, die erst an dem Tag eröffnet und im Artikel vorgestellt wird; VIPs können dazu eingeladen werden, damit Frauenmagazine über die Haarschnitte und die Kleidung und die Boulevardpresse über Promis berichten können; ein bestimmtes Produkt wird exklusiv vorgestellt und für die Leser:innen getestet …

Anderes Beispiel: Produkteinführungen. Statt einer einfachen Pressemitteilung biete ich Journalist:innen das neue Produkt zur Probe an, gebe ein paar Tipps, erzähle eine persönliche Geschichte dazu. Denn als Leser:in eines Frauenmagazins interessiert es mich nur bedingt, dass die neue Funktion einer Finanz-App gelauncht wurde. Oder eine Karte im neuen Gewand. Wenn ich aber lese, dass das neue Feature zur Steigerung meines finanziellen Wohlbefindens beitragen kann und dabei die sieben besten Tipps für eine erfolgreiche Gehaltsverhandlung präsentiert werden, wird es doch interessant. Oder wenn im Artikel zum neuen Design der Karte erklärt wird, wie ein Zahlungsmittel zum Hingucker werden kann und was ich zu Farbkombinationen wissen müsste.

Schließlich ist es aus meiner Sicht ganz wichtig, sich als Consumer-PR-Profi mit den Themen und Marken zu identifizieren, die man kommuniziert, denn es geht hier auch darum, Redakteur:innen für einen Lebensstil zu begeistern – und für die Marken, die dazu passen.

Was sind wichtige Kanäle für Consumer-PR?

Chiara · Frauen-, Männer- und Lifestyle-Magazine, Lifestyle-Redakteur:innen von Tages- und Wochenzeitungen und Titel, die sich an einen speziellen Kreis von Konsument:innen mit einem gemeinsamen Interesse richten. Aber auch Instagram, vorausgesetzt, das Bildmaterial stimmt. Podcasts, TV-Formate und Radio sind toll. Und selbstverständlich die Stylisten, die zusammen mit den Redaktionen oder eben direkt im Verlag arbeiten und immer auf der Suche nach tollen Produkten für redaktionelle Fotoshootings sind.

Welche Rolle spielen Influencer:innen und andere Markenbotschafter:innen?

6.2 Consumer-PR

Chiara · Ich finde sowohl Influencer:innen als auch Testimonials und Meinungsführer:innen besonders wichtig. Nicht nur als „Nebenmaßnahme" für mehr Reichweite oder Glaubwürdigkeit, sondern auch als Inhalte für die reine Consumer-PR-Arbeit (und natürlich für die Marketing-Fachpresse). Ich denke an Shootings und Bildmaterial für die Journalist:innen, aber auch an Interviews oder Inhalte, die man redaktionell bespielen kann, etwa die Tipps eines Profisportlers, die Empfehlungen einer Finanzberaterin, die Forschungsergebnisse einer Professorin oder die Rezepte eines Sternekochs. Ganz wichtig: Diese Persönlichkeiten müssen in den einzelnen Märkten relevant sein.

Ein Beispiel für gute Consumer-PR? Hast du ein Vorbild?

Chiara · Alle Marken, die Nachrichten schnell genug kapern und starke PR-Coups daraus machen. Und das ist nicht einfach in Großunternehmen, wo alles doppelt und dreifach abgestimmt und freigegeben werden muss. Das bewundere ich sehr! Für mich bleibt Norwegian Airlines unbesiegt, mit „Brad is single – Los Angeles one way for £169" unmittelbar nach der Trennung von Brad Pitt und Angelina Jolie.

Revolut schafft es immer wieder auch in Lifestyle-Magazine wie Couch und andere. Was ist dein Erfolgsrezept?

Chiara · Vielleicht, dass ich mich nicht verstelle. Ich bin selbst keine studierte Finanz- oder Anlageexpertin, sondern eine Frau, die sich in diese Themen reindenken wollte und schon als Kind von ihrer Mutter regelmäßig hörte: „Sorge dafür, dass du immer finanziell unabhängig bleibst." Ich denke, dass mir dies dabei hilft, mich mit der Zielgruppe zu identifizieren und die Inhalte von Revolut in verständlicher, inklusiver Sprache an die Leser:innen rüberzubringen.

6.3 Datengeschichten

Christine Stundner
Expertin für Consumer & Corporate PR | Ex-GetYour-Guide

Datengeschichten, also selbst erhobene Umfragen, sind ein beliebtes Mittel, um Kommunikationsanlässe zu schaffen. Was ist deine Erfahrung damit?

Christine · Gerade bei Tech-Unternehmen und Unternehmen im E-Commerce-Bereich liegen Datengeschichten auf der Hand, da diese Unternehmen naturgemäß über viele Daten verfügen. Wenn wir von Datengeschichten sprechen, unterscheide ich grundsätzlich zwei Formen: Einerseits gibt es Datengeschichten basierend auf unternehmensinternen Daten und andererseits Datengeschichten, die auf Basis von selbst erhobenen Umfragen erzählt werden. Grundsätzlich zeigt meine Erfahrung, dass Daten in der Kommunikation eine ganz zentrale Rolle spielen. Das reicht von der Vorbereitung von Executive-Interviews über das Anbieten von Expert:innenkommentaren bis hin zum speziellen Datengeschichten-Pitch. Informationen sind für Journalist:innen dann spannend und haben eine höhere Erfolgswahrscheinlichkeit, wenn sie mit Daten belegt werden können.

Umfragen und Studien gibt es wie Sand am Meer. Was muss eine Datengeschichte bieten, um es in die Medien zu schaffen?

Christine · Das lässt sich nicht pauschal beantworten. Der Erfolg von einer Geschichte hängt von vielen Faktoren ab und ist sehr komplex, aber natürlich können Kommunikationsexpert:innen die Erfolgschancen von Datengeschichten mit gründlicher Vorbereitung und ausgezeichneter Exekution erhöhen.

Bevor ich eine Datengeschichte konzipiere, ist natürlich die zentrale Frage: Was will ich damit überhaupt erreichen? Auf welche Kommunikationsziele soll diese Geschichte einzahlen, wen soll die Geschichte erreichen

6.3 Datengeschichten

und welche Unternehmensziele unterstütze ich damit? Je nachdem, wie diese Fragen beantwortet werden, gibt es unterschiedliche Herangehensweisen.

Wie sieht es aus mit Infografiken, Tabellen, Schaubildern? Erhöht das die Chancen, oder ist es Zeitverschwendung?

Christine · Meine Erfahrung zeigt, dass gebrandete Infografiken oder Tabellen, die Kreativ- und Designeams oft aufwendig gestalten, von Medienhäusern kaum genutzt werden und daher keinen guten Return on Investment haben. Grafiken in Print- oder Onlinemedien, entsprechen im Normalfall der Corporate Identity der Publikation. Deshalb gestalten Medien die Infografiken oder Tabellen im Regelfall zu den gelieferten Informationen selbst und greifen nur selten auf mitgelieferte Grafiken oder Tabellen zurück.

Datengeschichten sind jedoch nicht „nur" auf klassische Medienarbeit beschränkt, sondern sind oft auch für weitere Kommunikationskanäle oder Unternehmensbereiche relevant: Infografiken und Tabellen haben zum Beispiel für die eigene Webseite einen hohen Stellenwert: Will man eine Datengeschichte auch auf der eigenen Internetseite integrieren, um Journalist:innen zusätzliche Informationen zu der Pressemitteilung zu Verfügung zu stellen, dann zahlt sich die Investition in eine hochwertige und klare Aufbereitung mit Infografiken durchaus aus. Oft sind diese Inhalte auch für andere Kanäle wie Social Media oder das Customer-Relationship-Management interessant. Mit einer gebrandeten Aufbereitung kann eine Datengeschichte also durchaus auch für direkte Konsumentenkanäle spannend sein und Mehrwert liefern. Es zahlt sich auch aus, Kanäle wie LinkedIn mitzudenken und Assets zu kreieren, die Mitarbeiter:innen mit ihren Netzwerken teilen und zu der Webseite für mehr Details verlinken können.

Wenn du zurückdenkst an eure Kampagnen, kannst du bestimmte Erfolgsfaktoren ableiten?

Christine · Es gibt zwar keine universelle Herangehensweise für Datenkampagnen, aber es gibt definitiv Faktoren, die die Chance auf eine positive Medienresonanz erhöhen. Oft klappt es etwa sehr gut, eine Datengeschichte einem Medium ein paar Tage vor der Presseaussendung exklusiv anzubieten. Das kann auch Hand in Hand mit einem gut vorbereiteten Interview geschehen. So erhält man einerseits garantierte Berichterstattung durch die Exklusiv-Geschichte, andererseits ist es eine gute Maßnahme für die Beziehungspflege. Zusätzlich bewährt es sich, unterschiedliche Datensätze in einer Geschichte zu integrieren, also sowohl intern erhobene Daten als auch externe Daten aus selbst erhobenen Umfragen. Generell muss man sich natürlich vorab sehr genau überlegen, welchen Fokus die Geschichte haben soll, und was der Newswert ist. Denn Daten per sind nicht spannend. Erst wenn sie neue, überraschende Einblicke liefern, werden sie berichtenswert.

Was ist in der Vergangenheit schon mal richtig schiefgelaufen?

Christine · Meiner Ansicht nach am schwierigsten ist es, auch wirklich eine gute und spannende Geschichte erzählen zu können. Das ist manchmal mit einer Henne-Ei-Situation vergleichbar: Was kommt zuerst: die Geschichte oder die Daten? Es gab Zeiten, da hatte ich eine spannende Hypothese im Kopf, die Daten haben dann aber ein völlig anderes Bild ergeben. Dann heißt es zurück zum Anfang und noch einen Blick in die Daten werfen.

Ich empfehle außerdem, dass Teams eng zusammenarbeiten. Für Kommunikationsabteilungen kann es schwierig sein, Marktforschungsergebnisse medial aufzubereiten, wenn sie nicht in die Marktforschung miteinbezogen wurden und Feedback zu den Fragen geben konnten. Es ist aber genauso wichtig, dass PR-Abteilungen mit anderen Teams sprechen, bevor sie eine Studie in Auftrag geben, um zu sehen, wer noch von den Ergebnissen profitieren könnte und was dafür benötigt wird. Dadurch lassen sich Inhalte vielleicht mehrfach verwenden. Nicht zuletzt erhöht eine enge und abteilungsübergreifende Zusammenarbeit die Erfolgschancen.

6.4 Public Relations im B2B-Kontext

Isabell Horvath
Vice President Communications bei Celonis

Du warst vor Celonis bei großen internationalen IT-Konzernen und als PR-Beraterin tätig. Was hat dich an einem Start-up gereizt?

Isabell · Ich habe jahrelang für große Konzerne mit einem großen Unterbau gearbeitet, d. h., dass wir in allen wichtigen Märkten PR-Verantwortliche und auch PR-Agenturen am Start hatten, die für die lokale Pressearbeit verantwortlich waren. Das baue ich bei Celonis gerade auf, was eine unheimlich spannende und schöne Aufgabe ist. Da Celonis mittlerweile seit über zehn Jahren existiert und sich als absoluter Marktführer etabliert hat, kann man das Unternehmen allerdings gar nicht mehr als Start-up, sondern eher als Scale-up bezeichnen.

Welche Unterschiede siehst du? Haben es Kommunikationsprofis in Start-ups mit anderen Herausforderungen und Randbedingungen zu tun? Inwiefern?

Isabell · In einem Start-up gilt absolute Hands-On-Mentalität. Bei Start-ups steht das Erzielen von Resultaten eher im Vordergrund als Hierarchiestufen. Außerdem hilft es, bereichsübergreifend und wie ein Entrepreneur oder eine Entrepreneurin zu denken und zu handeln. Für mich als Kommunikationsverantwortliche heißt das, dass ich sowohl für die Kommunikationsplanung sowie deren Umsetzung verantwortlich und auch operativ stark eingebunden bin. Außerdem muss man über den Tellerrand beziehungsweise seinen eigenen Bereich blicken können und eng mit anderen Bereichen zusammenarbeiten, um das starke Wachstum und die ambitionierten Unternehmensziele gemeinsam voranzutreiben.

Um im Start-up erfolgreich zu sein, benötigt man schon eine gewisse Unternehmermentalität und ein Quäntchen Resilienz kann auch nicht schaden.

Die Bandbreite der Aktivitäten ist groß und um erfolgreich zu sein, sollte man gut vernetzt sein und eng mit den anderen Unternehmensbereichen zusammenarbeiten. Sowohl der interne Kontakt als auch der Austausch mit externen Kontakten sowie der Auf- und Ausbau eines guten Netzwerks ist für eine erfolgreiche Unternehmenskommunikation entscheidend. Ein Unterschied zu großen traditionellen Konzernen besteht darin, dass in einem Start-up die Nähe zu den Gründer:innen und Entscheider:innen viel größer ist. Und das wiederum hilft dabei, das große Ganze besser zu verstehen und dadurch besser die Unternehmensziele zu erreichen.

Celonis richtet sich an Geschäftskund:innen, ist also im B2B-Geschäft. Worin siehst du die größten Unterschiede zur externen Kommunikation von Start-ups, die im Endkund:innengeschäft sind? Wo liegen Gemeinsamkeiten?

> **Isabell** · B2B und B2C liegen meiner Meinung nach gar nicht so weit auseinander. Denn der Anspruch der Journalist:innen ist grundsätzlich derselbe: Sie erwarten professionelle, zuverlässige und vor allem relevante Kommunikation. Damit meine ich, dass die Geschichte, die man erzählen will, Substanz haben und spannend sein muss – man muss immer den Nachrichtenwert und auch das allgemeine Nachrichtengeschehen im Auge haben. Wichtig ist, eine vertrauensvolle Beziehung zu den Journalist:innen aufzubauen und diese zu pflegen. Wir als Kommunikationsverantwortliche sollten zuverlässige Sparringpartner:innen für die Journalist:innen sein.
>
> Die Unterschiede zwischen B2C und B2B Kommunikation liegen in den unterschiedlichen Zielgruppen und dementsprechend den unterschiedlichen Herangehensweisen begründet. Ich persönlich war immer ein Fan von dem Bereich Software, da es sich hierbei meist um eher komplexere Themen handelt. Hier ist es dann ganz besonders wichtig, oft hoch technische Themen für Nicht-Techies und eine C-Level Zielgruppe zugänglich und verständlich zu machen. Technologie ist ein sehr spannendes Thema, das mittlerweile ja branchenübergreifende Relevanz hat und auch im Alltag eines jeden Menschen eine Rolle spielt.

Erfahrungsgemäß liegen Marketing und PR im B2B-Geschäft näher beisammen. Kannst du das bestätigen? Wie funktioniert bei euch

6.4 Public Relations im B2B-Kontext

die Zusammenarbeit mit Marketing? Wie habt ihr die Aufgaben voneinander abgegrenzt?

Isabell · Ich habe immer sehr eng mit dem Marketing zusammengearbeitet, unabhängig von der Firma, in der ich gerade tätig war – auch wenn die Kommunikation in den Firmen oft sehr unterschiedlich aufgehängt war. Dabei bin ich grundsätzlich kein Freund des Silodenkens. Denn erst eine enge Zusammenarbeit der Strategie-, Marketing-, und Kommunikationsbereiche sowie des Vertriebs bringt das Unternehmen wirklich voran und hat tatsächlich Einfluss auf die Unternehmenszahlen. Als ganz wesentlich betrachte ich auch das Thema Kund:innenkommunikation, da Unternehmen und potentielle Kund:innen ja zumeist von bestehenden Kund:innen und ihren Erfahrungen hören möchten, um daraus lernen zu können. In meinen Augen sind auch die interne und externe Kommunikation eng miteinander verwoben und müssen integriert und ganzheitlich betrachtet werden. Wenn man genau hinsieht, hat ja letztendlich alles in einem Unternehmen einen Kommunikationsaspekt, und gerade bei stark wachsenden Start-ups spielt das Thema Kommunikation eine ganz entscheidende und strategische Rolle.

Wie erreicht ihr eure Zielgruppe? Was sind eure wichtigsten Kommunikationskanäle?

Isabell · Die beste Geschichte funktioniert nur, wenn man sie der richtigen Zielgruppe mittels des richtigen Mediums näherbringt. Deshalb geht es uns zunächst immer darum, die geeignete Zielgruppe für die jeweilige Botschaft zu identifizieren. Dann stellen wir uns die Frage, wo sich diese Zielgruppe aufhält. Je nachdem, wie die Antwort ausfällt, erzählen wir unsere Geschichte mittels klassischer Kommunikationswege und/oder über soziale Medien.

Tages- und Wirtschaftszeitungen sind dabei für uns enorm wichtig, da unsere Zielgruppe überwiegend diese Medien konsumiert. Die sozialen Medien betrachten wir als komplementär dazu. Aber auch Podcasts werden ein immer beliebteres Format, das wir auch gerne bespielen, weshalb wir mittlerweile sogar ein richtig professionelles Podcast Studio bei uns im Büro eingerichtet haben.

Letztlich verfügen Kommunikationsteams über eine Art Werkzeugkoffer. Abhängig davon, für welche Zielgruppe eine Geschichte relevant ist, entscheiden wir uns für das geeignete Tool und bereiten die Geschichte dann so auf, dass sie auf dem jeweiligen Kanal die relevante Zielgruppe erreicht.

Deine drei Tipps für erfolgreiche B2B-Kommunikation?
Isabell · ① Sei bezüglich des Marktgeschehens immer auf dem Laufenden und entwickle deine Geschichte entsprechend. Auch ein gutes Timing ist hier entscheidend. Unsere Zielgruppen möchten aus den Erfahrungen anderer Kund:innen lernen – deshalb ist es auch beim Storytelling wichtig, dass man auf die Herausforderungen, mit denen sich Unternehmen konfrontiert sehen, eingeht und Lösungsmöglichkeiten skizziert.

② Der Austausch mit den Medien darf keine Einbahnstraße sein. Man sollte sich immer bewusst sein, welche Themen für die Journalist:innen gerade von größter Relevanz sind und Ansätze finden, die die eigenen Neuigkeiten in diesem Kontext positionieren. Man sollte stets ein zuverlässiger Kontakt für Journalist:innen sein, ihnen Mehrwert bieten und die Medien nicht mit irrelevanten Nachrichten zumüllen.

③ Sei nah an der Unternehmensstrategie dran. Nur, wenn du die kurz- und langfristige Strategie, Vision und Mission des Unternehmens kennst und verstehst, kannst du zielgerichtet interessante und relevante Erzählstränge entwickeln.

Ein Wort zu Konferenzen und Messen: Welche Rolle spielen diese für euch und weshalb? Wie sieht es mit Sponsorings und bezahlten Speakerslots aus?
Isabell · In der Kommunikation sind wir bei Celonis nicht auf Sponsoring fokussiert und werden mittlerweile aufgrund unserer Relevanz zu vielen interessanten Veranstaltungen als Sprecher eingeladen. Und wir legen großen Wert auf unsere eigenen Veranstaltungen, wie die Celosphere – unsere jährliche Anwenderkonferenz – und die World Tour. Beide, aktuell virtuelle Formate, schaffen es im Durchschnitt, über 20.000 Teilnehmende zu begeistern. Damit Teilnehmer:innen am Ball bleiben, ist es enorm wichtig, dass wir spannende Inhalte entwickeln, die für unsere Zielgruppe relevant sind. Auch hier kommt dem Storytelling eine große Bedeutung zu.

Eine Sache, die in der B2B-Kommunikation regelmäßig unterschätzt wird?
Isabell · In meinen Augen ist die Beziehungspflege zentral für den Kommunikationserfolg, und zwar unabhängig ob B2C und B2B. Dabei meine ich die Beziehungen zu Journalist:innen, aber auch das Netzwerken innerhalb und außerhalb des Unternehmens, mit Partner:innen und Kund:innen ebenso wie mit der Wissenschaft und anderen Bereichen der Gesellschaft.

6.5 Launch-Kommunikation

Kathrin Kirchler
Senior PR-Manager bei Personio

Du hast es mit einer PR-Kampagne in mehrere Tageszeitungen geschafft, doch die Verkaufs- oder Bewerberzahlen haben sich kein bisschen verändert. Was also bringt PR?

Kathrin · Zunächst stellt sich für mich die Frage, von welchem Zeitraum wir sprechen. PR ist für mich zudem kein Kanal zur direkten Lead-Generierung, schon gar nicht zur kurzfristigen. In erster Linie geht es für mich darum, eine Marke aufzubauen, also Bekanntheit zu erzeugen und Themen zu setzen, für die das Unternehmen stehen möchte. Die Lead-Generierung geschieht damit meist (nicht immer) eher indirekt und zeitverzögert. Den Erfolg unserer PR-Arbeit messe ich daher auch weniger an Leads, sondern an der Markenbekanntheit, den Brand-Suchanfragen und dem Traffic nach dem Erscheinen großer Artikel sowie natürlich auch quantitativ über die Clippings. Zusätzlich erheben wir, welche Leads und Neukund:innen auf unsere Brand-Aktivitäten zurückzuführen sind. Da fließen dann aber auch andere Marketingaktivitäten mit ein.

Ihr seid in wenigen Jahren in fünf weitere Märkte expandiert und plant noch mehr Markteintritte. Wenn du zurückblickst und die PR-Arbeit in den bisherigen Märkten vergleichst: Was hat dich überrascht? Wo gibt es deutliche Unterschiede?

Kathrin · PR funktioniert in jedem Land etwas anders. Das fängt bei ganz operativen Dingen an wie zum Beispiel, dass man in Spanien Gastbeiträge bereits fertig aufbereitet und sie dann Medien anbietet. In anderen Märkten machen wir das andersherum: Erst, wenn Interesse für einen Gastbeitrag besteht und man sich gemeinsam mit der Redaktion auf Schwerpunkte geeinigt hat, fertigen wir den Beitrag an. Aber natürlich gibt es vor allem auch bei der Themensetzung Unterschiede: Nicht jeder Pitch funktioniert in jedem Land. Außerdem habe ich den Eindruck, dass der Wettbewerb in manchen Märkten größer und es daher deutlich schwieriger ist, Gehör zu finden. UK ist so ein Beispiel. In London sitzen natürlich unheimlich viele spannende Unternehmen, die alle versuchen, in die Medien zu kommen. Da muss man dann auch etwas Geduld mitbringen, wobei ich das generell in der PR-Arbeit empfehlen würde.

Hast du Agenturunterstützung?
Kathrin · Auf jeden Fall. Gerade im Ausland sind Agenturen meiner Meinung nach unerlässlich, um Experten vor Ort zu haben, die die Medienlandschaft sowie die richtigen Kontakte kennen und Empfehlungen aussprechen, welche Themen funktionieren könnten. Und dann ist da ja meist noch die sprachliche Hürde im Ausland. Wie soll ich in Spanien PR machen, wenn ich gerade einmal Tapas auf Spanisch bestellen kann?

Woran erkennst du eine gute Agentur?

Kathrin · Ehrlich gesagt finde ich, dass ganz viel die Chemie ausmacht. Du suchst dir ja schon bei der initialen Ansprache nur Agenturen heraus, die thematisch Sinn ergeben könnten. Und im Pitch zeigt sich natürlich jede von ihrer besten Seite und wirbt mit Referenzkund:innen, die deinem Unternehmen oder deiner Branche ähneln. Deshalb empfehle ich, die Agenturen für die Pitches persönlich zu treffen. Das war in letzter Zeit kaum möglich, aber vor der Pandemie bin ich beispielsweise zwei Tage nach London geflogen und habe dort mehrere Agenturen abgeklappert, um mir einen persönlichen Eindruck von ihnen zu verschaffen. Der Pitch sollte dann auf den Punkt sein: Hat die Agentur verstanden, wer wir sind und was unsere Unternehmensvision ist, die wir mit Kommunikation begleiten und unterstützen wollen? Wurde mir das Team vorgestellt, mit dem ich später operativ zusammenarbeiten werde oder saßen im Pitch die Geschäftsführer:innen, die ich anschließend noch maximal zweimal zu sehen bekomme? Und ganz wichtig: Konnte das Team mir glaubhaft vermitteln, dass es für uns brennt und Personio gemeinsam mit uns nach vorne bringen will?

6.5 Launch-Kommunikation

Und wie arbeitet ihr zusammen?
Kathrin · Da gibt es sicherlich nicht den einen richtigen Weg. Für mich hat es sich bewährt, alle zwei Wochen einen Jour fixe mit den Agenturen zu haben, in dem ich sie über Neuigkeiten im Unternehmen unterrichte und wir Ideen für weitere Maßnahmen diskutieren. Ansonsten passiert bei uns ganz viel per Slack und das fast täglich. Außerdem haben wir zweimal im Jahr etwas längere Strategietreffen, um die nächsten Monate zu planen.

Stichwort Themensetzung – das ist ja ein wichtiges Ziel der externen Kommunikation. Was empfiehlst du? Wie findet man geeignete Themen, und wie bringt man sie in die Medien?
Kathrin · Zur Themenfindung ist es für mich ganz wichtig, mich regelmäßig mit dem C-Level auszutauschen: Womit beschäftigt sich unser CEO gerade? In unserem speziellen Fall als Anbieter einer HR-Software ist natürlich auch unser Chief People Officer zentral. Welche Themen beschäftigen sie? Wohin geht's mit Personio? Es ist außerdem wichtig, aktuelle Diskussionen in der Öffentlichkeit und in relevanten Medien zu verfolgen. Auf dieser Grundlage lassen sich interessante Sichtweisen oder Geschichten definieren und den richtigen Ansprechpartner:innen anbieten. Da hilft es, wenn man sich traut zu polarisieren oder zumindest mutig oder auch mal überspitzt zu formulieren.

Meiner Erfahrung nach ist es total wichtig, dass man Menschen zeigt und über das eigene Produkt und eigene Themen sprechen lässt – gerade wenn es sich um ein digitales B2B-Produkt handelt. Das PR-Team ist hierfür weniger geeignet. Besser ist es, Spokespeople zu definieren und aufzubauen, die für bestimmte Themen stehen. Diese sollten klar kommunizieren können und keine Hemmungen haben, mit Medienvertreter:innen zu sprechen. Medientrainings können hier helfen, damit die Botschaften einfach, verständlich und gezielt kommuniziert werden und man auch bei schwierigen Fragen nicht ins Schwitzen kommt.

Lass uns nochmal zum Markteintritt zurückkommen. Ihr habt letztes Jahr, kurz vor der ersten Homeoffice-Welle angekündigt, nach Spanien zu expandieren. Vielleicht kannst du uns durch die einzelnen Schritte eurer Launch-Kommunikation führen. Wie sah euer Kommunikationsplan zum Launch aus? Welche Überlegungen und Diskussionen hattet ihr?

Kathrin · Zu Beginn involviere ich eine:n Ansprechparter:in aus dem Markt ganz stark. In dem Fall war das der Country-Manager in Spanien. Zusammen mit der Agentur habe ich versucht, vom Country-Manager so viel Wissen wie möglich abzugreifen: Was sind die besonderen Herausforderungen? Wie ticken die Kund:innen? Was sind die Pläne für den Markt? Mit der Agentur haben wir Themen definiert, die auf unsere übergeordnete Strategie einzahlen und von denen wir geglaubt haben, dass sie in diesem Markt besonders gut funktionieren könnten. Und dann heißt es: Klinken putzen. Am Anfang kennt dich in der Regel niemand und einen Heimvorteil als ‚aufstrebendes heimisches Start-up' hast du nicht. Das heißt, wir mussten uns erst einmal vorstellen, erklären, wer wir sind und was wir machen, und dann unsere Comms Story – angepasst an den Markt und das jeweilige Medium – erzählen. Ideal ist es, wenn man zur Produkteinführung auch ein Büro eröffnet und somit erzählen kann, wie man nun näher an den Kund:innen dran ist und zudem Arbeitsplätze schafft. Das hat in Spanien wirklich gut geklappt. Mittlerweile haben wir Interviews mit unserem CEO Hanno in fast allen großen Wirtschaftsmedien platzieren können. Dafür haben wir die Journalist:innen auch immer ins Büro eingeladen, wenn Hanno vor Ort war. Ich finde es auch immer gut, professionelle Fotos von den Spokespeople im lokalen Büro zu machen. Solche Fotos werden von Journalist:innen grundsätzlich gerne genutzt.

Wie orchestriert ihr die Maßnahmen über die verschiedenen Kanäle? Wer ist die Zielgruppe? Was ist die Hauptbotschaft? Was sind eure Leitmedien?

Kathrin · Die einheitliche Kommunikation über alle Kanäle hinweg ist tatsächlich manchmal eine kleine Herausforderung, da wir eine große Marketingabteilung mit mehreren kleineren Teams sind, eines davon ist die Kommunikation. Da braucht es viel Transparenz und Austausch. Unsere Zielgruppen sind zum einen HR-Manager:innen, die tagtäglich mit unserer Software arbeiten, zum anderen aber auch Führungskräfte, die oftmals in die Kaufentscheidung involviert sind. Dazu zählen unter anderem die Geschäftsführung, die IT-Abteilung oder CFOs. Daraus leiten wir unsere Zielmedien ab: HR-, Wirtschafts- und Tech-Medien, aber auch Medien speziell für kleine und mittlere Unternehmen, für die wir unsere Software machen.

6.6 Funding-Kommunikation

Ina Froehner
Head of Communications bei Scalable Capital

Was hat PR für einen Einfluss auf den Erfolg eines Start-ups?
Ina · Medienarbeit spielt für den Erfolg eines Start-ups – gerade zu Beginn – eine wichtige Rolle. In der externen Kommunikation können junge Unternehmen ihr Geschäftsmodell erklären, Vertrauen bei den Kund:innen schaffen und darüber hinaus eine Marke etablieren. Ein Vorteil gegenüber klassischem Marketing: Gute Kommunikation kann schon mit wenig Budget und überschaubaren Ressourcen viel erreichen.

Stichwort Funding-Kommunikation. Du hast in deiner Zeit bei dem FinTech-Company-Builder finleap nicht nur die Kommunikation des Unternehmens, sondern auch die eines Investors begleitet – kennst also die Sicht von Investor:innen und von Start-ups. Was macht die Funding-Kommunikation so besonders?
Ina · Ich sehe Finanzierungsrunden als tolle Chance, um große Aufmerksamkeit für junge Unternehmen und deren Geschäftsmodelle zu bekommen. Für Start-ups und ihren Investor:innen sind sie wichtige Meilensteine. Mit dem frischen Kapital soll beispielsweise die internationale Expansion vorangetrieben oder das Produkt weiter ausgebaut werden. Das sind interessante Aufhänger, die man (fast) immer für die Medienarbeit nutzen sollte – sei es die Seed-Runde oder eine spätere Runde.

Noch interessanter sind die Details: Wer investiert? Wie hoch ist das Funding? Was ist die aktuelle Bewertung? Firmen, in die bedeutende, gar internationale Namen investieren oder hohe Summen und Bewertungen erhalten, machen Journalist:innen neugierig. Hier hat jedes Start-up eine große Chance zur breiten und umfangreichen Berichterstattung. Finanzierungsrunden bieten außerdem die ideale Gelegenheit, das Geschäftsmodell erneut zu erklären und wichtige Personen vorzustellen.

Wo liegen die größten Stolpersteine? Was gibt es zu beachten?

Ina · Es liegt nahe: Die Kommunikation einer Finanzierungsrunde sollte gut vorbereitet sein. Ein Projektplan oder entsprechende Tools sind dafür unabdingbar. Alle unterschiedlichen Aufgaben, involvierten Personen und das Timing sollten darin aufgelistet sein.
Das allein reicht nicht – auch die Inhalte müssen stimmen. Was soll die Botschaft zum Funding sein? Ist es nur das Investment, das kommuniziert werden soll? Oder können weitere Meilensteine oder Ziele vorgestellt werden? Die reine Funding-News reicht in Zeiten von Mega-Runden oft nicht mehr aus. Gerade Wirtschaftsressorts fragen gern nach Geschäftszahlen. Hier müssen sich Start-ups vorab überlegen: Welche kann und will man kommunizieren? Und was soll hingegen noch nicht an die Öffentlichkeit? Wichtig ist, nur substanzielle Inhalte und keine Übertreibungen oder gar Lügen zu verbreiten. Spätestens, wenn das Handelsregister erscheint, kann einiges an Zahlen abgelesen werden, was vorher vielleicht nicht kommuniziert werden sollte.

Gerade größere Medien wollen oft ein Funding exklusiv kommunizieren. Was für Erfahrungen hast du gemacht? Was empfiehlst du? Und welche Rolle spielen Sperrfristen?

Ina · Auch hier gilt es sich zu fragen, was mit der Kommunikation erreicht werden soll. Ist eine breite Aufmerksamkeit wichtig? Oder hilft vielmehr das umfassende und detaillierte Unternehmensporträt in einem Fachmedium, weil das Unternehmen im B2B-Bereich agiert und der Endkunde gar nicht erreicht werden muss?

Für noch wenig bekannte Marken sind exklusive Artikel oft ein guter Weg. Wichtig sind hierbei klare Absprachen mit allen Beteiligten und die Einhaltung der Sperrfristen, um so auch Vertrauen mit wichtigen Journalist:innen aufzubauen.

Eine Funding-Kommunikation sollte detailliert geplant sein. Wie sieht so ein Plan aus?

Ina · Für mich ist ein Projektplan ein Muss. Er listet alle notwendigen Tätigkeiten auf – sei es das Erstellen einer Pressemitteilung und eines

6.6 Funding-Kommunikation

Fragen- und Antwortenkatalogs, von Texten wie Social-Media-Posts, Meldungen für den eigenen Newsletter oder den Firmenblog, Übersetzungen oder das Besorgen von Bildmaterial. Zudem unbedingt die inhaltliche Abstimmung mit den Gründer:innen einplanen, ebenso wie die Einbindung der Investor:innen. Alle Zitate müssen sitzen! Und natürlich muss die Ansprache der Medien, das Durchführen von Interviews, das Erstellen eines Presseverteilers sowie Versand und das Monitoring der Berichterstattung eingeplant werden.

Stichwort Zeitplan: Aus meiner Erfahrung ist es bei einer Finanzierungsrunde nicht die Ausnahme, sondern eher die Regel, dass es nie beim ursprünglichen Zeitplan bleibt. Es gibt zu viele Faktoren, die zu Verzögerungen führen. Also ist Flexibilität das A und O. Dennoch kann man sich mit einem Plan vorbereiten, um dann am Tag der Veröffentlichung und den Tagen davor und danach im Stress nichts zu vergessen.

Eine große Herausforderung beim Funding, ähnlich wie bei Fusionen oder Kooperationen, ist immer, dass die Information geleakt wird. Hast du das schon mal erlebt? Wie seid ihr damit umgegangen?

Ina · Ich habe schon häufiger solche Situationen erlebt. Nicht nur bei Finanzierungsrunden, auch bei anderen vertraulichen Themen. Es gehört zum Alltag eines PR-Profis, auch wenn es sich in der Situation selbst nie nach Alltag anfühlt. Wie gehe ich damit um? Die wichtigste Maßnahme: Zeit gewinnen. Einmal durchatmen, Informationen sammeln und die Situation analysieren. Wie groß ist der Schaden? Bleibt es bei der geplanten Strategie, lenkt man ein, bestätigt sie oder kommentiert nicht? Das sind alles Überlegungen, zu denen es keine Standardantworten gibt. Ich rate dazu, sich erst einmal mit Vertrauten im Unternehmen auszutauschen und die Situation zu reflektieren. Bei vertraulichen Themen sollte man natürlich auch intern nur mit Personen sprechen, die bereits involviert sind. Erst dann sollte über die nächsten Schritte entschieden werden.

Wie können Start-ups verhindern, dass Informationen zu früh an die Medien kommen? Wann sollten beispielsweise die Mitarbeiter:innen abgeholt werden? Zu früh ist schwierig, aber wenn sie es aus den Medien erfahren, ist es auch schlecht ...

Ina · Optimal ist eine persönliche Information des Teams durch die Geschäftsführung. Eine Finanzierungsrunde ist ja in den meisten Fällen für das Start-up großartig und sollte gefeiert werden. Aber zu früh alle in Kenntnis setzen, kann auch nach hinten losgehen. Jemand aus dem Team kann zum Beispiel unbedacht im Aufzug darüber sprechen oder einem Mitbewohner oder einer Mitbewohnerin davon erzählen und schon ist die Nachricht nicht mehr unter Kontrolle.

Als grobe Richtlinie sollte auf jeden Fall das Signing abgeschlossen sein und das Team vor dem ersten Artikel informiert werden – je nach Größe und Bedeutung des Fundings nicht mehr als zwei bis 48 Stunden vor offizieller Verlautbarung. Mit der Information des Teams kann es einen deutlichen Hinweis auf die Verschwiegenheitspflicht geben und dass niemand etwas auf Social Media liked, kommentiert oder teilt, bevor das Unternehmen sich nicht selbst dazu geäußert hat. Spätestens nach dem Closing wird es dann höchste Eisenbahn. Die Information ist im Handelsregister und wird über kurz oder lang von findigen Journalist:innen aufgespürt werden.

Was hälst du davon, Aussagen nicht zu kommentieren?
Ina · Eine kritische Frage nicht zu beantworten kann schnell als Eingeständnis gedeutet werden. Eine Antwort ist also fast immer die bessere Option, zumal man dann auch die Möglichkeit hat, den Sachverhalt zu erklären. Es gibt aber durchaus Situationen, in denen sensible Informationen nicht geteilt werden dürfen. Dann besser sagen, dass sich das Start-up dazu nicht äußern kann, als um den heißen Brei herumreden.

PR soll ein Unternehmen, ein Produkt oder eine Person positiv darstellen. Aber wo Licht ist, ist auch Schatten. Was, wenn Journalist:innen direkt den Finger in die Wunde legen? Und das Funding nur als Aufhänger für eine ganz andere Geschichte nehmen?
Ina · Zunächst einmal steht es jeder Journalistin und jedem Journalisten grundsätzlich frei zu berichten, worüber sie möchten. Pressefreiheit ist ein hohes Gut! Wir können stolz darauf sein, dass sie in unserem Grundgesetz fest verankert ist. Gleichzeitig ist es jedem erlaubt, seine eigene Sichtweise darzulegen. Je pointierter das gelingt, desto höher die Wahrscheinlichkeit, dass sie genauso verstanden und wiedergegeben wird. Das gilt natürlich auch für Unternehmen und deren Umgang mit Journalist:innen.

Generell lassen sich die meisten kritischen Themen vorbereiten. Wer einen Katalog an potenziellen Fragen mit dazugehörigen Antworten in der Schublade hat, kann bei Bedarf schnell reagieren und die eigene Sichtweise

6.6 Funding-Kommunikation

darlegen. Wichtig dabei: keine Ausreden oder Entschuldigungen, sondern faktische Erklärungen abgeben und dialogbereit bleiben.

Ein Journalist spricht ein Mitglied der Geschäftsführung. Das Gespräch ist freundlich, alle Fragen werden beantwortet. Kurze Zeit später erscheint der Beitrag, der unerwartet kritisch ausfällt. Wie gehst du damit um? Was empfiehlst du anderen Presseleuten?

Ina · Ich habe es so zugespitzt ehrlich gesagt noch nicht erlebt. Durch meine langjährige Erfahrung und die vielen Gespräche, die ich geführt oder an denen ich teilgenommen habe, kann ich gut einschätzen, ob es einen kritischen Ansatz gibt oder nicht. Auch sollte man sich mit Themen, die gesellschaftspolitisch auf der Agenda stehen oder dem Unternehmen schon in der Vergangenheit angekreidet wurden, kontinuierlich auseinandersetzen. Aus heiterem Himmel kommt die Kritik selten. Wichtig ist, diese Fragen und Situationen vorher zu antizipieren. Sich und andere Sprecher:innen im Unternehmen immer auf kritische Themen und Interviews vorbereiten und damit auch schützen.

Dabei hilft es, die Interessen des Gegenübers mitzudenken. Medien mit hohen Auflagen erreichen diese möglicherweise durch kritische oder eine gar reißerische Überschriften. Ein Vorgespräch mit der betreffenden Journalistin oder dem Journalisten lohnt sich daher fast immer, auch um zu klären, um welche Themen es im Gespräch gehen wird.

Sollte dieser kritische Artikel nun doch erscheinen, ohne dass damit im Leisesten gerechnet wurde, muss wie so oft abgewogen werden, ob man das Gespräch noch einmal sucht. Gut ist zumindest, dem Gegenüber zu erklären, bei welchen Punkten das Unternehmen eine andere Sichtweise hat und warum etwas vielleicht nicht richtig dargestellt wurde.

6.7 Investorenkommunikation

Philipp Blankenagel
Head of Marketing & Communications bei Capnamic Ventures | Communications & Strategy Consultant bei &Blankenagel

In Aktiengesellschaften und anderen kapitalbasierten Unternehmen sind Investor Relations, also die Finanzkommunikation, ein eigenständiger Bereich der Unternehmenskommunikation. In Start-ups sind es dagegen in der Regel die Gründer:innen, die mit den Investor:innen sprechen, oft unterstützt durch einen Finanzvorstand oder eine Finanzvorständin. Was also heißt Investorenkommunikation im Start-up-Umfeld überhaupt?

Philipp · Die Investorenkommunikation von großen Konzernen und Start-ups sind fast nicht zu vergleichen. Wie in den meisten Belangen gibt es gerade bei jungen Start-ups wenig ausgeprägte Strukturen und Investor Relations können bei dem oder der CEO (im weiteren Sinne dem Management), der Finanzabteilung oder der Kommunikation liegen – oder bei allen drei gleichzeitig. Das primäre Ziel der Investor Relations ist es, belastbare Beziehungen zu Wagniskapitalgeber:innen wie beispielsweise Venture Capital Fonds oder den Investmentabteilungen großer Konzerne aufzubauen, aus denen dann kurz-, mittel- oder langfristig eine Zusammenarbeit der beiden Seiten entstehen kann, wenn das Start-up im sogenannten Fundraising-Prozess, also auf der Suche nach externen Investor:innen, ist.

Dabei gibt es einen indirekten und einen direkten Teil der Investorenkommunikation. Die indirekte Investorenkommunikation verläuft über Massenmedien, eigene Kommunikationskanäle des Unternehmens oder Mundpropaganda und informiert im besten Fall Investor:innen über das Geschäftsmodell, die handelnden Personen, die Ziele und den Fortschritt eines Unternehmens. Dagegen verläuft die direkte Investorenkommunikation zwischen dem Unternehmen und Investor:innen, beginnt oftmals vor dem eigentlichen Fundraising mit einem ersten Kennenlernen und wird im Laufe des Prozesses zunehmend formalisiert.

Das Verhältnis von Start-up und Investor:in hat sich dabei grundlegend gewandelt. Lange Zeit lag die Verhandlungsmacht auf Seiten den Geldgeber:innen, schließlich waren die Start-ups auf das externe Geld angewiesen. Mittlerweile gibt es mehr Venture Capital Fonds, gleichzeitig aber auch mehr finanzierungswürdige Start-ups. Verbunden mit einem Investitionsdruck in Niedrigzinszeiten können sich die vielversprechendsten Jungunternehmen heute ihre Investor:innen nahezu aussuchen. Neben dem finanziellen Investment spielen weitere Faktoren eine Rolle, beispielsweise die operative Unterstützung beim Recruiting von Führungskräften, bei der Strategieentwicklung oder auch der Pressearbeit. Nicht zuletzt ist das sogenannte *Signaling* entscheidend, also die Signalwirkung und Reputation, die der Name eines Investors oder einer Investorin innerhalb der Start-up-Industrie hat, denn – so abgedroschen diese Formulierung ist – nach der Finanzierungsrunde ist vor der Finanzierungsrunde.

Potenzielle Investor:innen sind eine wichtige Zielgruppe für Start-ups. Gern auch internationale Investor:innen. Wie erreicht man diese Zielgruppe?

Philipp · Viele Beziehungen werden von Start-up-Gründer:innen über das eigene Netzwerk und bereits investierte Venture Capital Firmen aufgebaut. So finden Gespräche zwischen Start-ups und Investor:innen meist nicht erst im Fundraising-Prozess, sondern deutlich früher statt. Darüber hinaus kann gute Kommunikation aber einen elementaren Beitrag zu starken Investor Relations liefern, und zwar in zweierlei Hinsicht:

Erstens steuert die Kommunikationsstrategie frühzeitig die Positionierung des Start-ups. Ideal, wenn auch nicht immer erreichbar, ist es, wenn das Unternehmen als Anführer einer Unternehmenskategorie (*category leadership*) positioniert werden kann. Dazu muss die Kommunikation die strategische Grundlagenarbeit übernehmen, den Markt und Wettbewerb analysieren, die ideale Ausgangslage für das eigene Unternehmen und Produkt finden oder auch eine neue Kategorie definieren, die es bislang am Markt noch nicht gegeben hat.

Zweitens hat die Kommunikation über reputationsstarke Massenmedien nach wie vor einen ungemeinen Hebel. Diese Medien erreichen nicht nur Millionen von Menschen, darunter auch viele Investor:innen, sondern sind unvergleichlich vertrauensbildend. Gerade für die Ansprache von potenziellen Investor:innen sind zudem nationale und internationale Tech-Medien besonders relevant. Auch Branchenevents, auf denen Start-ups und Investor:innen zusammenkommen, sollten in den Fokus genommen werden.

Es gibt unzählige Konferenzen für Start-ups und Investor:innen. Manche Veranstaltungen sind riesig; einige verlangen von Start-ups Geld. Was empfiehlst du?

Philipp · Tech-Konferenzen haben absolut ihre Daseinsberechtigung, einige von ihnen haben sich in den letzten zehn bis 20 Jahren zu führenden Technologie-Veranstaltungen entwickelt und sollten auf der Agenda eines oder einer jeden Start-up CEO stehen. Dabei kann es aber ausreichend sein, ein Ticket zu kaufen, teilzunehmen und intensiv zu netzwerken. Sponsorings lohnen sich nur, wenn neben Investor:innen auch potenzielle Kund:innen an der Veranstaltung teilnehmen und wirkungsvoll erreicht werden können. Ideal, aber gerade für junge Start-ups oftmals schwer zu erreichen, ist eine kostenlose Präsentation oder ein Vortrag auf einer der großen, europäischen Tech-Konferenzen, da so nicht nur viele interessante Anspruchsgruppen erreicht werden, sondern auch die eigene Reputation über die Reputation der Veranstaltung gehebelt wird.

Welche Medien sind aus Investorensicht besonders wichtig und meinungsbildend?

Philipp · Führende nationale und internationale Wirtschafts- sowie Tech-Medien sind immer noch der ideale Weg, um Sichtbarkeit bei Top-Investor:innen zu erzielen. Dazu gehören in Deutschland neben dem Handelsblatt, der Wirtschaftswoche oder auch den Wirtschaftsteilen von Medien wie der Süddeutschen Zeitung oder FAZ zweifelsohne die Tech- und Start-up-Medien Gründerszene, t3n und deutsche startups. Bei späteren, großen Finanzierungsrunden werden Nachrichtenagenturen wie Reuters oder Bloomberg zunehmend relevant, da sie einen starken Multiplikatoreffekt für eine Nachricht bedeuten. Doch auch auf gewisse Branchen spezialisierte Medien, wie beispielsweise Finance Forward für die FinTech-Branche, gewinnen an Bedeutung, da Investor:innen neben ihrem Netzwerk auch auf mediale Berichterstattung vertrauen, um den Überblick über die Start-up- und Investmentlandschaft zu behalten. International haben vor allem angelsächsische Medien die Nase vorn. Der mediale Ritterschlag für eine jede Finanzierungsrunde ist wohl immer noch ein Artikel im US-Medium Techcrunch, da es als Technologie-Leitmedium auch für andere Medien die Agenda diktiert.

Capnamic investiert vor allem in Start-ups in einer frühen Phase. Geldgeber:innen investieren am Anfang in Personen und in eine Geschichte, eine Vision. Stimmt das? Oder anders gefragt: Welche Rolle spielt gutes Storytelling?

Philipp · Gutes Storytelling spielte eine bedeutende Rolle in der Anfangsphase eines Unternehmens, kann aber nicht eine gute Idee mit gutem Timing, geschweige denn ein gutes Gründungsteam ersetzen. Da besonders in sehr frühen Unternehmensphasen noch kein Produkt und keine Umsätze vorgewiesen werden können, kommt es zu diesem Zeitpunkt stark auf die handelnden Personen an. Nur wenn das Team überzeugt, kann eine gute Geschichte verfangen. Wenn das Team eine besondere Marktkenntnis und gegebenenfalls sogar bereits erfolgreich gegründet hat, sind dies gute Voraussetzungen für das Interesse von Investor:innen. Bei der Kommunikation der Idee und Vision des Start-ups spielt dann das Storytelling eine wichtige Rolle, wobei es einen schmalen Grat zu beachten gibt. Einerseits ist es sehr hilfreich, wenn die Geschichte des Unternehmens anschlussfähig ist, also an etwas anknüpft, das dem Investor oder der Investorin bekannt ist und das Unternehmen mit potenziellem Erfolg und Größe assoziiert. Gleichzeitig muss die Besonderheit des Unternehmens herausgestellt werden, sodass glaubhaft vermittelt werden kann, dass das Unternehmen eine herausragende Marktposition, eine *category leadership*, erreichen kann.

Du kennt die Investorensicht auf Kommunikation, berätst aber auch Start-ups als selbständiger Berater. Unterscheiden sich die Start-up- und Investorensicht auf Kommunikation, und wenn ja, inwiefern?

Philipp · Da die Ziele von Investor:innen und Start-ups größtenteils gleichgelagert sind, ist auch die Sicht auf Kommunikation sehr ähnlich. Beide sind am langfristigen Erfolg des Unternehmens interessiert und dazu kann Kommunikation einen wesentlichen Beitrag leisten.

Dein Tipp an Gründer:innen, wenn sie mit Investor:innen sprechen?
Philipp · Sieh die Kommunikation mit Investor:innen als langfristigen Beziehungsaufbau, nicht als notwendiges Übel im Fundraising. Bei Investments spielen die persönliche Beziehung zwischen Gründer:innen und Investor:innen eine nicht zu unterschätzende Rolle und je länger diese Beziehung existiert und je belastbarer sie ist, desto höher sind die Erfolgsaussichten.

6.8 CEO-Kommunikation

Caroline Leonie Wahl
Mitgründerin von Voices PR

Barbara Klingelhöfer
Mitgründerin von Voices PR

CEO-Kommunikation oder CEO-Branding, was ist das? Und warum ist es wichtig?
Caroline · In der PR reden wir von CEO-Kommunikation. Es geht nicht darum, eine neue Marke rund um eine Person aufzubauen (*CEO-Branding*), sondern darum, den beziehungsweise die CEO als bekanntes Gesicht mit einer authentischen Haltung und einer klaren Position stellvertretend für das Unternehmen zu etablieren.

6.8 CEO-Kommunikation

Das ist wichtig, weil sich Kund:innen und potenzielle Mitarbeiter:innen heute nicht nur gute Produkte oder ein gutes Gehalt wünschen. Sie möchten, dass Unternehmen im Einklang mit Umwelt und Gesellschaft handeln und eine Vorbildfunktion übernehmen. Wer könnte das besser verkörpern und authentisch nach außen tragen als CEOs oder Gründer:innen als oberste Botschafter:innen ihres Unternehmens? CEOs sind die wichtigsten Identifikationsfiguren nach innen und nach außen; Sympathie für den oder die CEO färbt direkt auf die Sympathie fürs Unternehmen ab.

Dazu kommt die Taktung der digitalen und sozialen Medien: Wir kommunizieren heute in einer höheren Frequenz, schneller, direkter. Um Kund:innen und Mitarbeiter:innen bei so vielen Kanälen und Öffentlichkeiten nicht zu verwirren, eignen sich CEOs hervorragend als Klammer. Sie schaffen Kontinuität und verkörpern die Mission des Unternehmens.

In der Gesamtkommunikation von Unternehmen nimmt die CEO-Kommunikation einen immer höheren Stellenwert ein: In Deutschland sind 53 % der DAX-CEOs mit eigenen Beiträgen auf mindestens einer Social-Media-Plattform unterwegs. Da die Reputation von CEOs untrennbar mit dem Ruf ihrer Unternehmen verknüpft ist, sollte ihre Kommunikation gut gesteuert und strategisch geplant sein.

Manche Gründer:innen sind gerade in den sozialen Medien sehr aktiv und sprechen oft bei Konferenzen. Ist das schon CEO-Kommunikation?

Barbara · Klar, das sind Maßnahmen, mit denen man super starten kann. Grundsätzlich verstehen wir CEO-Kommunikation aber als 360-Grad-Strategie. In der Arbeit mit unseren Kund:innen sehen wir, dass es langfristig nicht so viel bringt, wenn nur die klassischen Medien bedient oder nur Social Media bespielt oder nur auf Konferenzen gesprochen wird.

Am wichtigsten ist, dass alles, was Gründer:innen kommunizieren, zur Gesamtstrategie des Unternehmens passt. Neu-Gründer:innen sollte nicht heute übers Klima, morgen über Diversität und übermorgen über digitale Bildung sprechen.

Letztlich ist gelungene CEO-Kommunikation eine Reise: Niemand wird von heute auf morgen ein Social-Media-Star. Gründer:innen muss bewusst sein, dass erfolgreiche Gründer- oder CEO-Kommunikation Zeit kostet. Wenn Gründer:innen eine starke Vision und eine gute Geschichte haben, realistische Erwartungen mitbringen und sich gerne nach außen zeigen, kann daraus etwas Großes entstehen.

Wie sieht eine gute CEO-Kommunikation aus? Wie findet ein Gründer, eine Gründerin Themen, die zu ihm oder ihr passt?

Caroline · CEO-Kommunikation ist gelungen, wenn ein CEO oder eine Gründerin als Meinungsführer:in oder Vordenker:in wahrgenommen wird, also als jemand, der als Themenführer und Impulsgeber den gesellschaftlichen Dialog führt oder gestaltet (Thought Leadership). Um das zu schaffen, müssen Kommunikationsprofis alle internen und externen Kanäle im Blick haben und alles aus einer Hand planen und umsetzen. Es bringt wenig, wenn sich PR-Verantwortliche oder eine Agentur um klassische Pressearbeit kümmern, eine weitere Person um Veranstaltungsauftritte und die dritte um Social Media.

Was die Themenauswahl anbetrifft: Es geht nicht darum, Themen zu erfinden, sondern bestehende Themen, Leidenschaften und Expertisen zu schärfen. Vor allem im Start-up-Bereich sind die meisten CEOs auch Gründer:innen ihres Unternehmens. Ihre Schwerpunktthemen drehen sich meist um ① die Zielgruppe, für die sie ein Produkt geschaffen haben, ② um Technologien und Innovationen, die hinter dem Produkt stehen oder ③ um ein persönliches, gesellschaftsrelevantes Thema, das ihnen am Herzen liegt und das mit den Unternehmenszielen im Einklang steht.

Es gibt CEOs, die für etwas stehen. Steve Jobs war so jemand, Elon Musk oder Sir Richard Branson haben ebenfalls unverkennbare Marken. In der deutschen Start-up-Szene sind Lea-Sophie-Kramer, Miriam Wohlfarth und Verena Pausder sehr prominente Stimmen mit einem klaren Profil. Ist das alles bewusst kalkuliert? Manchmal habe ich den Eindruck, dass diese Personen einfach eine sehr klare Haltung und Meinung haben und authentisch sind. Ist CEO-Kommunikation eine Fassade?

Barbara · Gute CEO-Kommunikation erkennt man an ihrer Wirkung. Wenn sie nicht authentisch wirkt, ist sie das meistens auch nicht. Social Media kann viel vortäuschen, was nicht da ist. Spätestens in einer Keynote, auf einem Panel oder im Live-Interview kommt der Realitätscheck.

Die Leute, die du in deiner Frage aufzählst, sind ehrgeizige Menschen mit einer Mission. Ihre Themen wurden vielleicht professionell aufpoliert, aber es sind echte Anliegen. Erfolgreiche Gründer:innen und CEOs sind meist leidenschaftliche Menschen, die für ihre Idee oder ihre Kund:innen brennen.

6.8 CEO-Kommunikation

Das gilt es zu kanalisieren, sich für die wichtigsten Anliegen zu entscheiden, und diese dann proaktiv zu kommunizieren.

Fällt dir übrigens auf, dass in deiner Aufzählung deutscher Start-up-Gründer nur Frauen vorkommen? Frauen, die es in der Tech-Welt und Digitalwirtschaft weit nach oben geschafft haben, haben immer eine tolle Geschichte und ein Anliegen, für das sie sich leidenschaftlich einsetzen – sonst hätten sie es nicht so weit gebracht. Wenn der eigene Wille, die eigene Passion nicht da ist, kann kein PR-Profi der Welt einen Erfolg herbeizaubern.

Was bringt CEO-Kommunikation für Gründer:innen, die noch gänzlich unbekannt oder sehr wenig bekannt sind? Lohnt sich das überhaupt?

Caroline · Gerade für Gründer:innen lohnt sich diese persönliche Art der Kommunikation. Schließlich sind sie es, die für die Mission ihres Unternehmens stehen, die mit Leidenschaft über ihr Angebot und ihre Zielgruppe sprechen können. Das haben wir bei Miriam Wohlfarth, der Co-Gründerin von Ratepay, gesehen: Ratepay wurde erst dann in der Öffentlichkeit bekannt, als Miriam als Gesicht und Botschafterin ihres Unternehmens nach draußen gegangen ist. Insbesondere im B2B-Bereich mit komplexen Produkten oder Dienstleistungen kann CEO- oder Gründer:innen-Kommunikation mehr leisten als klassische Unternehmenskommunikation.

Als Gründerin oder Gründer kann es verlockend sein, sich zu vielen Themen zu äußern und auch politisch aktiv zu sein. Ist das sinnvoll?

Barbara · Am Anfang sollte man es vermeiden, zu viele Themen zu vermischen. Das Themenspektrum lässt sich später immer noch erweitern. Erst einmal sollten sich Gründer:innen und ihre PR-Verantwortliche fragen, was im Kontext des eigenen Unternehmens sinnvoll und glaubwürdig ist.

Von politischen Positionierungen raten wir prinzipiell ab, da politische Aussagen in Verbindung mit einer hohen Sichtbarkeit Kund:innengruppen spalten könnten. Anders sieht das aus, wenn sich politische Forderungen aus dem Geschäftsmodell ableiten: Wenn sich der CEO von Kontist, Christopher Plantener, für bessere Rahmenbedingungen für Solo-Selbstständige einsetzt, weil er Produkte speziell für diese Zielgruppe anbietet, dann ist das sinnvoll und glaubwürdig. Würde er gegen den Atomausstieg wettern: Lieber nicht. Man darf nie vergessen, dass der CEO für sein Unternehmen steht.

Angenommen, der Gründer oder die Gründerin ist vom Typ her sehr introvertiert. Wie überzeugt ihr ihn oder sie dennoch, das Thema nicht auszublenden?

Caroline · Ganz ehrlich? CEOs und erfolgreiche Gründer:innen sind meistens extrovertiert. Oder es gibt eine Person im Gründerteam, die das ist. Wer es geschafft hat, Investor:innen oder Kund:innen zu überzeugen – und meist erst dann anfängt, über professionelle PR nachzudenken –, der schafft es auch, mit der Öffentlichkeit zu kommunizieren.

Ausnahmen bestätigen die Regel: Gerade im Tech-Bereich sehen wir einige introvertierte Gründer:innen. Die sprühen aber spätestens dann Funken, wenn sie über ihr Produkt oder die dahinterliegende Technologie reden. Diese Gründer:innen sprechen vielleicht weniger häufig auf Konferenzen, sondern punkten über Gastbeiträge oder schriftliche Interviews.

Introvertierte Gründer:innen oder CEOs müssen das Gefühl haben, auf jede Situation gut vorbereitet zu sein und nicht in unangenehme Gesprächssituationen gebracht zu werden. Aufgrund ihrer Rolle werden sich CEOs nie komplett der Öffentlichkeit entziehen können.

Was empfehlt ihr Unternehmer:innen und Kommunikationsleuten, die das Thema CEO-Kommunikation in Angriff nehmen wollen? Wie packt man das an? Wie zeitaufwendig ist es?

Barbara · Hilfreich ist eine Trennung von CEO- und Unternehmenskommunikation. Eine Gesamtstrategie, aber zwei verschiedene Personen oder Teams, die sich um ihren Bereich kümmern und dort alle Kanäle aus einer Hand betreuen.

Bei der Umsetzung kommt es auf die Bandbreite an: Gerade die Pflege von Social Media, von Journalist:innenkontakten oder das Verfassen von Interviews und Fach- oder Gastbeiträgen kostet Zeit. Manche Sachen kann man auslagern, andere nicht. Wichtig ist es, den Kreislauf aus Strategie und Umsetzung in allen externen und internen Kanälen im Auge zu behalten. Daher empfehlen wir, sich einen PR-Profi für das Thema CEO-Kommunikation an Bord zu holen, der oder die am besten Teil des Start-ups ist. Warum? Weil diese Person die Unternehmensthemen nicht nur in der Tiefe verstehen und einordnen muss, sondern auch ein gutes Verhältnis mit dem oder der CEO haben sollte. Sie arbeitet nicht nur strategisch, oder operativ als Ghostwriter, sondern manchmal auch als Seelsorger.

Wenn man sich entscheidet, externe Unterstützung hinzuziehen, dann lieber spezialisierte Freiberufler:innen als Agenturen. In den meisten PR-Agenturen werden zu viele Kund:innen betreut, Exklusivität und Authentizität gehen verloren. Zudem haben wir die Erfahrung gemacht, dass in vielen Agenturen Fachthemen nicht richtig verstanden und entsprechend nicht in den Worten der CEOs aufbereitet werden können. Keine externe Person wird das Unternehmen so tief durchdringen wie interne PR-Verantwortliche: Siemens beschäftigt ganze sechs Leute nur für die CEO-Kommunikation und hat sich dafür von diversen Agenturen verabschiedet.

Wie messt ihr die Wirksamkeit von CEO Kommunikation? Könnt ihr ein gutes Beispiel nennen?

Caroline · Gute CEO-Kommunikation ist ein Kreislauf. Ob Positionierung und Reichweite gut sind, erkennen wir vor allem daran, wie oft unsere Kund:innen als Sprecher:innen und Expert:innen für ihr Thema angefragt werden. Wir raten unseren Kund:innen, erst mal die eigenen Kanäle (*owned media*) im Griff zu haben, bevor die externen Kanäle (*earned media*) hinzukommen. Wenn ein:e CEO oder Gründer:in eine gute Social-Media-Präsenz mit spannenden Themen und aktiven Follower:innen hat, kommen die Journalist:innenanfragen automatisch. Trotzdem sind ein gutes Journalist:innennetzwerk und belastbare persönliche Beziehungen natürlich wichtig.

Auch Job-Bewerbungen sind für uns ein wichtiger Indikator: In dem Maße, wie Miriam Wohlfarth als Gründerin und später Nina Pütz als CEO sichtbar wurden, hat sich die Zahl weiblicher Bewerber bei Ratepay erhöht. Heute ist Ratepay eines der FinTechs mit der höchsten Frauenquote, über alle Hierarchiestufen hinweg. Erfolgreiche CEO-Kommunikation heißt auch immer, Vorbilder zu schaffen.

6.9 CSR-Kommunikation

Nina Rauch
Social Impact Lead bei Lemonade | Gründerin der Pink Week

Was ist CSR-Kommunikation und warum sollten Start-ups in sie investieren?

Nina · Beginnen wir mit der ersten Frage: CSR steht für Corporate Social Responsibility und ist der Überbegriff für alle freiwilligen Beiträge von Unternehmen und Organisationen, die darauf abzielen, einen sozialen und ökologischen Beitrag zu stiften. Es geht also um eine verantwortungsvolle Unternehmensführung, die unterschiedlich ausgelegt wird. Manche Unternehmen machen sich für den Schutz des Klimas und einen sparsamen Umgang mit Ressourcen stark, andere bekämpfen soziale Ungerechtigkeit oder Rassismus, wieder andere betonen besonders faire Geschäftspraktiken oder Inklusion im Arbeitsumfeld. CSR-Kommunikation trägt dieses verantwortungsvolle Handeln in die Öffentlichkeit.

Warum ist das nun wichtig? Nun, weil die Generation Z auf dem besten Weg ist, die größte Verbrauchergruppe zu werden. Allein in den USA verfügt diese Gruppe über eine Kaufkraft von bis zu vier Milliarden US-Dollar. Gleichzeitig nimmt jede:r zehnte Student:in laut einer Harvard-Studie an Protesten teil – die höchste Quote seit 1967. Außerdem ist die Generation Z ist für den stärksten Anstieg des Jugendaktivismus seit den 1960er-Jahre verantwortlich. Die jüngeren Menschen von heute sind sich der ökologischen, politischen und sozioökonomischen Probleme, mit denen sich unsere Gesellschaft konfrontiert sieht, sehr bewusst, und handeln auch danach.

Viele Unternehmen haben diese Zeichen der Zeit erkannt. Sie investieren Geld, um eine Marke zu schaffen, die sich auch sozial engagiert, weil sie wissen, dass die Generation Z eher bereit ist, sich mit einer Marke zu beschäftigen, die ein soziales Anliegen unterstützt, als mit einer, die das nicht tut. Die Verbraucher:innen stellen beim Kauf zunehmend Fragen wie: Welche Ressourcen wurden für die Herstellung dieses Produkts verwendet? Unter welchen Arbeitsbedingungen wurde dieses Produkt hergestellt? Ein Start-up, das wachsen will, sollte sich unbedingt mit diesen Fragen auseinandersetzen. Zumal viele Start-ups im Kern mehr erreichen wollen als kommerziellen Erfolg. Start-ups machen es sich zu einfach, wenn sie so tun, als würden Dinge wie CSR und Nachhaltigkeit nur für große Unternehmen gelten. Aber das stimmt nicht. Es gibt eine CSR-Strategie für jedes Unternehmen, unabhängig von der Größe.

Du hast es gerade angesprochen: CSR wird oft als etwas angesehen, das sich größere Unternehmen auf die Fahne schreiben, während

6.9 CSR-Kommunikation

Start-ups sich sehr auf ihr Wachstum und gute Zahlen konzentrieren. Ist das kurzsichtig?

Nina · Auf jeden Fall. Ich glaube, dass CSR tatsächlich der Schlüssel zum Wachstum ist. Die überholte Vorstellung, dass Gewinnmaximierung im Widerspruch zu sozialer Wirkung steht, muss auf globaler Ebene neu überdacht werden. Zudem muss das eine nicht auf Kosten des anderen gehen: Die Verbraucher:innen wollen in Marken investieren, deren Werte mit ihren eigenen übereinstimmen. Das bedeutet, dass Gewinnmaximierung und soziale Wirkung sich gegenseitig verstärken und nicht gegenseitig ausschließen. Lemonade ist ein praktisches Beispiel dafür, dass dies nicht nur in der Theorie, sondern auch in der Praxis zutrifft.

Lemonade hat viel in sein Giveback-Projekt investiert. Kannst du uns ein wenig darüber erzählen?

Nina · Im Gegensatz zu traditionellen Versicherungsunternehmen geht ein Teil unserer Versicherungsgewinne an gemeinnützige Organisationen, die von unseren Kund:innen ausgewählt werden. Bei einer Versicherung werden kleine Geldbeträge, die Prämien, von einer großen Gruppe von Menschen zusammengelegt, um für jene aufzukommen, die einen Schaden haben. Da sich nicht vorhersagen lässt, wie viel Geld zur Deckung dieser Schäden benötigt wird, können die Beträge, die die Versicherten zu zahlen haben, in manchen Jahren höher sein als der Bedarf. Oft bleibt am Ende des Jahres Geld übrig. Während die meisten Versicherungsgesellschaften dieses Geld als Gewinn behalten, spendet Lemonade einmal im Jahr die übrig gebliebenen Gewinne an gemeinnützige Organisationen. Das Schöne dabei ist, dass sich unser Giveback gut in unser Geschäftsmodell fügt. Dadurch trägt es dazu bei, eine vertrauensvolle Beziehung zu unseren Versicherungsnehmer:innen aufzubauen.

Manchmal habe ich das Gefühl, dass nicht alle CSR-Aktivitäten wirklich echt sind. Manche sind nur ein Mittel zum Zweck. Was ist deine Meinung dazu? Und wie schafft man eine CSR-Kommunikation, die glaubwürdig ist?

Nina · Viele Unternehmen geben Lippenbekenntnisse zum Wandel und zur sozialen Gerechtigkeit ab. Als zertifizierte B-Corporation ist das Engagement von Lemonade für gute Zwecke fest in unseren Statuten verankert. Eine B-Corporation verpflichtet sich zu verantwortungsbewusstem Handeln, das einen gesellschaftlichen Mehrwert bietet und im Zeichen ökologischer Nachhaltigkeit steht. Es ist gut, wenn man ein Geschäftsmodell aufbauen kann, bei dem das Zurückgeben an die Allgemeinheit nicht auf Kosten der Aktionär:innen geht. Andernfalls kommt es zu ungesunden Spannungen und zu einer Begrenzung dessen, was man an Gutem tun kann, denn ab einem gewissen Punkt ist es nicht mehr sozialverträglich, Geld von einem Investor oder einer Investorin zu nehmen und zu spenden. Je mehr man CSR auf eine Art und Weise umsetzen kann, die dem Unternehmen selbst nützt, desto besser ist das. Klingt zwar egoistisch, ist aber eigentlich ganz logisch. Denn natürlich müssen Unternehmen auch wirtschaftlich erfolgreich sein.

CSR-Kommunikation ist auch ein Instrument, um talentierte Mitarbeiter:innen zu binden. Wie erlebst du das?

Nina · Ich kann das bestätigen. Wenn Unternehmen Gutes tun, erfüllt das die Mitarbeitenden mit Stolz. Wichtig ist allerdings, dass die Mitarbeiter:innen auch daran teilhaben. Bei Lemonade arbeiten wir mit Deed, einem mitarbeiterbasierten Programm für sozialen Einfluss. Dadurch stellen wir sicher, dass alle unsere Mitarbeiter:innen so weit wie möglich involviert sind.

Was sind deine wichtigsten Erkenntnisse zu CSR-Kommunikation?

Nina · Vermeide es, auf den fahrenden Zug aufzuspringen. Um CSR-Kommunikation glaubwürdig zu gestalten, muss das Unternehmen ehrlich zu sich selbst sein – und zu seiner Marke. Nur weil jedes andere Unternehmen für einen beliebten Zweck spendet, heißt das noch lange nicht, dass dies auch für eure Kund:innen richtig ist.
Seid so transparent wie möglich, und stellt sicher, dass die Organisationen, mit denen ihr zusammenarbeitet, ebenso transparent sind. Ihr habt eine Verantwortung gegenüber euren Kund:innen und Mitarbeiter:innen und müsst wissen, wofür eure Spenden verwendet werden.

7 Von TikTok bis Twitter: Social-Media-Kommunikation

Die sozialen Medien sind aus dem Alltag schon seit Jahren nicht mehr wegzudenken. Seit geraumer Zeit haben sie auch ihren festen Platz in der Unternehmenskommunikation eingenommen. In Start-ups sind die eigenen sozialen Kanäle so zentral, dass ihnen hier ein eigenes Kapitel gewidmet wird.

Dabei führt die Frage, wer die Hoheit über welchen Kanal hat, in Start-ups immer wieder zu Diskussionen. Oft werden die eigenen Kanäle von einer Person „mitgemacht" – das wird der Komplexität der Aufgabe nicht gerecht, lässt sich aber in frühen Unternehmensphasen auch nicht gänzlich vermeiden. Kanäle, die sich eher an Kund:innen richten, beansprucht das Marketing für sich. Die HR-Abteilung argumentiert, dass berufliche Netzwerke wie LinkedIn oder Xing sich vorwiegend für Employer Branding eignen. Das Kommunikationsteam wiederum hat ein eigenes Interesse daran, Unternehmensnachrichten zu teilen und Medien und die breite Öffentlichkeit zu erreichen. Der Kund:innenservice gibt zu Bedenken, dass sich immer mehr Kund:innen über soziale Medien zu Wort melden und die Pflege dieser Kund:innenanfragen und -kritiken im Community Management verantwortet sein sollte. Und zuletzt betont der oder die Brand-Manager:in, wie wichtig ein konsistentes Auftreten über alle Kanäle hinweg sei.

Was also tun? In der Praxis finden sich unzählige Varianten – angefangen von einem dedizierten Social-Media-Team im Marketing, das alle Kanäle bespielt, über eine Zuteilung zu unterschiedlichen Bereichen, je nach Zielsetzung für den jeweiligen Kanal, bin hin zu prozentualen Aufteilungen zwischen einzelnen Abteilungen, nach dem Motto: HR darf 50 % der Inhalte bestimmen, PR die anderen 50 %. Hier klare Empfehlungen zu geben, ist angesichts der unterschiedlichen Geschäftsmodelle, Ressourcen und Randbedingungen von Start-ups nicht möglich.

Von der Einbettung in die Organisation abgesehen gibt es jedoch noch viele weitere spannende Fragen. Eine der wichtigsten: Wie formuliert man eine Social-Media-Strategie? Die Antwort darauf gibt Alexandra Dröner, die das Thema bei Zalando federführend mit ihrem Team verantwortet (→ Kapitel 7.1). TikTok, Twitter, Reddit, Clubhouse – die Liste der sozialen

Medien wächst und wächst. Doch welche Kanäle sind sinnvoll? Und welche Kennzahlen bieten sich an, um Social-Media-Maßnahmen zu verfolgen und den Erfolg zu messen? Damit befasst sich Alina Hess in ihrem Beitrag (→ Kapitel 7.2). An einem Beispiel zum Thema vermittelt Social-Media-Expertin Julia Kiener, wie man den richtigen Kanalmix findet, eine gute Geschichte erzählt und mit einem Shitstorm umgeht (→ Kapitel 7.3). Ein wichtiger Teil aller Social-Media-Aktivitäten sind (bewegte) Bilder. Sie erzählen Geschichten, machen neugierig, wecken Emotionen, und bilden damit einen ganz anderen Zugang als reiner Text. Doch worauf ist bei der Erstellung von Videos und Bildmaterial zu achten? Was können PR-Verantwortliche selbst machen; was sollten sie an Expert:innen auslagern? Greg Latham, professioneller Fotograf und Filmemacher, gibt Tipps und erklärt, warum Leitlinien für Design und Gestaltung so wichtig sind.

7.1 Social-Media-Strategie

Alexandra Dröner
Global Social Media Strategy Team Lead bei Zalando

Was genau machst du als Leiterin der globalen Social-Media-Strategie? Wie groß ist dein Team? Wie funktioniert die Zusammenarbeit mit dem restlichen Kommunikationsteam?

Alexandra · Mein Team ist eingebettet in ein breit aufgestelltes Kommunikationsteam, das wiederum an das globale Marketingteam angegliedert ist und unter anderem die Themen Consumer-PR, Influencer:innen-Marketing, Social Media, Content- und Category-Marketing und unser hauseigenes Style-Creator-Programm steuert. Das globale Social-Media-Team teilt sich in ein Channel-Team und ein Strategy-Team auf. Das Channel-Team bespielt alle verbraucherseitigen Social-Media-Kanäle, entwickelt Strategien und Inhalte und plant, produziert und analysiert alle organischen Inhalte auf

7.1 Social-Media-Strategie

unseren vier Instagram-Profilen, zwölf Facebook-Seiten und natürlich unserem TikTok-Account und YouTube-Kanal. Das Strategy-Team dagegen fokussiert sich auf die Konzeption und Umsetzung von Markenkampagnen. Wir verstehen uns zum einen als Hüter eines Social-First-Ansatzes für alle Zalando-Kampagnen, zum anderen initiieren und realisieren wir übergeordnete und innovative Projekte in enger Abstimmung mit unseren Plattformpartnern.

Die sozialen Medien sind an der Schnittstelle zwischen Marketing und Unternehmenskommunikation – teilweise sind es auch Recruiting-Kanäle oder Kanäle für den Kundenservice. Wie differenziert ihr? Welche Kanäle nutzt ihr für welche Art der Kommunikation und Zielgruppe? Kümmert ihr euch um alle Kanäle aus einer Hand?

Alexandra · Wir differenzieren die Verantwortlichkeiten für die unterschiedlichen sozialen Kommunikationskanäle sehr klar nach Zielen und Zielgruppen. Kanäle wie LinkedIn oder Xing werden auch bei uns als klassische Unternehmens- und Karriereplattformen behandelt und vorwiegend von der Unternehmenskommunikation und unseren HR-Partner:innen bespielt. Der Instagram-Account @insidezalando etwa wurde von unserem Employer-Branding-Team aufgebaut und gewährt potenziellen Arbeitnehmer:innen einen Einblick in unsere Unternehmenskultur. Der Kund:innenservice kümmert sich auf allen verbraucherseitigen Kanälen von Twitter über Facebook bis Instagram um den direkten Kund:innendialog, vornehmlich zu Produktfragen und Servicethemen. Das globale Social-Media-Team wiederum entwickelt organische, native und inklusive Inhalte für Instagram, TikTok, Facebook und YouTube.

Du bist seit über fünf Jahren bei Zalando. Wie haben sich der Social-Media-Auftritt und die Strategie weiterentwickelt?

Alexandra · Unsere Social-Media-Strategie entwickelt sich parallel zur übergeordneten globalen und lokalen Marketingstrategie. Zalando denkt die sozialen Netzwerke zuerst, und dieser Social-First-Ansatz hat sich in den letzten Jahren sehr positiv auf die Weiterentwicklung der zuständigen Teams und unserer Inhalte ausgewirkt. Zalando bekennt sich außerdem klar zu zeitgemäßen Zielen und Werten wie Nachhaltigkeit, Diversität und Inklusion – Werte, die wir im Dialog mit unseren Zielgruppen auf den sozialen Plattformen besonders transparent machen können. Ich kann mit einigem Stolz sagen, dass wir unseren Fokus von einer eher produktlastigen Kommunikation hin zu einer authentischen, wertebasierten Kommunikation verschoben haben, die einen tatsächlichen Mehrwert für unsere Zielgruppen darstellt.

Social Media hat klare Messgrößen. Wie messt ihr den Erfolg eurer Arbeit? Welche Kriterien haben sich besonders gut bewährt, was habt ihr vielleicht auch wieder verworfen?

Alexandra · Natürlich nutzen wir gängige Social-Media-Metriken, um die unmittelbare Wirkung unserer Inhalte und Kanäle zu erfassen und mit Vergleichswerten der Industrie abzugleichen. Wir haben aber schnell gelernt, dass Ergebnisse wie Interaktionen und Reichweite nicht unbedingt mit Erfolg gleichzusetzen sind. Wer sich nur an den reinen Zahlen orientiert, landet schnell in der Giveaway-Falle: kurzlebige Inhalte wie zum Beispiel Verlosungen, die eine hohe Anzahl von Likes und Kommentaren generieren, aber keinen nachhaltigen Effekt auf die Gemeinschaft haben oder substanziell zur Markenkommunikation beitragen. Qualität geht auch hier über Quantität. Ein Post mit einer Handvoll an Kommentaren, die uns zeigen, dass wir je nach Zielsetzung unsere Follower:innen wirklich berühren oder inspirieren konnten, kann wertvoller sein als ein Post mit hunderten Tags für eine Verlosung oder einen Sneaker-Drop.

Wenn du zurückdenkst, was war eine besonders erfolgreiche Social-Media-Kampagne? Oder dein persönlicher Favorit?

   Alexandra · Meine persönlichen Höhepunkte sind Kampagnen und Initiativen, die an unsere Markenwerte anschließen und eine klare Position beziehen. Unsere Kampagne „Here to Stay" aus dem Frühjahr 2021 ist ein solches Beispiel. Damit wollten wir Werte wie Diversität und Inklusion mit einem authentischen Cast und starkem Storytelling eindrücklich vermitteln. Es geht darum, unrealistische Schönheitsideale zu hinterfragen (Body-Positivity-Bewegung) und gegen Diskriminierung gegenüber lesbischen, schwulen, bisexuellen, transsexuellen, queeren, intersexuellen und asexuellen Menschen vorzugehen, kurz die LGBTQIA+-Gemeinschaft zu stärken.

   Auch Reactive-Marketing-Initiativen wie unsere Serien zu Black Lives Matter oder #StopAsianHate zählen zu meinen Highlights. Uns ist es wichtig, nicht einfach auf Trendthemen aufzuspringen, um ein paar schnelle Klicks zu generieren. Wir wollen Themen vermitteln, an die wir wirklich glauben und die in unseren Werten verankert sind. Unsere D&I-Strategie ist daher auch zeitlich nicht begrenzt, sondern immer gültig – eine sogenannte Always-on-Strategie: Wir machen nicht nur etwas zu bestimmten Anlässen oder besonderen Tagen im Kalender, sondern sind kontinuierlich und aufrichtig daran interessiert, als Marke gemeinsam mit unseren Gemeinschaften zu lernen und zu wachsen und unsere Kanäle verantwortungsvoll zu nutzen.

Mittlerweile haben viele Unternehmen erkannt, dass die sozialen Medien wichtige Kommunikationskanäle sind. Woran machst du persönlich fest, ob ein Unternehmen erfolgreich ist oder nicht?

Alexandra · Ich habe mir gerade eine neue Bratpfanne gekauft. Von einem Start-up. Via Instagram.

Ich komme eigentlich aus einem Haushalt, in dem nur die Töpfe und Pfannen einer einzigen deutschen Traditionsmarke akzeptiert wurden. Dieses Start-up hat es durch eine nahezu perfekte Markenkommunikation geschafft, mich als Neukundin zu gewinnen. Eine ausgewogene Kombination aus bezahlter Werbung in den sozialen Medien (*paid social*), Influencer:innen-Marketing, Markenauftritt, Komfort und – als Sahnehäubchen – einer tollen Verpackung, konnten mich überzeugen, von der tatsächlich großartigen Qualität des Produkts ganz abgesehen. Im Freundeskreis weiterempfohlen habe ich die Pfanne auch schon. Ein wunderbarer Durchmarsch durch den gesamten Marketing Funnel, ausgehend von einem ersten Kontakt mit der Marke in meinem Instagram-Feed.

Das ist in meinen Augen eine Erfolgsgeschichte im digitalen Marketing-Zeitalter. TVC? Brauche ich nicht. Eine besondere Flaggschiff-Filiale? Auch nicht. Aber: ein gutes Produkt, eine wertebasierte Markenpositionierung, inspirierendes Storytelling, glaubwürdige Markenbotschafter:innen und ein reibungslos funktionierender Bestell- und Kaufprozess vom ersten Eindruck der Onlinepräsenz und einer benutzerfreundlichen Oberfläche, über die Kaufabwicklung und die Kund:innenbetreuung bis zur Verpackung. Jetzt muss ich nur noch entscheiden, welchen Topf ich mir als nächstes anschaffe ...

Beim Wort Strategie denken manche an lange Abhandlungen, die sich über viele Seiten erstrecken und klare Richtlinien vorgeben. Wie sieht das bei euch aus?

Alexandra · Bei Zalando achten wir in der Kommunikation darauf – und das übergreifend –, dass wir alle auf unsere Unternehmensstrategie einzahlen. Sie leitet uns und sorgt dafür, dass wir mit einer Stimme sprechen – nur eben plattform- und zielgruppenspezifisch. Für den Social-Media-Auftritt einer Marke braucht es eine passgenaue Strategie, die sich tatsächlich über viele Seiten erstrecken kann und meines Erachtens auch sollte. Wir unterscheiden eine übergeordnete Markenstrategie für die sozialen Medien (*brand strategy*), die Strategie für die einzelnen Kanäle (*channel strategy*), die Inhaltsstrategie (*content strategy*) inklusive der Frage, wie wir auftreten wollen (definiert über die Tone of Voice und den Look & Feel), und die Influencer:innen-Strategie. Zusätzlich gibt es detaillierte Playbooks und Richtlinien, die auf die Implementierung obiger Punkte eingehen. So schaffen wir nicht nur Transparenz über alle Anspruchsgruppen hinweg – vom Vorstand bis zu den Social-Media-Manager:innen, sondern reflektieren auch die Komplexität von Social Media, die in einigen Branchen noch immer verkannt wird.

Welche Fragen muss eine gut durchdachte Social-Media-Strategie beantworten?

Alexandra · Bevor eine Social-Media-Strategie Fragen beantworten kann, muss klar sein, für wen oder was sie das eigentlich tun soll. Jede Strategie muss, wie bereits erwähnt, auf die Unternehmensstrategie einzahlen und mit einer Brand-Positionierung beginnen, die als starke Basis für Social besonders auf die Ziele, die Personality und die Werte der Marke fokussiert. Und dann geht es im Grunde um die klassischen W-Fragen: Wen möchte ich wo wie und wann ansprechen, um was zu erreichen?

Ziele, Zielgruppen, Kanäle und Kennzahlen müssen bestimmt werden; Budgets, die Wachstums- und Medienstrategie berücksichtigt und die Parameter für inhaltliche Planung und Inhaltserstellung umrissen werden. Eine Inhaltsstrategie legt fest, wie Zalando auftritt, welche Gefühle geweckt und welche Botschaften transportiert werden sollen, welche Rolle Influencer:innen zukommt und vieles andere mehr. Und nicht zuletzt sollte auch von vornherein die strategische Teamplanung nicht zu kurz kommen. Wir sehen vielerorts Social-Media-Teams, die dramatisch unterbesetzt sind und trotzdem Wunder vollbringen sollen.

Welche Tools kommen bei euch im Bereich Social Media zum Einsatz? Und welches Tool würdest du empfehlen oder selbst gerne nutzen?

Alexandra · Nach so vielen Jahren Social Media kann ich sagen: Das perfekte Allround-Tool gibt es nicht. Wir arbeiten mit unterschiedlichen

7.2 Social-Media-Kanäle und Messbarkeit

Tools für Social Listening, Content-Management, Planning, Influencer:innen-Marketing, Reporting, vielfach auch mit internen Lösungen, je nach Bedarf und Aufgabenstellung. Ich kann nur empfehlen, einen klaren Prüfprozess aufzusetzen, bevor viel Geld in ein Tool investiert wird, das gegebenenfalls nicht den Anforderungen entspricht. Ziele definieren, geeignete Tools recherchieren und selektieren, Vergleichsparameter definieren, und testen, testen, testen.

7.2 Social-Media-Kanäle und Messbarkeit

Alina Hess
Social Media & Influencer Lead bei Dept Agency | Ex-Trade Republic

Was sind aktuell die wichtigsten organischen Social-Media-Ziele, die man verfolgen sollte und warum?

Alina · Generell gibt es im Social-Media-Bereich sehr viele verschiedene Kennzahlen, die man verfolgen kann. Die Frage ist immer nur, inwieweit sie sinnvoll sind. Hinzu kommt auch, dass man sich die Frage stellen sollte: Wo hört das Social-Media-Marketing auf und wo fängt das Influencer:innen-Marketing an. Je nachdem ändern sich auch die Ziele. Die aktuell klassischen Social-Media-Ziele beziehungsweise Kennzahlen sind die Engagement-Rate, die Interaktionsrate, die Anzahl an Follower:innen, die Reichweite und die Views von Videos.

Gut, dann lass uns die Kennzahlen durchgehen ...

Alina · Gern. Die Engagement-Rate (EGR) misst, wie viel Prozent der Nutzer:innen, die einen Beitrag, einen Post oder ein Video tatsächlich gesehen haben, sich damit beschäftigen.

Engagement ist das, was einen Kanal ausmacht. Wenn man niemanden hat, der mit den Beiträgen des Kanals interagiert, dann ist der Kanal nicht viel wert. Daher ist es für mich eine der wichtigsten Kennzahlen. Wichtig dafür ist der Aufbau einer Gemeinschaft, denn erst daraus resultiert das Engagement.

Mir wird immer wieder die Frage gestellt, was eine gute und was eine schlechte Engagement-Rate sei. Ich kann diese Frage nicht pauschal beantworten, da sie abhängig von vielen verschiedenen Faktoren ist, unter anderem von der Kanalgröße. Dennoch will ich eine Antwort versuchen.

Nach aktuellem Stand (2021) unterteile ich verschiedene Accountgrößen und davon abhängig gute und schlechte Engagement-Raten. Die niedrige Prozentzahl gibt jeweils die schlechte, die hohe Zahl die gute Engagement-Rate an. Wichtig: Das sind ausschließlich Richtwerte, die auf (meinen) Erfahrungen basieren. Ich kenne Profile, die auf ihre Beiträge eine EGR von 15 % bis 30 % haben, doch das sind eher Ausnahmen.

- Nano (1k bis 15k Follower:innen): 2 % bis 12 %
- Micro (15k bis 50k Follower:innen): 2 % bis 9 %
- Macro (50k bis 450k Follower:innen): 5 % bis 7 %
- Mega (450k bis 1 Millionen Follower:innen): 3 % bis 6 %
- Giga (ab 1 Millionen Follower:innen): 3 % bis 5 %

Die Interaktionsrate ist sehr ähnlich wie die Engagement-Rate. Allerdings beschreibt sie, wie viele Menschen mit einer Story interagieren – im Verhältnis zu all denen, die damit hätten interagieren können. Bei Instagram gibt die Interaktionsrate alle Interaktionen mit einer Story im Verhältnis zur Viewer-Anzahl an. Sie ist also sehr ähnlich wie die EGR, aber spezifisch auf Story-Formate jeglicher Art ausgerichtet. Vor allem bei Instagram müssen Story-Formate immer mitgedacht werden – ein Feed-Post alleine reicht nicht. Hier ist viel Interaktion gefordert, da auch die Interaktionselemente (sogenannte Sticker) dieses Formates danach ausgerichtet sind, mit den Nutzer:innen zu interagieren. Je mehr Menschen mit der Story interagieren, desto authentischer wirken die Inhalte und desto relevanter wird der Kanal eingestuft. Natürlich ist hier auch eine Regelmäßigkeit wichtig. Eine Woche aktiv und dann wieder inaktiv zu sein ist nicht zielführend.

Kommen wir zu den Follower:innen. Der Wunsch der meisten Start-ups und Unternehmen ist es, mehr Follower:innen zu haben. Vor nicht allzu langer Zeit war es ein großer Trend, Follower:innen zu kaufen. Das ist und war aus meiner Sicht ein großer Fehler. Das hat unterschiedliche Gründe – zum einen sind diese Follower:innen nicht aktiv, das heißt, man hat eine vermeintlich große Community, doch sie bringt einem nichts. Sie ist nicht existent. Der Kanal wird geschwächt, da der Algorithmus nach und nach merkt, dass dieser Kanal keinen Mehrwert bietet und ihn als schwächer einstuft.

Zum anderen verschwinden diese gekauften Follower:innen nach einer gewissen Zeit. Das ist doppelt schlecht, da der Kanal an Aufmerksamkeit verliert und somit vom Algorithmus noch weiter als nicht relevant eingestuft wird. Diesen Verlust wieder zu beheben, ist fast unmöglich. Daher sollte der oder die Social-Media-Manager:in versuchen, die Anzahl an Follower:innen nachhaltig aufzubauen und sich realistische Ziele setzen.

Dann die Reichweite: Damit ein Kanal wächst und möglichst eine große Anzahl an Personen mit den Inhalten interagieren, sollte der oder die Social-Media-Manager:in sich überlegen, wie eine möglichst hohe Reichweite generiert werden kann. Meist kann hier keine genaue Zahl als Ziel festgelegt werden, aber man sollte die Reichweite im Blick haben, um Veränderungen schnell erkennen zu können. Je höher die Reichweite ist, desto besser natürlich.

Zuletzt sind die Aufrufe bei Bewegtbild-Formaten wichtig: Ebenso wie bei der Reichweite möchte man bei Bewegtbildern wie zum Beispiel Videos oder Reels eine hohe Anzahl an Aufrufen erreichen (welche wiederum in das Engagement einspielt). Hier gilt es auszuprobieren, wann wie welche Nutzer:innen sich beispielsweise Videos verstärkt anschauen und wann die Aufrufe sinken.

Es gibt noch sehr viele weitere Ziele und Kennzahlen, die definiert werden können, doch das sind meines Erachtens die wichtigsten, die im organischen Social-Media-Bereich beachtet werden sollten.

Wie läuft der Content-Produktionsprozess ab?

Alina · Aus meiner Erfahrung heraus ist es von Kampagne zu Kampagne unterschiedlich, aber die Herangehensweise sieht immer gleich aus:

① Ideenfindung und Brainstorming
② Recherche von Best-Practice-Beispielen
③ Strategieentwicklung und Definition der Ziele
④ Kernaussagen definieren und daraus ein (Serien-)Konzept entwickeln
⑤ Briefing von Designer:innen und Content-Producer:innen
⑥ Feedbackschleife zwischen dem oder der Projektverantwortlichen und den jeweiligen Expert:innen
⑦ Posting der Assets

⑧ Auswertung (Tools wie Falcon.io oder Sprinklr sind hier [Stand 2021] sehr wertvoll und empfehle ich)
⑨ Nachfolgende Kampagnen und Content-Formate aufgrund der Auswertung und den dazugehörigen Erkenntnisse anpassen

Welche Rolle spielt das Design? Ich habe schon erlebt, dass Amateurvideos und Schnappschüsse viel besser wahrgenommen werden als professionelle Fotos und Videos. Wie siehst du das?
Alina · Hier gilt der Grundsatz: ausprobieren. Es gibt nicht das perfekte Konzept für ein Design, welches am besten funktioniert. Es sind ganz verschiedene Faktoren, die beeinflussen, warum ein Beitrag funktioniert oder nicht. Es ist allerdings richtig, dass sogenannter *user generated content* meist besser funktioniert, da die Nutzer:innen diesen als authentischer empfinden als ein perfekt gestaltetes Bild oder Motiv.
Gleichzeitig ist auch Ästhetik nicht zu unterschätzen. Die Herausforderung liegt darin, dass es schön, aber nicht zu werblich aussehen sollte. Je werblicher, desto schlechter wird er angenommen und hat daher kaum Mehrwert für einen Kanal.
Daher empfehle ich authentische Inhalte, die ästhetisch ansprechend sind, nicht zu werblich aussehen und vor allem inspirieren beziehungsweise einen Mehrwert bieten. Auch für die Überschrift der Beiträge und die Hashtag-Recherche sollte der oder die Social-Media-Manager:in im Übrigen genügend Zeit einplanen.

Nehmen wir an, ein Start-up will in einer frühen Phase die sozialen Unternehmenskanäle ausbauen. Worauf sollten sich Start-ups zu Beginn fokussieren?

Alina · Auf das Community Building. Ohne Gemeinschaft wird ein organischer Kanal nicht viel bringen. Das bedeutet, man muss als Unternehmen herausfinden, was für eine Art von Content Interaktionen fördert und vor allem das Interesse der Nutzer:innen weckt.
Der oder die Social-Media-Manager:in sollte ebenso von vornherein damit anfangen, ein übergeordnetes Ziel zu definieren, was konkret mit den Kanälen erreicht werden soll. Verkäufe? Markenbekanntheit? Employer Branding? Anschließend geht es in die Ausarbeitung, wie dieses Ziel erreicht werden kann.

Ab wann lohnt es sich, einen eigenen Social-Media-Manager oder eine eigene Social-Media-Managerin einzustellen?

Alina · Meines Erachtens sollte ein Unternehmen nicht allzu lange damit warten. Ich habe oft erlebt, dass auf Social Media wenig Wert gelegt wird und Sätze fallen wie: „Kann das nicht eine Praktikantin oder ein Werkstudent übernehmen? Die wissen doch schon, wie das funktioniert."

Hier sehe ich immer wieder eine große Gefahr für Unternehmen, denn das vollständige Potenzial dieser Kanäle wird dadurch nicht ausgeschöpft. Sobald angefangen wird, eine Marketingabteilung aufzubauen, sollte dementsprechend auch ein:e Social-Media-Manager:in eingeplant werden.

Die größten Vorteile sind meiner Meinung nach:

- Vergrößerung der Reichweite und somit Bekanntheit
- Darstellung der eigenen Marke auf strukturierte Weise (Branding)
- Interaktion durch Erzählen der Markengeschichte
- frühes, direktes und schnelles Feedback aus der Community (Community Building)
- die Möglichkeit, viel auszuprobieren, um sich nach und nach zu spezialisieren
- eine klare Analyse
- eine langfristige Steigerung des Umsatzes

Welche Unternehmenskanäle sollte jedes Start-up bedienen? Welche lohnen sich weniger?

Alina · Die Liste der Social-Media-Kanäle wird von Jahr zu Jahr gefühlt immer länger: Instagram, TikTok, Facebook, LinkedIn, Twitter, Telegram, Clubhouse, Snapchat, Pinterest, Youtube, Reddit, Twitch ... und die Liste könnte noch viel länger sein. Ich möchte hier auf die Kanäle eingehen, die ich für relevant halte. Dennoch sollte man auch immer bedenken, welche Art von Produkt verkauft oder dargestellt werden soll und welche Zielgruppe es zu erreichen gilt. Je nachdem variiert auch die Wichtigkeit der Kanäle.

Ich halte viel von TikTok, da es momentan noch eine ganz andere Art von Unterhaltung bietet als andere Kanäle. Zu den aktuellen Vorteilen zählen für mich ① eine steigende Anzahl an Nutzer:innen, ② die Möglichkeit, Trends aufzunehmen oder auch selbst zu kreieren, ③ schnelle Reichweite aufzubauen und ④ Marketing in Echtzeit zu machen. Jede:r Social-Media-Manager:in sollte sich damit beschäftigen, da dort die aktuellen Trends entstehen, die zum Beispiel auf Instagram adaptiert werden. Und dort sind sie meist nicht in der guten Qualität sichtbar wie auf TikTok.

TikTok hat sich in den letzten Jahren vor allem bei der Generation Z bewiesen und wird nun auch immer interessanter für andere Altersgruppen. Wenn vor allem die jüngeren Generationen erreicht werden sollen, ist das ein sehr wichtiger Kanal. Er sollte aber von jemandem betreut werden, der das Prinzip TikTok versteht. Es macht überhaupt keinen Sinn, einfach nur ein „normales" Video dort hochzuladen, „einfach damit dort auch etwas ist". Die Videos sollten mit TikTok selbst kreiert werden – am Ende ist es, ebenso wie Instagram, ein Content-Creator-Tool und es wird belohnt, wenn die Videos direkt mit der App produziert werden.

Instagram ist aktuell der wichtigste B2C -Kanal, denn man findet dort eine hohe aktive Anzahl an Nutzer:innen und ist nah an Kund:innen und Follower:innen dran, was das Vertrauensverhältnis stärkt. Influencer:innen sind dort etabliert und können verstärkt miteingebunden werden. Zudem bietet der Kanal vielseitige Content-Möglichkeiten (wie IGTV, Reels, Static Feed Posts, Umfragen, Quiz, Verlinkungen, Highlights, Live-Sessions etc.).

Bei Facebook bin ich gespannt, wohin die Reise geht. Es wird sehr viel davon gesprochen, dass Facebook tot sei und nicht mehr genutzt werde. Aus meiner Sicht ist ein Abwärtstrend zu beobachten; allerdings hat sich gezeigt, dass vor allem die Gruppen-Funktion immer mehr genutzt und gepusht wird – heißt, der Kanal ist interessant für das Community Building. Kürzlich hat Facebook auch ein Dating-Format angekündigt. Ich würde Facebook als eher weniger relevanten Kanal einstufen – unter Vorbehalt dessen, was noch kommt.

LinkedIn ist essenziell für ein Start-up, denn es hilft, um das Employer Branding und Recruiting zu stärken. Auf LinkedIn Präsenz zu zeigen, ist ein Muss und hilft, sich als attraktiver Arbeitgeber und als innovative Unternehmensmarke zu positionieren. Außerdem ist es der beste Kanal, um Expert:innenwissen zu Branchennews zu teilen.

Je nach Produkt ist Twitter entweder wichtig – oder fast irrelevant. Es ist ein sehr spezieller Kanal – wenn man ihn bedient, sollte ihn jemand betreuen, der bereits Erfahrung damit hat. Twitter eignet sich allerdings besonders gut, wenn das Unternehmen als Vorreiter und Experte in den Branchennews erscheinen möchte.

Snapchat hat mich sehr überrascht – vor ein paar Jahren wurde es extrem gefeiert und ist fast von der Bildfläche verschwunden, als Instagram die Story-Funktion eingeführt hat. Erstaunlicherweise hat es Snapchat geschafft, wieder präsenter zu werden und ist vor allem in den USA bei den Jugendlichen teilweise beliebter als TikTok und Instagram. Es wird sich

7.2 Social-Media-Kanäle und Messbarkeit

herausstellen, inwieweit man als Unternehmen sich dort platzieren kann und welche Vorteile es bietet. Aktuell ist das sehr schwer zu sagen – daher empfehle ich, Snapchat im Auge zu behalten.

Pinterest wird von vielen Menschen als einer der wichtigsten Kanäle eingestuft. Ehrlich gesagt bin ich hier etwas skeptisch. Es ist ein Kanal, der vor allem für Produkte aus den Bereichen Home, Style und Mode sehr gut funktionieren kann, aber nicht muss. Hinzu kommt die fehlende Gruppendynamik, da es ja eher eine Sammlung darstellt und keine große Interaktionsfläche bietet. Ich denke, man sollte Pinterest nicht vergessen, dem Kanal aber auch nicht allzu viel Bedeutung schenken. Wie gesagt, es kommt auf das Produkt an.

Trade Republic hatte kürzlich mit Meme Stocks zu kämpfen. Vereinfacht gesagt sind das Aktien, bei denen der Aktienkurs von einzelnen Investor:innen deutlich nach oben getrieben wurde. GameStop war besonders prominent in den Medien, aber es waren auch andere Aktien betroffen; Trade Republic schränkte den Aktienkurs vorübergehend ein. Die sozialen Medien standen plötzlich im Zentrum der Kommunikation. Wie habt ihr reagiert? Und weshalb? Was empfiehlst du in so einem Krisenfall?

Alina · Krisenmanagement ist speziell – gerade auf Social Media kann sich dort schnell ein Shitstorm entwickeln. Um ganz ehrlich zu sein, war mir bis zum Februar 2021 nicht ganz klar, was ein Shitstorm wirklich bedeutet. Das sind nicht einfach nur ein paar Leute, die sich beschweren, das Unternehmen auf Social Media beschimpfen oder gar anfeinden. Das sind auch nicht hunderte. Das sind tausende – unzählige Menschen. Das hat ein Ausmaß, das konnte ich mir bis vor kurzem nicht vorstellen. Erst als ich die Zahlen schwarz auf weiß vor mir stehen hatte, wurde mir klar, wie viel gebündelter roher Hass das ist. Wenn man einmal einen wirklich großen Shitstorm erlebt hat, dann schockiert einen so schnell nichts mehr.

Doch das größte Problem ist, dass man vor diesem Berg an Menschen steht und sich fragt: „Und was mache ich jetzt?" Zuallererst: ruhig bleiben. Panik und unüberlegte Handlungen sind weder hilfreich noch führen sie zu einer sinnhaften Lösung.

Als Social-Media-Manager:in muss man sich ebenso bewusst machen, dass man nicht in der Lage sein wird, auf alle Nachrichten und Kommentare einzugehen. Daher empfehle ich eine klare Diskussion mit den Verantwortlichen des jeweiligen Unternehmens, um die Lage zu besprechen und einzuschätzen, eine (gemeinschaftliche) Reaktion auszuarbeiten und diese anschließend als Erklärung in einem Post abzusetzen.

Ich habe auch Unternehmen erlebt, die Shitstorms oder Krisensituationen auf Social Media einfach aussitzen und nichts tun. Davon rate ich ab, denn das wird meist nicht verziehen und man verliert erfahrungsgemäß an Vertrauen.

Es bietet sich an, einen Plan zu erstellen, der klärt, wie sowohl mit zukünftiger Kritik als auch mit Shitstorms umgegangen werden soll. Ich bin ein großer Fan davon, eine Art Wiki für genau solche Momente auszuarbeiten, damit jede:r weiß, wie man in Zukunft damit umgeht – von A bis Z. Im Idealfall wird das direkt von Anfang an miterstellt, doch gerade bei Start-ups muss so etwas meist erst erarbeitet werden.

Ein Kunde beschwert sich bei Twitter über einen technischen Bug. Wer kümmert sich? PR? Customer Service? Oder um die Frage etwas allgemeiner zu stellen: Wie sollten Zuständigkeiten in den sozialen Medien aussehen?

Alina · Das Thema Community-Management wird häufig unterschätzt, doch als Unternehmen sollte man auch hier Mitarbeiter:innen haben, die sich genau um die Wünsche, Sorgen und Anregungen der Community kümmern und diese auch schnell erkennen. Diese Rückmeldungen sind im Übrigen Gold wert und sollten unbedingt ausgewertet werden.

Wichtig ist hierbei ein Zusammenspiel aus vielen verschiedenen Abteilungen. Angenommen, ein:e Nutzer:in beschwert sich über Twitter, dass die App nicht richtig funktioniert. In erster Linie sollte das Community-Management versuchen, mögliche Fehler zu erkennen und direkt mit dem oder der Betroffenen interagieren. In der Regel holt man solche Themen von einem öffentlichen Thread in eine private Nachricht. Sollte das Community-Management keine Lösung finden, wird der Kund:innenservice eingeschaltet.

Ich möchte ganz deutlich machen, dass es hier einen Unterschied gibt: Das Community-Management ist dafür da, das Vertrauen in das Unternehmen zu stärken und für die Community sehr sichtbar in Erscheinung zu treten.

Rückmeldungen sollten hier schnell passieren (innerhalb von 24 Stunden). Der oder die Community-Manager:in ist maßgeblich für den Ausbau und das Wachstum der jeweiligen Gemeinschaften verantwortlich und analysiert die Stimmung der Nutzer:innen. Der Kund:innenservice hingegen ist Experte für das jeweilige Produkt und hat die Aufgabe, Lösungen für die Anliegen und Fragen der Kund:innen zu finden.

Ich bin ein großer Fan davon, das Community-Management und den Kund:innenservice miteinander zu verknüpfen, damit die Wege einfacher und kürzer werden. Ein Leitfaden klärt, wer welche Verantwortlichkeiten trägt, wie sich das Unternehmen als Marke darstellen möchte (spezifiziert also den Tone of Voice), und was geboten und zu unterlassen ist.

Sollte sich ein Shitstorm auf Social Media ankündigen, rate ich dringend dazu, die jeweilige PR-Abteilung miteinzubinden, um gravierende Fehler in der Kommunikation zu vermeiden. Eine alte, wenn auch bewährte Regel besagt: „Sind Sie zufrieden, dann empfehlen Sie uns weiter, sind Sie es nicht, sprechen Sie uns an."

7.3 Wie fängt man an? Social-Media-Aufbau und Storytelling

Julia Kiener
Social-Media-Strategin | Ex-Google

Was sind deiner Meinung nach die häufigsten Stolperfallen, in die Start-ups beim Thema Social Media tappen?

Julia · Ich denke, die größte Stolperfalle ist – und das gilt ganz sicher nicht nur für Start-ups – Social Media zu unterschätzen. Sei es hinsichtlich des Aufwands oder hinsichtlich der Effektivität.

Fangen wir mit Letzterer an. Die Anzahl der aktiven Social-Media-Nutzer:innen ist im Jahr 2020 um 13,3 % auf 66 Millionen Menschen allein in Deutschland angestiegen. Das sind 78,7 % der deutschen Bevölkerung.

Das heißt, dass fast 80 % der Menschen in Deutschland über Social-Media-Kanäle erreicht werden können, die – ganz plakativ gesprochen – auch potenzielle Käufer:innen sein könnten. Das Potenzial ist also riesig und wächst stetig weiter. Wer hier die Effektivität oder Sinnhaftigkeit von Social-Media-Kommunikation und/oder Marketing anzweifelt, lässt in meinen Augen unheimlich viel Potenzial ungenutzt.

Natürlich komme ich an dieser Stelle nicht ohne eine Einschränkung aus. Denn Social Media muss gut gemacht sein. Was mich zum unterschätzten Aufwand bringt. Social Media ist Arbeit, sehr viel Arbeit sogar. Neben zahlreichen Plattformen, die alle verschiedene Kernzielgruppen haben, gibt es auch noch unzählige inhaltliche Formate pro Plattform, die verschiedene Anforderungsprofile aufweisen. Ein Aspekt, der oft unterschätzt wird, eben weil so viele Menschen in ihrer Freizeit Social Media nutzen und sich so der Irrglaube eingeschlichen hat, dass Instagram, Facebook und Co. keiner spezifischen Betreuung bedürfen und eben „nebenbei" mitgemacht werden können. Dabei wird aber gleichzeitig erwartet, dass die Inhalte „viral gehen" und neue Kund:innen dem Unternehmen förmlich die Bude einrennt. Daher rate ich meinen Kund:innen, sich zunächst bewusst zu machen, dass Social Media ein Vollzeit-Job sein kann. Das heißt, es muss ein guter Rahmen geschaffen und eine Strategie entwickelt werden.

Wie du schon erwähnt hast, kann es schwierig für ein Start-up sein, auf allen sozialen Kanälen aktiv zu sein. Womit sollten Start-ups anfangen? Wie entwickelt man einen Kanal? Und braucht man für jeden Kanal andere Inhalte?

Julia · Zunächst ist eines wichtig zu verstehen: Bei Social-Media-Kanälen gilt in meinen Augen nicht das Motto: „Keine Feier ohne Meier." Gerade wenn ein junges Unternehmen erst damit startet. Das heißt: Du musst nicht von Beginn an überall dabei sein. Wirklich nicht.

Ich betrachte mit meinen Kund:innen zunächst ihre Zielgruppe. Wir werfen einen Blick auf die demografischen Faktoren wie Geschlecht und Alter, auf die geografischen Faktoren wie Wohnorte, aber auch auf die Interessen und Lebensumstände. Daraufhin lassen sich in der Regel schon einige Kanäle ausschließen. Beispielsweise braucht eine Shampoomarke, die eine weibliche Zielgruppe zwischen 13 und 25 Jahren hat, nicht unbedingt einen Facebook-Kanal oder LinkedIn-Corporate-Influencer:innen, insbesondere dann nicht, wenn die Ressourcen und Kapazitäten der Mitarbeiter:innen knapp bemessen sind. Ich rate dazu, sich lieber auf die Kanäle zu konzen-

7.3 Wie fängt man an? Social-Media-Aufbau und Storytelling

trieren, bei denen aus Unternehmenssicht der größte Anteil potenzieller Kund:innen zu finden ist und diese zunächst zu etablieren, bevor ein neuer Kanal dazukommt.

Sobald die Kanäle per se definiert sind, geht es an die Inhalte. Dabei spielen Format, Medium und Story gleichermaßen eine Rolle. Bleiben wir bei der Shampoomarke. Wir haben Instagram, TikTok, Snapchat und YouTube als potenzielle erste Kanäle identifiziert, weil besonders viele Nutzer:innen in der gesuchten Altersspanne auf diesen Kanälen unterwegs sind. Nun betrachten wir, was auf den einzelnen Kanälen bei unserer Zielgruppe ganz besonders gut ankommt und werfen einen Blick auf die Überschneidungen. Alle drei Plattformen zeigen und/oder präferieren Videoinhalte. Drei der vier Plattformen legen den Fokus auf kurze, in 9x16 gedrehte Videos. Und drei der vier Plattformen haben tendenziell mehr Frauen als Zuschauerinnen. Damit fliegt YouTube zunächst als Plattform für unser Start-up raus, da Hochkantvideos bei YouTube zwar ebenfalls zunehmend eine Rolle spielen, der Fokus aktuell aber weiterhin auf querformatigen Videos liegt. Außerdem hat YouTube eine tendenziell eher männliche Zuschauerschaft.

Ist das Grund genug, YouTube zunächst auszuschließen? Ja! Warum? Ganz einfach: Effizienz. Social Media, insbesondere aber Videoinhalte zu produzieren, ist aufwendig. Da nur mit höherem technischem Aufwand und Know-how gleichzeitig Hochkant- und Querformate gefilmt, verarbeitet und geschnitten werden können, wird YouTube so lange auf das Abstellgleis gestellt, bis sich weitere Kapazitäten innerhalb des Teams ergeben.

Wir entscheiden uns für TikTok, Snapchat und Instagram als erste Kanäle. Der Format-Fokus (Hochkantvideos, circa 15 Sekunden) und die Plattformen stehen, fehlt noch der Inhalt. Dazu tauche ich mit meinen Kund:innen nochmals tief in ihre Unternehmenswerte ein: Warum habt ihr gegründet, was ist eure Mission, was ist eure Vision, was macht euch besonders? Im Beispiel wollen die Gründerinnen ein neuartiges Bio-Shampoo auf den Markt bringen, das nicht nach öko riecht und sich auch nicht nach öko anfühlt, aber öko ist. Ihre Mission ist es, „Öko in nice" zu machen, super hip und schick im Badezimmer.

Zwar bekommen wir mit Hilfe der Beschreibung nun eine Vorstellung davon, wie diese Marke nach außen aussehen könnte, aber ich bin mir sicher, dass jede Person, die diese Passage gerade liest, eine andere Vorstellung davon hat. Daher erstelle ich mit meinen Kund:innen Moodboards, visualisiere die Vorstellungen, konzipiere mit ihnen gemeinsam Geschichten rund um das Produkt. Immer mit einer Frage vor Augen: Wäre ich die Zielgruppe, würde ich mich dafür interessieren, würde es mich triggern? Dabei ist es wichtig auszuklammern, was einem selbst gefällt oder worauf Wert gelegt wird, insbesondere dann, wenn die Gründer:innen selbst nicht unbedingt zur Zielgruppe gehören. Das klingt erstmal abstrakt, aber am Ende ist es so: Der oder die Gründer:in ist ja bereits überzeugt, jetzt muss nur noch die Zielgruppe überzeugt werden und das geht am besten mit Inhalten, die der Zielgruppe gefallen und auf den Kanal angepasst sind.

Zum Inhalt zählt allerdings nicht nur die Story, sondern auch das Telling, um attraktiv zu sein. Auch hier ist es wichtig, sich und die Zielgruppe zu hinterfragen. Beispielsweise stelle ich meiner Kundschaft die Frage, welchen Unternehmenskanälen sie selbst bei Social Media verfolgen, ungeachtet der Größe. In den allermeisten Fällen kristallisiert sich heraus, dass wir insbesondere Kanälen folgen, die eine gute Geschichte erzählen und nicht unbedingt mit aufdringlicher Werbung ihr Produkt bewerben. Oft sind es Firmen, die nahbar sind und ihre Werte kommunizieren. Beispielsweise treffen 76 % der über 18-Jährigen laut des Edelman Trust Barometers eher eine Kaufentscheidung aufgrund der ethischen Einstellung, weniger aufgrund der Kompetenz des Unternehmens.

Storytelling ist bei Social Media essenziell und beginnt bei der Geschichte, geht über die Art, wie sie erzählt wird, hin zu dem, was sie in uns auslöst. Oder auch: Wir wollen, dass unsere Zielgruppe etwas haben will, von dem sie vorher gar nicht wusste, dass es existiert. Und das bekommen wir nur bedingt mit blinden Versprechungen oder Preisbannern hin, sondern hauptsächlich über Emotionen. Und wir haben laut den unternehmenseigenen Angaben von Facebook nur circa zwei bis drei Sekunden bei Desktop-Ads und sogar nur 0,4 Sekunden bei mobilen Anzeigen, um die Aufmerksamkeit auf uns zu ziehen. Das ist sehr wenig Zeit, um eine Message zu überbringen und Emotionen auszulösen. Das wiederum geht am besten mit originellen, kreativen Inhalten, die in Format und Bildgröße auf die jeweilige Plattform zugeschnitten sind. Es müssen sogenannte Thumbstopper her, die in kürzester Zeit die Aufmerksamkeit unserer Zielgruppe erregen.

Social Media betrifft viele Bereiche: Marketing, PR, HR, Customer Service. Was empfiehlst du für eine gute Zusammenarbeit?

Julia · Kommunikation. Zwar hat jedes Team eine eigene Agenda, nichtsdestotrotz gibt es in der Regel nur einen Kanal pro Plattform. Erste Regel: Im Zentrum sollte stehen, was die Nutzer:innen interessiert, ihnen einen Mehrwert bietet und nicht das, was Abteilung A oder B gern bei Social

Media posten würde. Das heißt, es sollte so etwas wie einen Gatekeeper geben, beispielsweise eine:n Social-Media-Manager:in mit Vetorecht, um sicherzustellen, dass Postings auch den oben genannten Mehrwert liefern.

Außerdem helfen regelmäßige Meetings, um zu strukturieren, welche Inhalte wo Sinn ergeben und welche Teams welche Inhalte gern ausspielen würden. Ich habe oft erlebt, dass es heißt, „verlängern wir auf Social Media" und der Punkt somit auf der Agenda der einzelnen Abteilung abgehakt war. Der Dialog mit der oder dem Social-Media-Manager:in ist ausgeblieben, damit aber auch die Content-Qualität und der Nutzen für die Zielgruppe.

Sind gerade bei jungen Unternehmen nicht auch Mitarbeiter:innen wichtige Testimonials? Habt ihr Richtlinien für Mitarbeiter:innen, was sie über das Start-up in den sozialen Medien posten dürfen und was nicht?

Julia · Absolut, Gründer:innen und Mitarbeiter:innen sind der Spiegel des Unternehmens. Noch dazu folgen Menschen lieber Menschen als Unternehmens- oder Markenprofile. Nur als Beispiel: Microsoft hat derzeit 14,6 Millionen Follower:innen bei LinkedIn, Bill Gates hat derweil 33,6 Millionen Follower:innen. Mitarbeiter:innen können also das perfekte Aushängeschild sein.

Wichtig ist es dabei allerdings, Richtlinien für sich zu definieren, so etwas wie einen vertraglich festgelegten Verhaltenskodex. Darin sollten die wesentlichen Unternehmenswerte und Überzeugungen enthalten sein und insbesondere Themen wie politische Positionierung, Diversität, Inklusion, Fairness, Nachhaltigkeit und andere für das Unternehmen gesellschaftlich relevante Positionen. Auch sollte festgelegt werden, wie in Krisensituationen zu reagieren ist, wer in Krisensituationen spricht, was Tabus und was Firmeninterna sind, die nicht nach Außen kommuniziert werden dürfen.

So sichert ihr euch ab, wenn beispielsweise ein:e Mitarbeiter:in eine politische oder gesellschaftliche Position bei Social Media vertritt, die sich nicht mit euren Unternehmenswerten decken, sie oder er aber durch eine Profilbeschreibung oder durch andere Postings eine Verbindung von sich zu eurem Unternehmen verdeutlicht. Grundsätzlich sind das aber Dinge, die sich vermutlich schon im Arbeitsalltag herauskristallisieren und präventiv verhindert werden können. Im Großen und Ganzen bin ich der Überzeugung, dass niemand ein besseres Aushängeschild für eine Firma ist als Mitarbeitende, die stolz auf ihre:n Arbeitgeber:in sind.

Dennoch: Wenn Mitarbeiter:innen unzufrieden sind, machen sie ihre Enttäuschung mitunter in den sozialen Medien und im Netz Luft. Welche Erfahrungen hast du gemacht und wie geht man damit um?

Julia · Erfahrung habe ich dahingehend nicht direkt gemacht, allerdings würde ich Unternehmen empfehlen, damit professionell umzugehen und – fast noch wichtiger – sich selbst zu hinterfragen, wie es bei jeder Art von Feedback, egal ob digital oder persönlich, der Fall sein sollte. Verständnis ist wichtig, um gegebenenfalls Schwachstellen im eigenen System zu erkennen. Daher: Selbst wenn es mal eine schlechte Kununu-Bewertung gibt, geht nicht in den Angriffsmodus. Erstens degradiert ihr damit im Zweifel die Meinung eures Gegenübers und zweitens ist es unprofessionell. Natürlich müsst ihr es nicht einfach nur schlucken, insbesondere dann nicht, wenn das Gegenüber beleidigend oder aggressiv ist und Unwahrheiten verbreitet, aber seid besonnen und verlagert den Diskurs bestenfalls auf einen weniger öffentlichen Schauplatz, indem ihr beispielsweise zu einem persönlichen Gespräch einladet. Zeigt euch gesprächsbereit.

Apropos öffentlicher Schauplatz: Hast du schon mal einen Shitstorm in den sozialen Medien erlebt? Wie geht man damit professionell um?

Julia · Ja, habe ich und ich bin mir sicher, dass ich erst seitdem graue Haare bekomme. Ich habe damals noch in einer Agentur als Team Lead Social Media gearbeitet und mein Kunde war ein sehr bekannter Softwarekonzern. Plötzlich ging es auf allen Kanälen ab, insbesondere auf Instagram, überall hagelte es negative Kommentare, immer mit einem bestimmten Hashtag. Die Quelle war fix gefunden: Ein uns bis dahin nicht bekannter Influencer:innen hatte sich über die Kündigungsfrist des Abomodells aufgeregt und seine Community dazu aufgerufen, unsere Kanäle mit besagtem Hashtag und negativen Kommentaren zu überschwemmen. Gesagt, getan. Und, sofern ich mich recht erinnere, ging seine Community bei Instagram und TikTok zusammengenommen an die Millionengrenze.

Wichtig war für mich in dem Moment, Ruhe zu bewahren und auch mein Gegenüber erst einmal zu beruhigen. Ich habe also besagten Influencer:innen über den Unternehmensaccount angeschrieben, mich vorgestellt und ihm meine Hilfe angeboten. Letzten Endes kamen wir ihm entgegen und fanden zusammen mit unserem Kund:innenservice eine Lösung. Er hat sich genauso öffentlich für unsere Hilfe bedankt und pfiff seine Community wieder zurück. Ende gut, alles gut, aber das waren stressige Stunden, die mir gezeigt haben, dass es super schnell gehen kann und ich immer wachsam sein sollte. Mein Tipp also: Ruhe bewahren, den Ursprung suchen und dann erst handeln. Rennt nicht wie ein kopfloses Huhn herum, sondern sortiert euch erst. Es zählt zwar Schnelligkeit, aber auch eine pointierte Reaktion, die überlegt sein will. Um Shitstorms aufgrund von unbedachter Kommunikation zu vermeiden, kann ich nur raten, so viele Perspektiven wie möglich einzunehmen, insbesondere, wenn es sich um Postings handelt, die anecken könnten. Das können übrigens auch Posts sein, die eigentlich für eine gute Sache stehen. Irgendwer wird sich immer auf den Schlips getreten fühlen. Ich bin beispielsweise erst vor kurzem ins LinkedIn-Kreuzfeuer geraten, da ich mich für das Gendern ausgesprochen habe, was nicht bei jeder oder jedem gut angekommen ist. Dennoch würde ich mich jederzeit wieder für mehr Diversität, Gleichberechtigung und Inklusion einsetzen – und negative Kommentare riskieren.

Social Media entwickelt sich rasanter als die Literatur hinterherkommt. Wie bleibst du auf dem Laufenden?

Julia · Zunächst mache ich mir von allen Plattformen ein Bild und versuche, ein Verständnis für sie zu entwickeln. Ob mir der Inhalt gefällt oder nicht, ist dabei erst einmal nebensächlich. Außerdem lese ich mir Veröffentlichungen der Plattformen selbst durch, beispielsweise in den Newsrooms, folge anderen Expert:innen auf dem Gebiet, höre Podcasts zu dem Thema (beispielsweise „Baby got Business"), schaue mir meine Entdecken-Feeds an, welche Trends und Themen gerade durch die Decke gehen und nehme regelmäßig an kostenlosen oder auch bezahlten Workshops teil. Social Media beziehungsweise die gesamte digitale Welt schläft nie, daher ist Weiterbildung ein wichtiger Bestandteil meiner Arbeit, nur so kann ich mein Wissen auch an meine Kund:innen weitergeben. Aber genau das macht es für mich so spannend, es wird nie langweilig. Als ich vor mittlerweile über zehn Jahren im Praktikum bei einem Online-Magazin für die Facebook-Fanseite zuständig war, waren wir noch eine der ersten und wurden von manch einem Print-Medium-Imperium nur seicht belächelt. Seitdem hat sich so viel getan, das ist echt verrückt.

Dein größter Aha-Moment der letzten Jahre?
Julia · Immer dranbleiben und die eigene Leistung hinterfragen. Immer wieder neu erfinden und offen für neue Kanäle sein. Nur weil deine Art von Inhalt heute gut funktioniert, funktioniert er noch lange nicht auch morgen. Heute ist Instagram dein stärkster Kanal, vielleicht ist es morgen aber YouTube. Entwickle dich mit, die digitale Welt ist super dynamisch.

Mit welchen Tools hast du im Bereich Social Media gearbeitet? Vor allem im Bereich Monitoring und Share of Voice? Und welches Tool würdest du empfehlen oder selbst gerne nutzen?

Julia · Ich habe schon mit allerhand Tools gearbeitet, am meisten mit Hootsuite und Sprinklr. Aber ich muss zugeben: Ich bin kein Fan von Drittanbietern. Denn häufig werden nicht alle Inhaltsformate über externe Tools angeboten, beispielsweise Umfragen oder Slide Shares bei LinkedIn oder Twitter. In großen Unternehmen mit vielen Subseiten und Inhalten in verschiedenen Sprachen ist es vermutlich sinnvoller, externe Social-Media-Management-Plattformen zu nutzen. Als Start-up würde ich mir die Lizenzkosten definitiv sparen.

Analysen lassen sich auch ganz hervorragend (und noch genauer) über die Analyse-Optionen der einzelnen Social-Media-Plattformen ziehen, wenn auch zumindest teilweise mit größerem Aufwand. Ergänzend dazu sind alle Daten aus Google Analytics (oder von ähnlichen Anbietern) sehr spannend und aufschlussreich.

Deine Social-Media-Geheimrezeptur in wenigen Worten?

Julia · Erzähl deiner Zielgruppe eine gute Geschichte und verkaufe nicht nur stumpf ein Produkt. Sei authentisch, vermittle deine Leidenschaft und bleib immer dran, auch wenn du mal weniger Likes bekommst. Nur so entwickelst du ein Gefühl für deine Community und die Plattformen. Und hol dir Expert:innen, wenn du mal nicht mehr weiter weißt, Social Media macht sich eben nicht nur so nebenbei.

7.4 Ein Bild sagt mehr als 1.000 Worte - Foto- und Videografie

Greg Latham
Freiberuflicher Filmemacher und Videograf

Du bist Fotograf und arbeitest nicht nur für Start-ups, sondern auch für andere internationale Unternehmen, Museen, Künstler:innen und Musiker:innen. Was fällt dir auf? Ticken Start-ups anders?

Greg · Aus persönlicher Sicht sind Start-ups eine großartige Gelegenheit, über den Tellerrand zu schauen, was die Art der Inhalte angeht, die man produzieren kann. Größere Unternehmen haben starrere Marken- und Inhaltsrichtlinien, was den kreativen Spielraum manchmal einschränkt. Start-ups bringen eine Menge Energie mit und schätzen meiner Erfahrung nach die Zusammenarbeit mit kreativen Menschen, die flexibel sind und schnelle Lösungen anbieten können.

Viele Start-ups haben geringe Kommunikationsbudgets. Deine Tipps für alle, die den Do-it-yourself-Ansatz wählen?

Greg · Nutzt die Möglichkeiten! Klar, es gibt Grenzen, aber noch nie war es so einfach wie heute, selbst audiovisuelle Inhalte zu erstellen. Wenn ihr also mit dem Gedanken spielt, selbst Hand anzulegen, empfehle ich euch, dass ihr euch mit den Werkzeugen und Features eurer Geräte vertraut macht und Inhalte erstellt, die authentisch sind und eure Unternehmenswerte widerspiegeln.

Habt ihr zum Beispiel Mitarbeiter:innen, die sich vor der Kamera wohlfühlen und sich gerne selbst aufnehmen, ist das eine tolle Chance, um mit einem Publikum in Kontakt zu treten. Wenn die Ressourcen begrenzt sind, würde ich es vermeiden, die ausgefeilteren Formen von Inhalten nachzuahmen, die man bei Unternehmen mit höheren Budgets und großen Teams sieht. Der DIY-Ansatz erlaubt es euch auch, Risiken einzugehen und verschiedene

Ideen auszuprobieren, um zu sehen, was funktioniert. Wenn ein Ansatz nicht funktioniert, versucht einfach etwas anderes. Irgendwann findet ihr einen Weg, der für und zu euch passt.

Seitdem Smartphones immer bessere Kameras integriert haben, versuchen sich viele Menschen als Hobby-Fotograf:innen. Was sind die größten Fehler, die Menschen hier machen?

Greg · Es ist unfassbar, wie gut Smartphones geworden sind. Man braucht sich nur die Inhalte anzusehen, die von den großen Technologieunternehmen anlässlich der Einführung der neuesten Modelle produziert werden, um zu erkennen, was alles möglich ist. Im Großen und Ganzen sind Smartphones sehr intuitiv, aber es gibt ein paar Tricks, mit denen ihr Inhalte aufwerten könnt. Erstens: Auch wenn die Standard-Kamera-Apps durchaus brauchbar sind, kann es sich lohnen, spezielle Foto-Apps auszuprobieren, die ein wenig mehr Kontrolle über das Bild erlauben und qualitativ hochwertigere Rohdaten (RAW-Format) erzeugen können. Zweitens: Farbe. Die Farbe hat einen großen Einfluss darauf, wie wir die Qualität von Bildern wahrnehmen. Wenn ihr also lernt, wie ihr Fotos auf eurem Gerät richtig verarbeitet und bearbeitet, können sich eure Bilder von der Masse abheben. Drittens ist es entscheidend, auf das Licht zu achten. Vermeidet nach Möglichkeit alle Kunstlichtlampen und nutzt große Tageslichtquellen wie Fenster.

Gründerfotos, Teamfotos, Produktfotos, Fotos aus dem Büroalltag – was braucht man wann?

Greg · Das hängt sehr stark davon ab, wo ihr als Start-up steht. Wenn euer Produkt noch nicht reif für das Rampenlicht ist oder euer Büro aus allen Nähten platzt, beginnt besser mit ein paar gut ausgeleuchteten und komponierten Mitarbeiter:innenporträts. Wenn euer Büro etwas dunkel ist, geht nach draußen und sucht einen sauberen, natürlichen Hintergrund, vor dem ihr ein paar zwanglose Porträts machen könnt. Bezieht euer Team mit ein und versucht, das Thema Fotos zur Gewohnheit werden zu lassen.

Was sind deiner Meinung nach die größten Fehler, die Start-ups beim Thema Foto- und Videografie machen?

Greg · Es gibt zu wenig Konsistenz. Gerade in der frühen Phasen der Entwicklung eines Start-ups sind die selbst produzierten visuellen Inhalte unterschiedlich. Bevor ihr mit Fotos und Videos startet, solltet ihr

7.4 Ein Bild sagt mehr als 1.000 Worte – Foto- und Videografie

zunächst eure Markenrichtlinien definieren und euch überlegen, welche Wirkung ihr hervorrufen möchtet. Welche Emotionen sollen die Bilder wecken? Wie soll es am Ende aussehen? In der Kreativbranche reden wir vom Look & Feel. Je detaillierter, desto besser, aber lasst euch auch nicht davon aufhalten. Selbst die grundlegendsten Richtlinien sind besser als keine Vorgaben, und ihr könnt sie nach und nach und immer wieder überarbeiten.

Angenommen, ein Start-up sucht nach Foto- und Videograf:innen. Wie findet man jemanden, der passt? Hast du da ein Geheimrezept?

Greg · Wenn ihr in einer großen Stadt ansässig seid, könnt ihr davon ausgehen, dass andere Start-ups vor euch bereits Erfahrung mit lokalen Fotograf:innen und Filmemacher:innen gesammelt haben. Ein guter Anfang ist es, nachzuschauen, was andere Start-ups auf ihrer Webseite und in sozialen Netzwerken veröffentlichen. Wenn ihr auf etwas stoßt, von dem ihr glaubt, dass es für euer Start-up geeignet ist, empfehle ich, dass ihr euch einfach dort meldet und nach dem Kontakt fragt. Und dann um ein Treffen bittet. Wenn ihr ganz neu anfangt, ist es wichtig, genau darauf zu achten, welche Art von Arbeit die Fotografin oder der Videograf am häufigsten produziert: Welche Arbeiten befinden sich in ihrem beziehungsweise seinem Portfolio? Haben er oder sie Erfahrung mit der Arbeit in einer Büroumgebung? Sind sie mit den Erwartungen und Arbeitsabläufen bei einem Unternehmensfotoshooting vertraut?

Wie sieht für dich ein gutes Briefing aus?

Greg · Ein Briefing ist eine hervorragende Ausgangsbasis. Es hilft dabei, die Erwartungen festzulegen, und es stellt sicher, dass sich alle Beteiligten zu Beginn des Projekts einig sind. Das Budget ist immer eine heikle Angelegenheit, aber wenn ihr eine grobe Vorstellung davon habt, was ihr erwartet und wo eurer Preisrahmen liegt, hilft das dem Kreativteam, den Umfang des Projekts zu verstehen und euch zu beraten. In das Briefing solltet ihr auch Referenzen oder Moodboards aufnehmen (insbesondere solche, von denen ihr glaubt, dass sie eurem Budget entsprechen), wichtige Projektmeilensteine, Lieferfristen, besondere technische Anforderungen sowie die Frage, wo die Projektergebnisse veröffentlicht oder ausgestellt werden sollen.

Viele Menschen fühlen sich vor der Kamera unwohl. Wie gehst du damit um? Muss es zwischen Fotograf:innen und Fotografierten auch zwischenmenschlich passen?

Greg · Nervosität gehört bei dieser Art von Arbeit einfach dazu. Daher haben fast alle Fotograf:innen und Videoteams Erfahrung in der Arbeit mit Menschen, die vor der Kamera ein wenig ängstlich sind. Mein Rat wäre, jemanden zu engagieren, der hauptsächlich mit Menschen arbeitet, die keine Schauspieler:innen sind. Sie werden viele Möglichkeiten haben, die Mitarbeiter:innen zu beruhigen und sie durch den Prozess führen.

Wie teuer ist ein professionelles Fotoshooting? Und Videoaufnahmen?

Greg · Die Kosten für ein Shooting hängen stark vom Budget des Kunden oder der Kundin, den Erwartungen und dem Gesamtumfang des Projekts ab. Glücklicherweise gibt es fast immer gute Optionen an beiden Enden des Preisspektrums. Das Wichtigste ist, dass ihr in den ersten Gesprächen mit den Foto- oder Videograf:innen transparent und klar darlegt, welche Art von Inhalten ihr wünscht und wofür ihr diese verwenden wollt. Wenn ihr die Möglichkeit habt, am Drehtag selbst mitzuhelfen (zum Beispiel interne Mitarbeiter:innen zu organisieren, dafür zu sorgen, dass der Tag reibungslos abläuft, Interviewfragen zu stellen oder Ähnliches), kann dies ebenfalls die Kosten senken.

Noch ein Wort zum Thema Videodreh: Wie viel des Materials entsteht spontan, wie viel wird vorher schriftlich ausgearbeitet? Und was empfiehlst du?

Greg · Hier gibt es keine feste Regel, und die Art der Vorbereitung hängt sehr stark davon ab, was am Ende dabei herauskommen soll. Sind Authentizität und Spontaneität für das Video wichtig? Oder werden die Mitarbeiter:innen tief in technische Fragen eintauchen, bei denen ein Teleprompter nützlich sein könnte? Meine übliche Vorgehensweise bei Interviews im professionellen Kontext besteht darin, den Kund:innen im Vorfeld eine grobe Liste mit Interviewfragen zur Verfügung zu stellen, damit sich die Mitarbeiter:innen bereits im Vorfeld mit dem Inhalt vertraut machen können. Wenn die Mitarbeiter:innen ihre Antworten mit Kolleg:innen oder vor dem Spiegel üben, entwickeln sie oft einen natürlichen Sprechrhythmus und wirken sicherer.

Eine Technik-Grundausstattung, die sich jedes Start-up zulegen sollte?

7.4 Ein Bild sagt mehr als 1.000 Worte – Foto- und Videografie

Greg · Eine erschwingliche moderne Kamera ist ein guter Anfang; fast jedes Kameramodell der letzten Jahre ist für grundlegende Foto- und Videoaufnahmen geeignet. Der Ton ist ein oft übersehener Aspekt der Videoproduktion. Die Investition in ein Ansteckmikrofon wird den Produktionswert eurer Videos erheblich steigern.

Worauf könntest du bei der täglichen Arbeit nicht verzichten?

Greg · Das Briefing, die Shotlist, also die strukturierte Liste aller Filmszenen und Kameraeinstellungen, und mein Team.

8 Public Affairs und Krisenkommunikation

Der besondere Reiz, aber auch die Herausforderung von Unternehmenskommunikation liegt in der Tatsache begründet, dass sie sich nicht komplett steuern und vorhersagen lässt. Manches ist Intuition, ein Teil ist Fleißarbeit und Disziplin, vieles ist Reputationsmanagement, wieder anderes dem Umfeld geschuldet, und letztendlich kommt auch eine Portion Glück hinzu. Unternehmenskommunikation ist planbar – kontrollierbar ist sie nicht. Und doch lässt sich durch gezielte Beziehungspflege und eine klare Interessenvertretung manche krisenhafte Situation vermeiden oder frühzeitig beeinflussen. Die Rede ist von Public Affairs, also der Einflussnahme auf Entscheidungsprozesse an der Schnittstelle zwischen Politik, Wirtschaft und Gesellschaft. Oft als „Lobbyarbeit" verschrien, hat Public Affairs nicht immer den besten Ruf. Warum diese Vorurteile nicht zutreffen und sich auch schon Start-ups in einem frühen Stadium mit dem Thema befassen sollten, erklären Greta Schulte von N26 und Stefan Müller von FlixMobility (→ Kapitel 8.1).

Aller guten Vorbereitung zum Trotz kann auch der beste Plan von einem unvorhergesehenen Ereignis durchkreuzt und vielleicht sogar zunichtegemacht werden. Eine Datenpanne, ein Produktfehler, kritische Kundenberichte, unlautere Geschäftspraktiken, eine dumme Aussage in der Öffentlichkeit oder einfach falsche Behauptungen – schnell können Start-ups auch in die Negativschlagzeilen kommen. Eine Person, die das hautnah erlebt hat, ist Jana Tilz. Sie war Kommunikatorin bei Wirecard und hat in dieser Zeit viel zu Krisenkommunikation gelernt. Über die Details der Wirecard-Insolvenz kann und will sie sich nicht äußern, doch teilt sie ihr Wissen in Form eines fiktiven Beispiels in → Kapitel 8.2. Den Abschluss bildet Thorsten Düß, langjähriger Berater und Experte für Krisenkommunikation. In seinem Beitrag schildert er, weshalb viele Kommunikationskrisen hausgemacht sind und wie Unternehmen solche kommunikativen Herausforderungen meistern können (→ Kapitel 8.3).

8.1 Public Affairs

Greta Schulte
Government & Public Affairs Manager bei N26

Stefan Müller
Senior Manager Public Affairs bei FlixBus und FlixTrain

Befürworter:innen sprechen gern von politischer Unternehmenskommunikation, Kritiker:innen von Lobbyarbeit. Gemeint ist der Versuch, Entscheidungsprozesse an den Schnittstellen von Politik, Wirtschaft und Gesellschaft strategisch zu beeinflussen. Was ist eure Sicht auf Public Affairs?

Stefan · Public Affairs hat für Abgeordnete, aber auch Verbände, (Regierungs-)Institutionen und Nichtregierungsorganisationen (NGOs) eine äußerst wichtige Funktion, indem sie Informationen sammelt, aufbereitet und transparent zur Verfügung stellt. Gute Public-Affairs-Arbeit findet nicht in den Hinterzimmern statt, sondern stellt ganz offen Positionen dar, um die dann auch gerne gerungen werden darf – sei es in persönlichen Gesprächen, auf Podiumsdiskussionen oder in (digitalen und sozialen) Medien.

Dabei ist eines besonders wichtig: Public Affairs will nicht missionieren, sondern informieren. Eine Interessenvertretung, die versucht, das Gegenüber zu bekehren, wird nicht ernst genommen und agiert weder glaubhaft noch seriös. Public Affairs muss verlässlich, langfristig und transparent aufgebaut sein, um eine erfolgreiche Basis in der Beziehung zwischen Politik und Unternehmen zu bilden.

Wie würdet ihr eure Rolle in wenigen Worten auf den Punkt bringen?

Stefan · Wir halten sowohl nach außen in die Politik als auch nach innen ins Unternehmen Augen und Ohren offen, um Entwicklungen, Herausforderungen und Trends zu erkennen, einzuordnen und die nötigen Schritte einzuleiten.

Greta · Public Affairs ist der institutionalisierte Dialog zwischen Unternehmen und der politischen Öffentlichkeit.

Welche Rolle spielen Verbände?

Stefan · Neben einzelnen Unternehmen sind auch Verbände wichtiger Bestandteil der Public Affairs Welt. Für Start-ups sind diese ein besonders entscheidender Faktor, da sie oft keine eigenen politischen Vertretungen haben. Zu Wort kommen sollte also zum Beispiel der Bundesverband Deutscher Startups, der wichtige Zukunftsthemen adressiert. Das Ziel muss sein, dass auch die kommenden Start-ups in Deutschland Erfolg haben und sich zu den deutschen und europäischen Champions entwickeln können, die wir alle gerne sehen möchten. Im europäischen Schienenverkehr gibt es sogar eine Art Start-up-Verband für neu in den Markt einsteigende Unternehmen, die sich im Wettbewerb gegen die Staatsbahnen behaupten wollen: Die Alliance of Passenger Rail New Entrants, kurz ALLRAIL. Zur Frage, wie die Kommunikation für Start-ups zum Erfolg wird, können diese Verbände wertvollen Input geben.

Im Rahmen von Public Affairs fällt manchmal auch das Stichwort Issue Management. Was ist darunter zu verstehen?

Greta · Unternehmen sind Teil der Gesellschaft – daher ist es für sie wesentlich, am Puls der Zeit zu sein und zu wissen, was die Öffentlichkeit bewegt. Die Issues sind Fragestellungen, Themen, oder Konflikte, die die Gesellschaft bewegen. Issue Management bedeutet, dass man sowohl beobachtet, was die Menschen beschäftigt, seine Position aber auch aktiv in die öffentliche Debatte einbringt.

Public Affairs hat in Deutschland einen zweifelhaften Ruf. Viele denken sofort an Schmiergelder oder Manipulation. Ärgert euch das, oder könnt ihr das verstehen?

Stefan · Es ist wie in vielen Branchen und Berufsfeldern: Vorurteile werden abgebaut, sobald man sich genauer damit auseinandersetzt. Daher ärgert es mich überhaupt nicht, wenn mich Menschen mit solchen Begriffen konfrontieren. Im Gegenteil, ich freue mich, darüber ins Gespräch zu kommen. Public Affairs oder Lobbyismus wird oft nur bestimmten Gruppen zugeordnet, und zwar meist im negativen Sinne. Doch wenn wir zum Beispiel darüber berichten, dass Public Affairs für uns ein wichtiges Instrument ist, um moderne, günstige und umweltfreundliche Mobilität noch viel mehr Menschen zugänglich zu machen, wird schnell klar: Mit den oben genannten Assoziationen hat die Realität wenig zu tun.

Für viele Start-ups ist eine politische Interessenvertretung nicht relevant. Eine Fehleinschätzung?

Greta · Eindeutig ja! Unsere demokratische Gesellschaft lebt vom Meinungspluralismus: Dazu gehört, dass sich alle aktiv am politischen Willensbildungsprozess beteiligen, sei es im Rahmen der Wahlen, innerhalb von Parteien, Interessengruppen – oder eben für Unternehmen in Form einer politischen Interessenvertretung, die Unternehmensexpertise in den jeweiligen Fachgebieten in die Politik kommuniziert.

Public Affairs zu betreiben, bedeutet, dass einem Unternehmen das gesellschaftliche Umfeld, in dem es agiert, nicht egal ist.

Es kann der Eindruck entstehen, dass Public Affairs nur etwas für große Konzerne sei, nicht aber relevant für kleinere Unternehmen. Wie siehst du das, Stefan? Ist Public Affairs für alle Unternehmen wichtig, oder gibt es manche, für die es wichtiger ist? Woran liegt das?

Stefan · Ich sehe das wie Greta. Public Affairs ist für jedes Unternehmen – ob kleines Start-up oder weltweiter Konzern – ein sehr wichtiger Baustein. Meiner Einschätzung nach kommt es aber weniger auf die Größe der Firma als auf das Umfeld an, in dem man sich bewegt. Mit der Personenbeförderung arbeitet Flix zum Beispiel in einem Markt, der mehr als 100 Jahre lang ausschließlich von staatlicher Seite organisiert und durchgeführt wurde. Bis 2013 war Linienverkehr zwischen Städten per Bus in Konkurrenz zur Deutschen Bahn sogar gesetzlich verboten. Mit der Öffnung des Fernbusverkehrs traten zahlreiche Start-ups in den Markt ein. Den hohen Grad an Verantwortung, Bürokratie und Regulierung, welche die Aufgabe der Personenbeförderung allen voran beim Thema Verkehrssicherheit mit sich bringt, übernahmen junge, flexible Start-ups.

8.1 Public Affairs

Bei FlixBus erkannten die Gründer dieses Spannungsfeld früh und entschieden, sich bereits 2013, kurz nach der Unternehmensgründung, für eine Stabsstelle Public Affairs. Damals zählte das Start-up vielleicht 30 oder 40 Mitarbeitende, befand sich also in einer Phase, in der der Fokus ganz klar auf anderen Job-Profilen lag. Doch dieses Gespür zahlte sich aus, denn insbesondere in den ersten Jahren des starken Wachstums der Fernbusbranche war es von großer Bedeutung, den Abgeordneten und Regierungsmitgliedern dieses neue Angebot näherzubringen. Dies gilt sowohl für die Errungenschaften als auch die Herausforderungen im Markt. Denn in der Lebensrealität der Abgeordneten gab es Busse höchstens in der Erinnerung an die Klassenfahrt vor vielen Jahren. Dass der Fernbus mit modernster Technik und der besten Umweltbilanz aller Fernverkehrsmittel heute einen Beitrag zur Mobilitätswende leistet, musste erst einmal bekannt gemacht werden. Für Flix war es also essenziell, sich bereits sehr früh mit Public Affairs zu beschäftigen.

Greta, wann habt ihr beschlossen, das Thema Public Affairs anzugehen? Gab es einen konkreten Anlass?
Greta · Public Affairs war bei N26 schon seit Gründung ein Thema – nicht zuletzt, weil unsere Gründer beide politisch interessiert sind. Die Gründung eines dezidierten Public-Affairs-Teams war somit nur eine Frage der Zeit und eine bewusste Entscheidung dafür, sich gesellschaftspolitisch einzubringen.

Um die Interessen des Unternehmens zu vertreten, ist ein Netzwerk zu Entscheidungsträger:innen wichtig. Wie fängt man hier an? Bei dem Wirtschaftsministerium kann man vermutlich nicht einfach anrufen, oder?
Greta · Grundsätzlich gilt: Das beste Netzwerk nützt nichts, wenn es keine Gesprächsinhalte gibt. Das bedeutet aber auch umgekehrt: Themen öffnen Türen. Über das zuvor beschriebene Issue Management sollte man als Interessenvertreter:in wissen, was aktuell auf der politischen Agenda steht. Will man bestimmte Vorhaben unterstützen? Sieht man potenzielle Konflikte? Welche Entwicklungen kann man bereits antizipieren und welche Auswirkungen könnten diese haben? Über diese Fragen sollte man sich ausführlich Gedanken gemacht haben, bevor man überhaupt den Kontakt sucht. Und dann kann man tatsächlich einfach das Telefon in die Hand nehmen – wenn die thematische Relevanz gegeben ist, ist ein Austausch grundsätzlich immer möglich.

Könnt ihr ganz konkret ein paar Beispiele für Public Affairs aus eurer Tätigkeit nennen?

Stefan · Sowohl lokal als auch bundesweit gibt es Beispiele, die uns schon seit einigen Jahren begleiten. Vor Ort ist die Haltestelleninfrastruktur ein spannendes Thema. In manchen Städten halten Fernbusse nah oder direkt an den Verkehrsknotenpunkten, sodass Fahrgäste bestmögliche Umsteigeverbindungen an den öffentlichen Nahverkehr vorfinden. In anderen Städten ist das leider nicht so. Aufgabe der Public Affairs ist es, gemeinsam mit den weiteren Teilen der Öffentlichkeitsarbeit dafür zu werben, dass die Vorteile des Fernbusses für Fahrgäste und Städte nur ausgespielt werden können, wenn an zentralen Punkten gehalten werden darf. Nur dann bestehen Anreize für die Menschen, auf den Pkw zu verzichten und auf Busse umzusteigen. Bei der Bahn ist dies mit Bahnhöfen im Zentrum der Stadt selbstverständlich, beim Bus besteht teilweise noch Nachholbedarf. Ein anderes Beispiel ist, dass wir auf Bundesebene versuchen, gleiche Wettbewerbsbedingungen zu schaffen. Auf Fernbustickets gilt der reguläre Satz von 19 % Mehrwertsteuer, bei der Fernbahn dagegen der reduzierte Satz von 7 %. Wir arbeiten also an einer Angleichung, um alle umweltfreundlichen Verkehrsmittel zu fördern.

Um faire Rahmenbedingungen für alle herzustellen, bedarf es einer neutralen, staatlichen Infrastruktureinheit und unabhängiger Unternehmen auf dem Markt, die um die Gunst der Fahrgäste werben. So entsteht ein Innovationsdruck, von dem letzten Endes die Reisenden durch günstige und attraktive Verbindungen profitieren.

Ein wichtiger Aha-Moment zum Thema Public Affairs?

Stefan · Vor Ort aktiv sein ist entscheidend. Daran hat auch der Digitalisierungsschub durch die Coronakrise mit Videocalls oder Zoom-Konferenzen nichts geändert. Das persönliche Engagement bleibt unersetzlich – sei es bei einer Premierenfahrt im Bus oder Zug, einem Termin an der Haltestelle im Wahlkreis oder der Podiumsdiskussion in Berlin. Dabei gilt bei Public Affairs ganz besonders: Vorbereitung ist wichtig, aber noch wichtiger ist es, flexibel auf unerwartete Dinge zu reagieren und sich nicht aus der Ruhe bringen lassen.

Unabhängig davon, wie gut oder schlecht Public-Affairs-Arbeit funktioniert, am Ende muss das Gesamtprodukt überzeugen. Beim Fernbus ist der Fahrer oder die Fahrerin vorne links im Bus die entscheidende Person für die Fahrt und damit die Zufriedenheit der Fahrgäste, egal, ob es sich um eine repräsentative Fahrt mit einem oder einer Bundestagsabgeordneten oder eine x-beliebige normale Strecke im Fahrplan handelt.

Was für Eigenschaften muss ein:e Public-Affairs-Verantwortliche:r mitbringen?

Greta · Als Public-Affairs-Verantwortliche vermittle ich jeden Tag zwischen Unternehmen und der politischen Öffentlichkeit. Dafür sollte man beide Seiten verstehen können: Zum einen muss man ein gutes politisches Verständnis mitbringen: Wie landen Themen auf der politischen Agenda, wer entscheidet wann über was? Zum anderen ist es aber genauso wichtig zu verstehen, wie ein Unternehmen agiert, welche internen und externen Treiber es gibt. Und dann kommt der wichtigste Punkt: das Zusammenbringen beider Seiten. Wo gibt es gemeinsame Ziele, wo verlaufen Konfliktlinien? Hier sind Kommunikationsstärke und Sprachgefühl gefragt, um im konstruktiven Dialog eine Lösung zu finden, mit der beide Seiten glücklich sind.

Greta, dein Tipp für alle Start-ups zum Thema Public Affairs?

Greta · Viele Unternehmen werden aus dem Bedürfnis heraus gegründet, die Welt in einem kleinen Teilbereich ein kleines bisschen besser zu machen. Daher: Tue Gutes und sprich darüber!

Es ist wichtig, nicht aus den Augen zu verlieren, dass Unternehmen keine autarken Akteure sind, die in einem sozialen Vakuum agieren, sondern genau diese gesellschaftliche Anbindung brauchen, um langfristig relevant zu bleiben. Deshalb ist Public Affairs so wichtig.

Wie sieht die Zukunft von Public Affairs aus?

Greta · Noch transparenter, digitaler und diverser. Im Vergleich zum Brüsseler Parkett haftet der Public-Affairs-Arbeit in Berlin leider vielerorts noch das Image des Hinterzimmer-Lobbyismus an. Das ist jedoch längst nicht mehr zeitgemäß. Mit der Einführung des deutschen Transparenzregisters haben wir einen wichtigen Schritt nach vorne gemacht, in anderen Bereichen hinken wir aber immer noch hinterher: Die Branche muss digitaler werden und auch in der Auswahl der Interessensvertreter:innen die Gesellschaft in ihrer Gesamtheit abbilden.

8.2 Krisenkommunikation aus Unternehmenssicht

Jana Tilz
Director Of Communications bei Free Now

In der Vergangenheit hast du viel über Krisenkommunikation gelernt. Wo beginnt eine Krise?

Jana · Immer dann, wenn ein Start-up unvorbereitet mit Vorwürfen und Anschuldigungen, vielleicht auch nur Gerüchten, konfrontiert wird, die seinem Ruf schaden könnten.

Sind Start-ups anfälliger für Kommunikationskrisen?

Jana · Eher im Gegenteil. Solange Start-ups noch geringe Umsätze haben und keine wesentlichen Marktanteile, sind die Medien eher uninteressiert. Allerdings würde ich schon sagen, dass Start-ups vielleicht weniger gut vorbereitet sind, wenn es eines Tages zu einer Krise kommt. Sie sind häufig mit sich selbst beschäftigt: höher, schneller, weiter – kurz den Vorsprung in einem Quartal gegenüber der Konkurrenz nutzen, da bleibt nicht viel Spielraum, nach rechts und links zu schauen. PR-Mitarbeiter:innen sind damit ausgelastet, den großen Marketingkampagnen Folge zu leisten. Sie wollen zeigen, dass auch App-Downloads oder Umsätze über PR-Maßnahmen generiert werden können, damit auch jede:r versteht: PR ist ein wesentlicher Teil der erfolgreichen Start-up-Wachstumsgeschichte. Da fehlt manchmal der Blick dafür, mögliche Krisen frühzeitig zu erkennen.

Nehmen wir ein fiktives Beispiel: Ein Medium wie der Spiegel ruft an und sagt: „Wir haben herausgefunden, dass tausende euer Kund:in-

nendaten ins Darknet zum Verkauf gestellt wurden." Was empfiehlst du?

Jana · In diesem Moment ist es wichtig, in den „Krisenmodus" zu schalten. Während ein:e Pressesprecher:in bei einem normalen Journalist:innengespräch vielleicht noch spontan reagieren würde, nach dem Motto „komisch, davon weiß ich nichts", wäre dies in der jetzigen Situation ein großer Fehler. Denn: Journalist:innen rufen in einer Krise an, um das Unternehmen formhalber gefragt zu haben. Die eigentlichen Informationen liegen bereits auf ihrem Schreibtisch. Jetzt gilt es, sehr überlegt zu kommunizieren.

Was heißt das?

Jana · Die richtige Antwort wäre, sich so neutral und bedeckt wie möglich zu verhalten. „Vielen Dank für Ihren Anruf, wir verifizieren Ihre Anfrage gerne", wäre eine Möglichkeit. Noch besser wäre es, schlicht zu sagen: „Danke für Ihren Anruf, ich melde mich in Kürze zurück." Der Journalist setzt dann sehr wahrscheinlich eine Deadline. „In Ordnung, unser Redaktionsschluss ist in zwei Stunden, bitte melden Sie sich bis dahin."

Da bleibt ja nicht viel Zeit. Was sind die nächsten Schritte?

Jana · Eines ist klar: Wenn der Journalist mit dieser Information an die Öffentlichkeit geht, wird nicht nur das Telefon der Pressestelle nicht mehr stillstehen. Es werden auch Artikel erscheinen, die einen erheblich negativen Einfluss auf die Reputation des Unternehmens haben. Also heißt es: schnell reagieren.

PR-Manager:innen sollten sich fragen: Wen brauche ich jetzt in meiner direkten Umgebung, um alle relevanten Informationen innerhalb kürzester Zeit zusammenzutragen und dem Journalisten zu antworten, bevor er seinen Artikel veröffentlicht? Dass er eine Zwei-Stunden-Deadline genannt hat, deutet darauf hin, dass der Artikel fast schon in Druck ist. Jetzt wäre am besten, einen War Room zu eröffnen, in dem alle relevanten Personen zusammenkommen, um kurze Abstimmungs- und Entscheidungswege zu haben.

Nehmen wir an, der War Room ist eingerichtet, die Uhr tickt, der Journalist wird nach einer Stunde ungeduldig und hakt nach, die Nervosität steigt ...

Jana · Als PR-Manager:in gilt es jetzt, diese Runde zu führen und schnellstmöglich zu einem Ergebnis zu kommen. Wichtig ist: den Vorwürfen nachgehen, Fehler eingestehen oder aber sich verteidigen. Eine kurze

Stellungnahme ist im Zweifel besser als eine lange Rechtfertigung oder Begründung. In unserem Beispiel könnte ein Text so aussehen: „Nach eingehender Prüfung unserer Systeme können wir zum aktuellen Zeitpunkt das Eindringen Dritter in unsere Rechenzentren ausschließen." Voraussetzung ist natürlich, dass die IT-Abteilung tatsächlich in diesem Moment davon ausgeht, dass keine Daten gestohlen wurden.

Was, wenn aber doch etwas an den Vorwürfen dran ist? Wie sollte die IT-Abteilung auch in der Kürze der Zeit herausfinden, was im Darknet angeblich passiert sein soll?

Jana · Das stimmt, die Sachlage kann sich über Nacht ändern. Es kann also durchaus sein, dass am nächsten Tag Folgendes passiert: Ein anderer Redakteur ruft an. Er habe den Artikel von gestern gelesen und auch nochmal nachrecherchiert, zudem habe er mit einigen Leuten undercover gesprochen. Hier sehen wir auch eine Entwicklung im Journalismus hin zu mehr Investigativrecherche. Soziale Medien sind zu einer dankbaren – aber teilweise auch fragwürdigen – Quelle von Wissenshungrigen geworden. Durch diesen Echtzeit-Austausch in den sozialen Medien liegen Journalist:innen Informationen oft schneller vor, als es das Unternehmen selbst überhaupt mitbekommen hat.

In unserem Beispiel hieße das: wieder War Room, wieder die Datenlage checken, wieder eine juristische Antwort prüfen. Sollte etwas an den Vorwürfen dran sein, heißt es, Fehler einzuräumen und sich zu entschuldigen. Und aufzeigen, was das Unternehmen alles tut, damit so etwas nicht wieder vorkommt.

Wir haben jetzt viel zu externer Krisenkommunikation gesprochen. Hast du auch Empfehlungen, was für die interne Kommunikation gelten sollte?

Jana · Intern ist es extrem wichtig, so früh wie möglich Transparenz zu zeigen. Spätestens wenn die Medienberichte veröffentlicht sind, startet ja ohnehin die interne Gerüchteküche. Im oben beschriebenen Fall wäre es am besten, wenn der PR-Manager oder die PR-Managerin noch am selben Tag zum Beispiel über das Intranet die Mitarbeitenden informiert, dass Medienberichte erwartet werden und was die gültige Sprachregelung ist. Diese ist dann auch für Kolleg:innen aus der Vertriebsabteilung oder dem Kund:innenservice hilfreich, die sich schlimmstenfalls vor Kund:innen rechtfertigen müssen.

8.2 Krisenkommunikation aus Unternehmenssicht

Es muss ja nicht immer gleich ein Hackerangriff oder Datenleck sein. Nehmen wir ein anderes Beispiel: Einem Start-up wird vorgeworfen, unethische Projekte zu fördern. Wie sollten PR-Verantwortliche mit kritischen Fragen der Medien umgehen?

Jana · Generell gilt: Keine Aussage sollte ohne Absprache mit der Geschäftsleitung und/oder der Rechtsabteilung getroffen werden. Auch hierbei gilt es als Pressesprecher:in, dem Journalisten eine schriftliche Antwort anzubieten, damit dieser nichts in ein Telefongespräch hinein interpretieren kann. Natürlich gibt es auch immer die „Kein Kommentar"-Möglichkeit gegenüber der Presse – aber das lässt auch immer Interpretationsspielraum für die Medien. Sollte sich zum oben genannten Beispiel herausstellen, dass der Journalist provoziert und in Wahrheit alle Unternehmensprojekte nach gehobenen weltweit anerkannten Standards zertifiziert sind, sollten PR-Manager:innen dies schriftlich genauso hervorheben.

Du hast anfangs angesprochen, dass Unternehmen in Kommunikationskrisen manchmal hineinschlittern. Kann man sich auf manche Eventualitäten nicht auch vorbereiten?

Jana · Klar gehören gut ausgearbeitete Krisenpläne in die Schublade jeder PR-Abteilung – sie beinhalten meistens wahrscheinliche Szenarien, die aufgrund der Geschäftstätigkeit passieren könnten. Jedoch bedarf jede neu eintretende Krisensituation auch eine neue Bewertung aller beteiligten Abteilungen – ein Standard funktioniert dann leider selten.

Nochmal zusammengefasst: Was sind deine wichtigsten Tipps der Krisenkommunikation?

Jana · ① Du bist dafür verantwortlich, im richtigen Moment – nämlich dann, wenn die Presse mit der Anschuldigung anruft – im Grunde nichts zu sagen.

② Du musst davon ausgehen, dass Journalist:innen prinzipiell einen Wissensvorsprung vor dir haben – die sozialen Medien bieten ihnen alle Gelegenheit dazu.

③ Du musst sofort priorisieren, die richtigen Leute an einen Tisch (beziehungsweise in den War Room ziehen) und innerhalb von ein bis zwei Stunden zu einer Entscheidung kommen.

④ Wenn dein Team nichts findet, streite es hartnäckig ab. Wenn aber etwas gefunden wird, gib es zu, erläutere Maßnahmen oder entschuldige dich dafür und betone, dass dies nicht wieder vorkommen wird.

8.3 Krisenkommunikation - Die Beratersicht

Thorsten Düß
Executive Vice President Corporate Reputation,
Office Head bei Weber Shandwick in Köln

Du hast in der Vergangenheit Start-ups, Unternehmen und Institutionen in ganz unterschiedlichen kritischen Situationen und Krisen in der Kommunikation unterstützt – von Ereignissen wie Restrukturierungen, Cyberattacken oder Produktionsunfällen bis hin zu persönlichen Verfehlungen oder Erpressungen. Krisenkommunikation ist also ein weites Feld. Wie würdest du es umreißen und definieren?

Thorsten · Die Begriffe Krise und Krisenkommunikation werden in Deutschland leider inflationär genutzt. Wenn ein Start-up, ein Konzern oder eine Institution durch ein negatives Ereignis mediale beziehungsweise öffentliche Aufmerksamkeit auf sich zieht, muss dies nicht immer sofort eine Krise sein. Vielmehr kann es sich auch um eine kritische oder krisenhafte Situation handeln. Im englischsprachigen Raum wird in der Kommunikation daher zwischen *issues* und *crisis communication* unterschieden. Hier bräuchte es auch in Deutschland eine viel genauere Abgrenzung, weil sich die kommunikativen Maßnahmen je nach Einordnung erheblich unterscheiden können. Zudem muss sich nicht jede kritische Situation zu einer Krise entwickeln.

Hinzu kommt, dass die Verwendung der Begriffe Krisenmanagement und Krisenkommunikation oftmals nicht eindeutig ist. Beide Begriffe werden vielfach synonym genutzt und nicht klar voneinander abgegrenzt. So ist die Krisenkommunikation nicht gleichzusetzen mit Krisenmanagement, aber ein wichtiger Teil davon. Die Kommunikation erklärt Hintergründe und Fakten, steht im Austausch mit den Anspruchsgruppen und verantwortet alle weiteren Kommunikationsmaßnahmen. Im

8.3 Krisenkommunikation – Die Beratersicht

Krisenmanagement sind in der Regel weitere Funktionen wie beispielsweise Quality Management, HR oder Compliance beteiligt. Ein dritter wichtiger Punkt, um das Thema Krisenkommunikation zu definieren, ist die Rolle der Anspruchsgruppen, denn ob es sich bei einem kritischen Thema um eine Kommunikationskrise handelt, ist von der Wahrnehmung beziehungsweise der Zuschreibung der Anspruchsgruppen abhängig. Das heißt, die Wahrnehmung und die Bewertung der Kommunikation rund um ein kritisches Ereignis oder eine Unternehmenskrise machen das Ausmaß einer Kommunikationskrise aus.

Ein Journalist hat sich bei ehemaligen Mitarbeiter:innen umgehört und konfrontiert das Start-up mit Anschuldigungen. Teilweise gerechtfertigt, teilweise genährt aus persönlichen Enttäuschungen und Kränkungen. Ist das schon eine kommunikative Krise?

Thorsten · Nein. Ob sich daraus eine kommunikative Krise entwickelt, hängt, wie gesagt, davon ab, wie die internen und externen Anspruchsgruppen die Kommunikation und den Umgang des Start-ups zu den Anschuldigungen wahrnehmen und bewerten. Wenn aber durch intransparente Kommunikation oder anderes Fehlverhalten das Vertrauen der Anspruchsgruppen gegenüber dem Unternehmen sinkt, also die Reputation in Frage gestellt wird, kann es kritisch werden. Denn die Reputation ist zu einem wesentlichen Schlüsselfaktor für die zukünftige Entwicklung eines Unternehmens geworden. Mehr denn je entscheidet sie heute über Erfolg und Niedergang. Zugleich gilt die Kommunikationsfähigkeit als zentraler Treiber für Glaubwürdigkeit und Vertrauen und damit den Aufbau und Erhalt von Reputation.

Der richtige Umgang mit Vorwürfen, die hier beispielsweise über einen Journalisten oder eine Journalistin an das Start-up herangetragen werden, muss situativ entschieden werden. Je nach Thematik reicht möglicherweise eine schriftliche Beantwortung der Fragen. Sind die Vorwürfe schwerwiegender oder handelt es sich um ein wiederkehrendes Thema, aufgrund dessen sich Mitarbeiter:innen in der Vergangenheit entschieden haben, das Start-up zu verlassen, steht mehr auf dem Spiel und die Kommunikation muss anders, aktiv agieren und weitere Anspruchsgruppen ansprechen. Wichtig: Die Entscheidung hierzu muss auf Führungsebene getroffen werden. Zugleich gilt aber auch, dass man in der Kommunikation nicht über jedes Stöckchen (hier in Form einer kritischen Medienanfrage) springen muss, das einem hingehalten wird. Es gab und wird immer wieder auch Situationen geben, in denen es gilt, kritische Meinungen auszuhalten.

Was machen Start-ups in einer Krise falsch? Kann man da Muster erkennen?

Thorsten · Kommunikationskrisen sind vielfach hausgemacht und selbst verschuldet – ganz unabhängig davon, ob es sich um ein Start-up, ein mittelgroßes Unternehmen oder einen Konzern handelt. Statt sich der Situation zu stellen, wird immer noch vertuscht und im Stillen über die adäquaten Maßnahmen gebrütet. Mit Beginn einer sich entwickelnden Krise befindet sich jedes Unternehmen viel stärker als sonst im Spannungsfeld verschiedener Interessen. Parallel zu den Anstrengungen, die unternommen werden, um die eigentliche Krise schnellstmöglich unter Kontrolle zu bringen, verlangen direkt und indirekt betroffene Anspruchsgruppen Informationen – dies können Mitarbeiter:innen, Investor:innen, Geschäftspartner:innen, Politik oder auch Medien sein, die ihrer Informationsfunktion nachkommen wollen. An dieser doppelten Aufgabe scheitern viele Unternehmen. Verantwortliche Führungskräfte und Teams schaffen es nicht, neben dem Management der eigentlichen Krise das Informationsbedürfnis ihrer Anspruchsgruppen zu erkennen und diesem gerecht zu werden. Es entsteht ein Informationsvakuum. Verschiedene Anspruchsgruppen und Medien übernehmen im Gegenzug die Deutungshoheit über die Krise und das betroffene Unternehmen wird in der Wahrnehmung der Anspruchsgruppen zum bloßen Objekt, das den Herausforderungen der Krise nicht gewachsen ist. Es entsteht eine Sekundärkrise, die die Öffentlichkeit dann als die eigentliche Krise wahrnimmt und die auf die eigentlichen Probleme und Versäumnisse des Unternehmens aufmerksam macht.

Von Konzernen wie Lufthansa, BASF, SAP weiß man, dass sie sich bis ins Detail auf den Krisenfall vorbereiten. Ein Flugzeugabsturz, ein Chemieunfall, ein Cyberangriff. Warum sollten sich auch Start-ups mit dem Thema befassen?

Thorsten · Jedes Unternehmen – ganz unabhängig von seiner Größe – sollte sich aktiv mit dem Thema auseinandersetzen, wie es in einer möglichen krisenhaften Situation oder Krise kommunizieren will. Es gilt, dem Informa-

8.3 Krisenkommunikation – Die Beratersicht

tionsbedürfnis der Anspruchsgruppen gerecht werden zu können und die Reputation des Unternehmens zu schützen – egal ob Start-up oder DAX-Konzern. Entscheidend ist dabei nicht die Größe der Kommunikationsabteilung, sondern die Bereitschaft, sich mit dem Thema Krise auseinanderzusetzen, um mit dem Unternehmen auch in einer Krise erfolgreich handeln zu können.

Start-ups sind viel mit sich selbst beschäftigt. Das Thema Kommunikation kann da schon mal in den Hintergrund treten. Siehst du bei Start-ups besondere Herausforderungen?

Thorsten · Gerade in vielen kleinen Unternehmen und Start-ups gibt es keine eigene Unternehmenskommunikation, die in der Regel die Krisenkommunikation verantwortet. Das Thema mangels Kapazitäten unter den Tisch fallen zu lassen, wäre fahrlässig und sehr riskant. Die nächste Krise kann einen Mausklick entfernt sein und dann gilt es, schnell und entschlossen zu handeln, um kommunizieren zu können. Die Verantwortung für Krisenkommunikation muss daher in Start-ups eine Führungsaufgabe sein.

Manche Herausforderungen deuten sich über viele Monate oder Jahre an. Unternehmen können sich darauf vorbereiten. Kritischer sind jene Ereignisse, die aus dem Nichts kommen. Kann man sich dennoch vorbereiten? Und wenn ja, wie?

Thorsten · Erfolgreiche Krisenkommunikation beginnt vor der Krise. Mit der Krisenprävention lassen sich Krisen oft verhindern – ganz unabhängig davon, ob eine kritische Situation immer wiederkehrend ist oder sich schleichend oder ad hoc entwickelt. Dabei müssen sich die verantwortlichen Mitarbeiter:innen auf das Thema Prävention einlassen und den nötigen Raum für die Ausgestaltung geben. Erfolgreiche Prävention umfasst: Monitoring von Themenfeldern und Anspruchsgruppen, klare und einfach verständliche Vorgaben zur individuellen Einordnung und Bewertung von Ereignissen, eindeutig definierte Prozesse und Verantwortlichkeiten sowie abgestimmte Botschaften zu wiederkehrenden Themen. Dabei gilt, dass erfolgreiche Prävention nicht vom quantitativen Umfang eines Krisenleitfadens abhängig ist und auch von einer Person oder einem kleinen Team erfolgreich gesteuert werden kann.

Was können Start-ups aus eigener Kraft stemmen? Wann ist es sinnvoll, eine:n externe:n Berater:in hinzuzuziehen?

Thorsten · Ziel sollte es sein, dass Start-ups ihre Strukturen und Verantwortlichkeiten für die Krisenkommunikation so definiert haben, dass sie bei bekannten kritischen Themen oder krisenhaften Situationen unabhängig handeln und erfolgreich kommunizieren können. Externe Berater:innen machen dann Sinn, wenn die Thematik beziehungsweise die Krise zu komplex wird, um sie aus eigener Kraft zu bewältigen. Dies kann durch eine große mediale Aufmerksamkeit ausgelöst sein, bei der es viele Presseanfragen zu bedienen gilt. Komplexität kann sich aber auch im Informationsbedürfnis verschiedener Anspruchsgruppengruppen mit unterschiedlichen eigenen Interessen äußern. Externe Berater:innen müssen immer als Teil des Teams verstanden werden. Verschwiegenheit ist dabei oberstes Gebot auf Seiten der Berater:innen.

Der Umgang mit der Öffentlichkeit und externen Anspruchsgruppen ist nur eine Seite der Medaille. Auch die Kommunikation nach innen ist entscheidend. Was sind deine Tipps?

Thorsten · Intern vor extern. Immer. Und Achtung: Es gilt immer zu berücksichtigen, dass Inhalte der internen Kommunikation ihren Weg heute schnell nach draußen finden. Die internen und externen Kommunikationsbotschaften müssen abgestimmt und einheitlich sein. Abgestimmt nach Kommunikationskanal und Zielgruppe – in der Aussage aber identisch. Ich kann nicht nach innen A und nach außen B kommunizieren. Je nach Ausgangslage und Situation können Mitarbeiter:innen auch aktiv in die Krisenkommunikation eingebunden werden.

Wie viele Krisen sind selbst gemacht?

Thorsten · Laut dem Institute for Crisis Management ist bei rund 50 % aller Unternehmenskrisen das Verhalten des Managements verantwortlich, weil Interessen von Anspruchsgruppen nicht erkannt werden, weil versucht wird, die Krise auszusitzen, oder einfach nicht kommuniziert wird.

Lass uns über konkrete Beispiele sprechen. N26 beispielsweise, eines der deutschen Vorzeige-Start-ups, kommt immer mal wieder in die Negativschlagzeilen. Mal sind es ein schlechter Kundenservice, eine Datenpanne, zuletzt das Thema Betriebsrat. Was würdest du den Kommunikationsverantwortlichen empfehlen?

Thorsten · Viele der Dinge, die bei N26 kritisiert werden und für Negativschlagzeilen sorgen, kommen auch bei anderen Start-ups und Unternehmen vor. Der Erfolg von N26 ist hier zugleich auch Fluch. Das Unternehmen steht deutlich stärker im öffentlichen Interesse als kleinere Wettbewerber oder andere Start-ups. Meine Empfehlung: Anspruchsgruppendialoge führen, mit Kritiker:innen und Fürsprecher:innen. Kritische Themen kennen, annehmen, sich damit inhaltlich und kommunikativ auseinandersetzen, gegebenenfalls Veränderungen vornehmen und diese kommunizieren. Für sich definieren, wann von einer Krise und wann von einer kritischen Situation gesprochen wird, um entsprechend reagieren zu können. Und sich nicht von jeder negativen Schlagzeile aus der Ruhe bringen lassen. Ich bin mir sicher, dass die Kolleg:innen hier einen guten Job machen.

Kann es auch mal klug sein, nicht zu kommentieren? Oder geht das nach hinten los?

Thorsten · Ja, es gibt Themen, die man auch mal laufen lassen sollte oder wo es sinnvoll ist, dass besser ein Branchenverband die Kommunikation übernimmt, um als Einzelunternehmen nicht Projektionsfläche für ein kritisches Thema zu sein, das auch andere Wettbewerber betrifft. Die Entscheidung, auch mal nicht zu kommentieren, muss situativ getroffen werden.

Wir haben die Themen Prävention und Bewältigung angesprochen. Was ist mit der Aufarbeitung einer Krise?

Thorsten · Diese dritte Phase der Krisenkommunikation ist enorm wichtig. Was lief gut? Was lief nicht gut? Und was können wir besser machen? Hier gilt es, alle getroffenen Entscheidungen und Maßnahmen mutig und schonungslos zu analysieren, um eventuelle Fehler nicht zu wiederholen und den Prozess der Krisenkommunikation insgesamt zu verbessern. Das heißt, die Ergebnisse dieser Phase fließen in die Präventionsphase ein und bilden einen Kreislauf.

9 Von innen nach außen – Weshalb gute Unternehmenskommunikation bei den Mitarbeiter:innen beginnt

Bislang haben wir viel zur externen Kommunikation gesprochen. Nicht weniger wichtig ist die Seite der internen Kommunikation. Gerade Unternehmen, die schnell wachsen und sich stetig wandeln, sind darauf angewiesen, ihre Mitarbeiter:innen transparent auf dem Laufenden zu halten, Veränderungen kommunikativ zu begleiten, Zusammenhänge und Hintergründe von Entscheidungen verständlich zu erklären und ein Wir-Gefühl zu schaffen.

Ähnlich wie bei der externen Kommunikation gibt es auch intern nicht nur eine Zielgruppe. Viele Führungskräfte können nicht einschätzen, was kommuniziert werden sollte und was sie als bekannt voraussetzen können. Umgekehrt fehlt Mitarbeitenden manchmal die Möglichkeit, gezielt Rückfragen zu stellen und vielleicht auch Bedenken in einem geschützten Umfeld zu äußern. Interne Kommunikation wird damit zu einer strategischen Ressource, die einen Dialog auf Augenhöhe ermöglicht und dazu beiträgt, Mitarbeiter:innen zu halten.

Dabei sieht sich die interne Kommunikation oft mit zwei großen Fragen konfrontiert: Nach welchen Maßgaben, nach welchen Werten handelt sie? Und warum braucht man sie überhaupt? Stefan Schmidt, Experte für interne Kommunikation und Veränderungsprozesse, thematisiert in seinem Beitrag Herausforderungen und verschiedene Schlüsselwerte, die als Kompass bei der Navigation durch die interne Kommunikation helfen können (→ Kapitel 9.1).

Wie ist die interne Kommunikation im Start-up organisiert? Was sind thematische Schwerpunkte? Wie werden Kommunikationsziele festgelegt und wie Erfolge gemessen? Diese Fragen behandelt Maike Steinweller von Wooga (→ Kapitel 9.2). Mit internen Kanälen beschäftigt sich Juliane Saleh-Büttner von SumUp (→ Kapitel 9.3). Besonders wichtig ist es ihrer Meinung nach, Rituale zu schaffen, die dem Team in einem sich wandelnden Umfeld eine gewisse Beständigkeit geben.

Wissen im Unternehmen zu organisieren, weiterzugeben und zu archivieren, ist eine wichtige Funktion der internen Kommunikation. Wie setzt man ein Intranet und gute interne Kommunikationskanäle ohne Budget um? Carina Krieger hat sich intensiv mit zahlreichen Optionen befasst und sich für eine ganz einfache, kostenlose Variante entschieden. In ihrem Beitrag erklärt sie zudem, wie Fokusgruppen dabei helfen, die interne Kommunikation kontinuierlich an den Bedürfnissen der Mitarbeiter:innen auszurichten (→ Kapitel 9.4).

Mehr als andere Unternehmen durchlaufen Start-ups in kurzer Zeit viele verschiedene Phasen – sei es das rasante Wachstum, Umstrukturierungen, personelle Wechsel in der Führungsebene, der Zusammenschluss mit anderen Unternehmen oder wirtschaftliche Krisen. Veränderung ist die Regel und nicht die Ausnahme. Damit wird die kommunikative Begleitung von Veränderungsprozessen zu einer Daueraufgabe für Kommunikationsverantwortliche in Start-ups. Wie das gelingt, erklärt Larissa Kreutzberg, Expertin für interne Kommunikation (→ Kapitel 9.5).

Wie bereits weiter oben dargelegt, zählt es zu den Kernzielen der internen Kommunikation, ein Gefühl des Zusammenhalts zu schaffen und alle Mitarbeiter:innen miteinzubeziehen. Wichtige Voraussetzung dafür ist laut Maria Andersen, Beraterin für People Experience, eine wertschätzende Kommunikation.

Im Wesentlichen bedeutet dies, dass sich die interne Kommunikation davon wegbewegt, Inhalte zu erstellen und Informationen zu kaskadieren, und zu einer strategischen Instanz wird. Wie das geht, schildert sie in → Kapitel 9.6.

Ähnlich wie in der externen Kommunikation kommt dem oder der CEO auch intern eine Vorbildfunktion zu – zumal dann, wenn es sich dabei auch um den Gründer oder die Gründerin handelt. Wie keine andere Person im Unternehmen prägen CEOs die Unternehmenskultur; sie sind Quelle für Inspiration und geben die Stoßrichtung vor. Aus diesem Grund müssen CEOs auch nach innen sehr präsent sein. Das ist nicht immer einfach und erfordert ein gutes Gespür der Kommunikationsmanager:innen. Benjamin Kratz von Urban Sports Club erklärt, wie seiner Meinung nach gute CEO-Kommunikation nach innen aussieht (→ Kapitel 9.7).

Zu guter Letzt: Interne Kommunikation in einem Start-up ist per se anspruchsvoll – noch anspruchsvoller wird sie mit der Expansion in andere Länder oder Städte. Anstelle eines zentralen Orts des Zusammenkommens sind es plötzlich viele; die Diversität der Belegschaft vergrößert sich mit jedem Standort und jedem neuen Büro. Auch die Teams arbeiten autarker und müssen zugleich noch stärker die Ziele und Strategie des Unternehmens kennen. Wie interne Kommunikation skaliert werden kann und muss, damit befasst sich Sarah Maulhardt von Zalando (→ Kapitel 9.8).

9.1 Werte und Herausforderungen in der internen Kommunikation

Stefan Schmidt
Customer Communications Manager bei COYO | Ex-AUTO1 Group

Fangen wir erstmal mit einer Definition an. Als was versteht sich interne Kommunikation?

Stefan · Jede:r kommuniziert jeden Tag. Mit Freund:innen. Mit Kolleg:innen. Mit Vorgesetzten. Manchmal auch mit sich selbst. Das alles zählt natürlich nicht zur internen Kommunikation, da dieser Austausch meist spontan passiert und fast immer ohne echte Struktur auskommt. Interne Kommunikation hebt sich davon durch Strategie, Langfristigkeit und Vielfältigkeit ab. Dabei kann man die interne Kommunikation auch gut als Brückenbauer verstehen – zwischen „oben" und „unten", zwischen den verschiedenen Teams, Berufsfeldern und Erfahrungshintergründen im Unternehmen. Kurz: zwischen all den verschiedenen persönlichen Welten, die es in einem Unternehmen oder Start-up gibt. Interne Kommunikation hat dabei die Aufgabe, zwischen diesen Sphären zu vermitteln, sie durchlässiger zu machen und ein Wir-Gefühl zu schaffen, indem wir uns nicht auf die Unterschiede, sondern auf die Gemeinsamkeiten konzentrieren.

Oftmals heißt ein Argument gegen eine Investition in eine professionelle interne Kommunikation bei einem Start-up: Wir sind ja nur ein paar Leute, da brauchen wir das nicht ...

Stefan · Die Wahrheit ist: Das stimmt sogar zum Teil. Dedizierte Personen für die interne Kommunikation braucht es anfangs nicht; wohl aber jemanden, der das Thema im Hinterkopf hat. Informationsflüsse müssen aufrechterhalten und Personen zusammengebracht werden.

Und das nicht nur nach der Arbeit bei einem Feierabendbierchen am Tischkicker, sondern auch während der Arbeit.

Und was die Investition angeht: Es stimmt, dass interne Kommunikation Kosten verursacht, aber die müssen nicht hoch sein. Es geht also erstmal darum, Akzeptanz für das Thema Kommunikation zu schaffen – ein kleines Budget ist dabei kein großes Hindernis.

Was uns zur nächsten Frage bringt: Wie vermittle ich diesen Mehrwert meiner Chefin oder meinem Chef?

Die Wertschöpfung bei der internen Kommunikation ist leider nicht immer klar zu erkennen und ihre Wirkung wird nicht selten als „weich" und schlecht messbar wahrgenommen. Man kann sehr viel über gute PR und erfolgreiches Marketing reden – und das auch anhand von erfolgreichen Kampagnen oder messbaren Ergebnissen wie Verkaufs- oder Umsatzsteigerungen greifbar machen. Das versteht jede:r Mitarbeiter:in und besonders auch jede:r Vorgesetzte. Die interne Kommunikation hingegen ist schwerer zu fassen. Die meisten kennen den Bereich nicht oder wissen nicht, was zu den konkreten Aufgaben gehört. Die Frage kommt dann ganz schnell: Brauchen wir das wirklich? Geht's nicht auch anders? Besonders wenn das Geld nicht so locker sitzt, wird hier der Rotstift angesetzt.

Eine andere Herausforderung ist, dass Start-ups tendenziell eher junge Köpfe haben. Eine funktionierende interne Kommunikation ist also oftmals nicht im persönlichen Erfahrungsschatz präsent. Auch bei den Gründer:innen sieht es nur wenig besser aus. Interne Kommunikation bringt kein Plus an Umsatz bei den Finanzen oder eine schnellere technologische Entwicklung des neuen Prototypen, mit der man ihre Notwendigkeit begründen kann.

Nochmal nachgefragt: Warum sollten auch Start-ups in interne Kommunikation investieren?

Stefan · Interne Kommunikation ist mehr als nur ein schickes Intranet oder eine schön geschriebene E-Mail. Sie kann die Art und Weise beeinflussen, wie in einem Unternehmen oder Start-up miteinander umgegangen wird. Sie kann den Austausch untereinander fördern, Silos verhindern und abbauen oder auch eine aktive Fehlerkultur etablieren und mit Leben füllen. Sie gibt Überblick, schafft Transparenz und befähigt die Mitarbeiter:innen, bessere und smartere Entscheidungen für alle Beteiligten zu treffen. Und vieles mehr. Kurzum: Die interne Kommunikation schafft durch ihre Arbeit Vertrauen.

Das Resultat: Die Mitarbeiter:innen unterstützen bei erfolgreicher interner Kommunikation die Gründer:innen über das normale Maß hinaus und sind dadurch aktiv(er) am Start-up-Erfolg beteiligt. Und: Sie wechseln seltener den Job. Sie fühlen sich gehört, wahrgenommen und damit dem Unternehmen verbunden. Hier liegt dann der versteckte Mehrwert im Personalbereich, den gute interne Kommunikation beeinflussen kann.

Du hast einmal über die interne Kommunikation gesagt: „Ehrlichkeit tut manchmal weh. Unehrlichkeit aber umso mehr." Was meinst du damit?
 Stefan · Bevor man an die Kommunikationsarbeit geht und versucht, Vertrauen aufzubauen, muss man erstmal seinen Ausgangspunkt definieren. Die Kernfrage lautet: Wie will ich meine Kommunikation ganzheitlich organisieren? Im besten Fall entscheidet man sich für ein transparentes Vorgehen mit klaren Ansagen – und zwar von Anfang an. Transparenz heißt hierbei übrigens nicht, dass man seine Geschäftsgeheimnisse preisgeben oder jede:r neue Mitarbeitende in jeden Prozess aktiv mit einbeziehen muss. Das wäre dann doch zu viel des Guten. Wenn man bestimmte Themen exakt benennt, über die man nicht reden kann, ist das völlig legitim und manchmal auch rechtlich relevant. Besonders beim Thema Börsengang gibt es einfach Phasen, Prozesse und Aspekte, über die man nicht so kommunizieren kann oder darf, wie man gerne möchte. Wichtig ist, dass man diese Themen dann aber auch offen und ehrlich anspricht und begründet, damit das Verständnis bei den Mitarbeiter:innen gegeben ist. Dadurch nimmt man sie als vollwertige Personen wahr – und nicht nur als Leistungserbringer:innen.

Problematisch wird das Thema Verständnis besonders dann, wenn Ereignisse wie eine schlechte Mitarbeiterumfrage oder miese Finanzzahlen unter den Teppich gekehrt werden sollen. Das funktioniert jedoch in aller Regel aus folgendem Grund nicht: Wenn man ein Start-up mit einer coolen (Geschäfts-)Idee hat, das man nach vorne bringen will – wen stellt man da ein? Natürlich nur die schlausten Köpfe, die man bekommen kann. Oftmals die, die ihr Bachelor- oder Masterstudium abgeschlossen oder teilweise auch promoviert haben. Das sind alles intelligente Personen, die mit offenen Augen und Ohren durch die Welt gehen. Sie kennen ihre Sphären – ob nun Wirtschaft, IT oder jeden anderen Unternehmensbereich. Heutzutage vergleicht man sich permanent entweder über soziale Medien, einschlägige Foren oder ganz einfach im Freundes- und Bekanntenkreis. Etwaige Schieflagen werden da direkt offensichtlich. Beispielsweise Mitarbeiter:innenbefragungen anzuschieben und diese bei durchwachsenen oder schlechten Ergebnissen nicht oder nur teilweise zu veröffentlichen, schafft nicht nur kein Vertrauen – es zerstört es sogar. Und das kann man sich bei dem heutigen Fachkräftemangel einfach nicht leisten.

Andererseits muss nicht jedes vermeintliche Lippenbekenntnis wirklich eine Lüge sein, oder?

Stefan · Absolut. Für das Nichteinhalten von Versprechen gibt es grob zwei Gründe: entweder das Versprechen war nie ernst gemeint oder die Rahmenbedingungen haben sich geändert. Letzteres kann in einer schnelllebigen, von Unsicherheit und Mehrdeutigkeit geprägten Welt wie bei Start-ups immer mal passieren. Die Wirtschaftslage ändert sich, technische Innovationen dauern länger als erwartet, Aufträge fallen weg oder es kommt unerwartet Mehrarbeit dazu. Dann ist es richtig und wichtig, auch von nicht mehr aktuellen Meinungen, Standpunkten und ja, auch Versprechen abzuweichen. Siehe das Thema Transparenz weiter oben. Wenn Ankündigungen oder Absichten jedoch keine Taten folgen – und dafür auch keine guten und nachvollziehbaren Gründe ins Feld geführt werden –, dann muss man damit rechnen, Vertrauen zu verspielen.

Der Plan steht also: Man will ehrlich und transparent kommunizieren, um langfristig Vertrauen aufzubauen. Aber wie geht das nun konkret?

Stefan · Durch Nähe! Die interne Kommunikation lebt vom persönlichen Kontakt. Die besten E-Mails, Podcasts oder Videos können das persönliche Gespräch mit den Mitarbeitenden im Einzelnen oder in größeren Gruppen nicht ersetzen. Denn dort spielt sich die Realität ab. Dort zeigt sich ungefiltert und direkt, ob die Ideen, Visionen und man selbst als Person wirklich ankommt. Und ob oder was man noch ändern oder anpassen muss.

Ein weiterer „Kanal" für mehr Nähe in der Kommunikation: der Buschfunk. Man kann gar nicht genug betonen, wie wichtig inoffizielle und nicht gesteuerte Kanäle für die (interne) Kommunikation sind. Zwar ist der Buschfunk inhärent kaum steuerbar und schlecht zu greifen – das muss er

9.1 Werte und Herausforderungen in der internen Kommunikation

aber auch nicht sein. Es hilft bereits immens, sich mit den richtigen Personen aus den einzelnen Geschäftsbereichen zu vernetzen und darüber die Augen und Ohren offen zu halten. Hierbei strahlen besonders solche Teams wie Office oder Facility Management, da sie qua ihrer Funktion kontinuierlich mit vielen Menschen aus der gesamten Belegschaft Kontakt haben. Eine gute Beziehung kann hier schneller, besser und genauer Auskunft über die Gefühlslage der Mitarbeitenden geben als noch eine weitere Umfrage, die im virtuellen Papierkorb landet.

Und wenn wir gerade beim Thema Vernetzen sind: Besonders der internen Kommunikation hilft es enorm, wenn man in den realen Arbeitsalltag der Belegschaft hineinschnuppert. Das kann durch mehrere, längere Gespräche passieren – oder besser noch durch sogenannte Job Shadowings. Einen Tag mitlaufen, aktiv Fragen stellen, zuhören, Dinge erklärt bekommen. Dadurch bekommt man ein gutes Gefühl dafür, was die Kolleg:innen antreibt, was sie wirklich tagtäglich machen und wo sie sich im Start-up wiederfinden. Ausgestattet mit diesem Hintergrundwissen kann man seine Kommunikation zielgerichteter aufbauen und formulieren – intern wie extern. Und zusätzlich kann man so auch echte Wertschätzung zeigen.

Dieses konstante Auseinandersetzen mit der Realität im Unternehmen erfordert aktives Engagement. Besonders dann, wenn die Kommunikationsrolle nah beim C-Level verankert ist. Neben der täglichen Arbeit an der Kommunikationsstrategie, Textarbeit, Abstimmungsschleifen und vielem mehr fällt das leicht mal hinten runter. Dabei ist gerade diese Neugier auf neue Themenfelder, Teams, Menschen und ihre jeweiligen Biografien ein wichtiger Teil erfolgreicher interner Kommunikation. Als Kommunikationsprofi – egal ob intern oder extern – sollte man sich daher täglich neu die Frage stellen: „Wie kann ich für meine Zielgruppen echte Mehrwerte generieren?" Die Antwort darauf ist meist ein guter Richtungsindikator für die konkrete Arbeit.

Was wäre dein wichtigstes Tool, auf das du auf keinen Fall verzichten würdest?

Stefan · Leider gibt es noch nicht „dieses eine Tool", das die Lösung aller Herausforderungen in der internen Kommunikation ist. Natürlich gehört zum Arsenal meistens eine Art Wissensdatenbank, eine Art Intranet und eine gemeinsame Kommunikationsplattform dazu. Mit welchen konkreten Lösungen man das bewerkstelligt, ist aber zweitrangig und sollte sowieso regelmäßig auf Sinnhaftigkeit und Aktualität überprüft werden. Viel wichtiger ist es, ständig mit der Zeit zu gehen und nah an den Bedürfnissen der Mitarbeitenden zu agieren. Zudem hilft es, sich auf Daten berufen zu können. Bei einem frischen und kleinen Start-up ist Data Analytics noch nicht nötig. Aber sobald man stark expandiert und das Team auf mehrere hunderte Mitarbeiter:innen anwächst, ist es wichtig zu wissen, welche Themen, Kampagnen und generellen Herangehensweisen sich wirklich verfangen. Wohl denjenigen, die bereits vorgearbeitet haben und nicht ihren kompletten Werkzeugkoffer austauschen oder kostspielig erweitern müssen. Hier zahlen sich ein, zwei Brainstorming-Runden mehr definitiv aus.

Bei alledem sollte man eines aber nicht unerwähnt lassen: Menschen sind auskunftsfreudig, wenn man sie offen und ehrlich fragt. Das zeugt auch von Respekt und Wertschätzung gegenüber der Person und ihrer Meinung. Und das bringt einen dann doch manchmal weiter als das teuerste Tool.

9.2 Organisation, Aufgaben und Erfolgsmessung

Maike Steinweller
Head of Communications bei Wooga

Interne Kommunikation, was ist das überhaupt? Was umfasst das? Und vor allem: Warum ist es für ein Start-up wichtig?

Maike · Eine gute interne Kommunikation verfolgt in meinen Augen einen ganzheitlichen Ansatz, ist also deutlich mehr als das reine Teilen von Informationen vom Management an die Belegschaft. Gute interne Kommunikation ist tief in der Unternehmenskultur verankert und beginnt mit der Art und Weise, wie untereinander und teamintern kommuniziert wird, aber vor allem, welchen Stellenwert die Kommunikation innerhalb der Geschäftsführung innehat. Gerade in mitunter schnell wachsenden Start-ups ist es wichtig, die Mitarbeiter:innen mitzunehmen, Veränderungen

9.2 Organisation, Aufgaben und Erfolgsmessung

nachvollziehbar und transparent zu kommunizieren, Vertrauen zu schaffen und somit zu einer langfristigen Mitarbeiterbindung beizutragen. Dazu bietet es sich an, bereits früh in der Unternehmensgeschichte regelmäßige interne Kommunikationsformate einzuführen und auch im Verlauf des Wachstums den persönlichen und auch mal informellen Kontakt zwischen Management und Mitarbeitenden nicht aus dem Blickfeld zu verlieren.

Was sind aus deiner Sicht wichtige Ziele, die eine interne Kommunikationsabteilung verfolgen sollte?

Maike · Interne Kommunikation hat einen großen Einfluss auf die Motivation und das Zugehörigkeitsgefühl der Mitarbeiter:innen und auch auf die langfristige Mitarbeiterbindung. Somit ist in meinen Augen das Hauptziel, das Engagement der Mitarbeiter:innen zu stärken, indem sie sich informiert und wertgeschätzt fühlen und sich mit den Werten und dem Zweck des Unternehmens identifizieren können.

Blicken wir mal auf Wooga. Wie sieht die interne Kommunikation bei euch konkret aus?

Maike · Montags morgens um 9:30 Uhr starten wir seit jeher die Woche gemeinsam mit einem 15-minütigen Monday Morning Standup. Das heisst, alle Mitarbeiter:innen kommen zusammen und lernen nicht nur neue Kolleg:innen kennen, sondern erfahren auch in kurzen, circa dreiminütigen Vorträgen von relevanten Neuigkeiten. Zwar lag die Moderation schon immer auf der Managementebene, die einzelnen Themen jedoch werden von den jeweils Verantwortlichen selbst vorgetragen.

Ebenfalls wöchentlich, jedoch mit der Möglichkeit, etwas mehr in die Tiefe zu gehen, haben die einzelnen Teams feste Zeitfenster, in denen sie von aktuellen Entwicklungen berichten. Hierzu ist jeder willkommen und kann auf diese Weise in 15 Minuten erfahren, woran gerade gearbeitet wird. Die nächste Ebene, für noch tieferen Austausch, sind die sogenannten Brownbag-Lunches, das sind 30-minütige Vorträge mit anschließendem Mittagessen. Hierzu werden regelmäßig auch externe Referent:innen eingeladen.

Und zu guter Letzt, für den teamübergreifenden Austausch innerhalb der unterschiedlichen Disziplinen, haben wir sogenannte Five Minutes of Fame etabliert. Hier können Vortragende noch mehr in fachspezifische Details einsteigen und intensiv voneinander lernen. Für alle Formate gibt es klare Verantwortlichkeiten sowie feste Termine im Kalender. Ganz wichtig: Alle Vorträge, egal ob intern oder extern, kurz oder lang, werden vorher mindestens einmal geübt. Gerade wenn es darauf ankommt, innerhalb von drei Minuten das Wesentliche rüberzubringen, haben sich diese Probeläufe immer bewährt.

Eine eigene Person für die interne Kommunikation braucht es vermutlich nicht ab dem ersten Tag. Gibt es einen Zeitpunkt, ab dem eine Person für interne Kommunikation unabkömmlich ist?

Maike · Die interne Kommunikation ernst zu nehmen, empfiehlt sich tatsächlich von Tag 1 an. Ebenso sinnvoll ist es, regelmäßige Formate frühzeitig zu etablieren. Je nach Talent und Leidenschaft für das Thema kann es durchaus viele Jahre gut funktionieren, wenn die Gründer:innen die interne Kommunikation maßgeblich selbst steuern. Im Sinne eines ganzheitlichen Ansatzes ist es allerdings ratsam, interne und externe Kommunikation eng zu verzahnen, so dass ich eher früher als später einen Kommunikationsprofi einstellen würde, der sich zentral und in enger Abstimmung mit der Geschäftsführung um beides kümmert.

Die interne Kommunikation ist manchmal bei HR angesiedelt, manchmal in der Kommunikation. Wie ist es bei euch? Welche Vor- und Nachteile siehst du? Was würdest du empfehlen? Und weshalb?

Maike · Dies kommt sehr auf den Kommunikationsfokus an. Bei Wooga bildet die Kommunikation eine eigene Abteilung, die sich um interne und externe Kommunikation kümmert, mit Fokus auf Corporate Communications, Unternehmenskultur und Employer Branding. Die Kommunikationsabteilung hat dabei eine direkte Berichtslinie an die Geschäftsführung und somit transparente Einsicht in sämtliche Entscheidungsprozesse, teilweise bevor diese getroffen werden. Auf diese Weise können Kommunikationspläne frühzeitig erstellt, einzelne Anspruchsgruppen rechtzeitig eingebunden, Feedback eingeholt und Präsentationen vorbereitet werden.

Die Eigenständigkeit der Abteilung erlaubt es, interne und externe Kommunikation eng zu verzahnen; bedeutet gleichzeitig aber auch einen engen Austausch mit dem Marketing, das die Verantwortung für die Produkt- beziehungsweise Kund:innenkommunikation trägt. In einem Set-up, in dem die Hauptzielgruppe aller Kommunikationsmaßnahmen aktuelle und zukünftige Mitarbeitende sind, kann auch eine Ansiedlung in der Personalabteilung sinnvoll sein.

Ich bin allerdings der Meinung, dass der Stellenwert und die Leidenschaft, die das Thema interne Kommunikation innerhalb der Geschäftsführung genießt, wichtiger sind als die organisatorische Zuordnung. Ob dann an den oder die CEO oder den oder die Personalverantwortliche:n berichtet wird oder es eine:n Kommunikationsverantwortliche:n auf Managementebene gibt, ist zweitrangig. Denn am Ende braucht es für eine gute interne Kommunikation vor allem viele gute interne Kommunikator:innen, die das Thema ernst nehmen und bereit sind, Zeit und Ressourcen zu investieren.

Welche Tipps würdest du Kolleg:innen geben, die gerade dabei sind, die interne Kommunikation auszubauen und intern zu etablieren?

Maike · ① Bau dir ein solides internes Netzwerk auf allen Ebenen auf und kommuniziere regelmässig und transparent deine Ziele und Prozesse. ② Etabliere regelmäßige interne Kommunikationsformate. ③ Führe Proben für alle Präsentationen ein. ④ Suche den Kontakt zu anderen Kommunikationsexpert:innen.

Gehen wir die Punkte durch. Zum Netzwerk: Vor allem, wenn das Unternehmen schon einige Jahre besteht und bisher alle Bereiche selbst dafür verantwortlich waren, ihre Themen intern zu kommunizieren, ist es wichtig, zunächst klare Ziele zu definieren und diese regelmäßig zu kommunizieren. Außerdem sollte man zur Hauptanlaufstelle werden, wann immer es um Fragen zur internen Kommunikation geht. Vor allem sollte man aber auch deutlich machen, dass man primär dazu da ist, um zu unterstützen und Mehrwert zu liefern und nicht als Kontrollinstanz angesehen wird. Ein vertrauensvolles Verhältnis mit regelmäßigem Austausch mit der Geschäftsführung ist essenziell, um über sämtliche Entscheidungsprozesse frühzeitig informiert zu sein und bei der Vorbereitung der Kommunikation unterstützen zu können.

Zweitens solltest du regelmäßige interne Kommunikationsformate etablieren. Verschiedene Nachrichten erfordern verschiedene Formate. Diese unterschiedlichen Formate etabliert zu haben und je nach Bedarf nutzen zu können, ist enorm hilfreich. So vermeidet man beispielsweise die überraschende Einberufung eines für Mitarbeitende eher Besorgnis erregenden All-Hands-Meetings, wenn wichtige Veränderungen anstehen und kommuniziert werden müssen, sondern kann sich bestehender Formate bedienen. Darüber hinaus dienen sie der kontinuierlichen Transparenz und dem teamübergreifenden Austausch.

Kommen wir drittens zu den Proben. Niemand hört gerne schlechten Vorträgen zu. Egal wie lang oder kurz sie sind. Innerhalb weniger Minuten auf den Punkt zu kommen und das Wesentliche zu transportieren, braucht Übung. Eine Probe-Kultur hilft dabei, bestimmte Zeitvorgaben einzuhalten und die Kernbotschaften so verständlich wie möglich zu kommunizieren. Zu viel des Guten macht sich irgendwann allerdings auch negativ bemerkbar, da es dann sehr einstudiert wirkt.

Und zuletzt: Suche den Kontakt zu anderen Kommunikationsexpert:innen. Austausch und Ideen von außen helfen dabei, auf die Dinge auch mal aus einem anderen Blickwinkel zu schauen. Es gibt inzwischen sehr viele inspirierende Podcasts zu Kommunikation, aber auch der persönliche, regelmäßige Austausch mit anderen Kommunikationsverantwortlichen ist enorm bereichernd.

Interne Kommunikation wird vom Vorstand gern als verlängertes Sprachrohr gesehen. Der Auftrag ist dann, Informationen nach unten zu kaskadieren. Wie gehst du mit dieser Haltung um?

Maike · Meine Beobachtung ist, dass eine solche Haltung spätestens seit Beginn der Corona-Pandemie ausgedient hat. Eine Einweg-Kommunikation, bei der die Bedürfnisse der Mitarbeiter:innen keine Berücksichtigung finden, ist schlichtweg nicht mehr zeitgemäß und führt über kurz oder lang zu höheren Abwanderungsraten. Der Mehrwert, den gute interne Kommunikation leistet, macht sich vor allem dann bemerkbar, wenn der informelle Austausch zwischen zwei Terminen oder an der Kaffeemaschine plötzlich nicht mehr möglich ist.

Interne Kommunikation ist oft noch schwerer zu messen als externe Kommunikation. Dein Erfolgsrezept?

Maike · Wir nutzen ein Mitarbeiterbefragungstool, mit dem die Kolleg:innen einmal im Monat einen standardisierten Fragebogen erhalten. Dieser deckt auch Fragen zur Strategie, Kultur und Werten ab, sodass wir daraus ableiten können, wie gut wir aktuell kommunizieren und wo wir nachjustieren müssen.

Drei Dinge, die für die interne Kommunikation aus deiner Sicht unverzichtbar sind?

① Ein hohes Maß an Empathie sowie ein Gefühl für unterschiedliche Zielgruppen: Ein guter Kommunikationsplan hat immer im Blick, wer, wann, welche Information auf welchem Weg erhalten sollte. In den seltensten Fällen ist es sinnvoll, einfach eine E-Mail an alle zu schicken. Vielmehr sollte

9.2 Organisation, Aufgaben und Erfolgsmessung

man sich überlegen, wie einschneidend die Nachricht unter Umständen sein könnte, welche Fragen aufkommen werden und wem diese Fragen vermutlich gestellt werden. Entsprechend sollten die direkten Anlaufstellen für Fragen vorbereitet sein und eine Chance bekommen, die Nachricht je nach Tragkraft zunächst selbst zu verarbeiten.

② Die Fähigkeit, vertrauensvolle Beziehungen aufzubauen, und ein hohes Maß an Selbstvertrauen: In der internen Kommunikation geht es viel darum, ehrliches und mitunter auch kritisches Feedback zu geben. Damit dieses auch angenommen wird, ist Vertrauen als Grundlage enorm wichtig. An Selbstvertrauen sollte es darüber hinaus nicht fehlen, um auch in der Lage zu sein, kritisches Feedback „nach oben" – also Richtung Management – zu teilen.

③ Eine strukturierte Denkweise sowie die Fähigkeit, Kernbotschaften in leicht verständliche Nachrichten zu verpacken: Komplizierte, lange Sätze sind in der (internen) Kommunikation Fehl am Platz. Komplexe Sachverhalte in einer strukturierten und nachvollziehbaren Form auszudrücken, bedarf gegebenenfalls einiger Übung, trägt jedoch enorm zum Erfolg in der internen Kommunikation bei. Denn nur, was sinnvoll erklärt und verstanden wurde, kann auch umgesetzt werden.

Und drei Dinge, die einer guten internen Kommunikation im Wege stehen?

Maike · ① Fehlende Koordination: Durch unabgestimmte Alleingänge, die gegebenenfalls sogar große Teile des Unternehmens betreffen, kann schnell Vertrauen zerstört werden, das nur langsam wieder aufgebaut werden kann. Daher sehe ich eine Kernkompetenz der internen Kommunikation darin, die Nachrichten zu koordinieren und sich gemeinsam mit den Sender:innen Fragen zu stellen wie: Was ist die Kernbotschaft? Wann ist der richtige Zeitpunkt, auch im Hinblick auf andere zu kommunizierende Themen der nächsten Wochen oder Monate? Wen betrifft es und wer sollte vorab vorbereitet werden, um Fragen beantworten zu können? Was ist das passende Format?

② Geschwindigkeit versus Endlosschleifen: Das richtige Maß zwischen unvorbereiteten Schnellschüssen und endlosen Abstimmungsschleifen zu finden ist nicht immer einfach. Auf der einen Seite sollten vor allem große Bekanntmachungen gut durchdacht und vorbereitet sein, auf der anderen Seite haben Mitarbeiter:innen in der Regel ein sehr gutes Gespür dafür, was gerade besprochen und beschlossen wird. Wenn Entscheidungsprozesse und die darauf folgende Vorbereitung der Kommunikation zu lange dauern, kann dies auch zu Verunsicherung und Frustration führen.

③ Fehlende Feedback-Kanäle: Gute Kommunikation ist nie eine Einbahnstraße. Die Möglichkeit, Fragen und Feedback loszuwerden, sollte fester Bestandteil jedes Kommunikationsplans sein.

Welche Tools kommen bei euch in der internen Kommunikation zum Einsatz?

Maike · Ich würde sagen: Slack, Google Meet oder Zoom und E-Mail. Slack ist unser wichtigstes Tool zur internen Kommunikation. Hier finden sämtliche Abstimmungen und Ankündigungen statt und es dient auch als Kanal für Feedback und Fragen. Für den persönlichen Austausch und große wie kleine Meetings nutzen wir vor allem Google Meet und je nach Bedarf auch Zoom. Werden Meetings in Form einer Live-Übertragung abgehalten, stellen wir darüber hinaus immer sicher, dass ein Kanal für Ad-hoc-Fragen zur Verfügung steht. Und auch wenn die E-Mail-Kommunikation durch die deutlich schnellere Kommunikationsmöglichkeit via Slack nicht im Vordergrund steht, bietet sie sich in manchen Fällen dennoch an, zum Beispiel, um die Archivierung und Auffindbarkeit zu erleichtern.

9.3 Von den richtigen Kanälen und Formaten

Juliane Saleh-Büttner
PR & Communications DACH bei SumUp

Mittlerweile ist SumUp weltweit in mehr als 30 Ländern aktiv und mit 3.000 Mitarbeiter:innen kein Start-up im eigentlichen Sinne mehr, wenngleich noch immer mit großem Start-up-Spirit, der auch von den beiden Gründern federführend gelebt wird. Wann wird die interne Kommunikation von einem netten Extra zu einer Notwendigkeit?

Juliane · Vor allem zu Beginn sind Gründer:innen erfahrungsgemäß sehr stark in alle internen Kommunikationsmaßnahmen involviert, nennen dies im Zweifel aber gar nicht so, sondern machen vieles selbst. In so einem Umfeld bedarf es recht wenig struktureller Instrumente. Mit einem wachsenden Team geht es dann vor allem darum, sowohl die Authentizität und den Spirit des Start-ups zu bewahren als auch parallel dazu genau die (richtigen) Informationen mit den (richtigen) Anspruchsgruppen über die (richtigen) Kanäle zu verbreiten beziehungsweise zugänglich zu machen. In der Regel wird schnell klar, wann dieser Moment für neue und weitere Maßnahmen gekommen ist und das Monday-Morning-Standup schlicht und einfach nicht mehr ausreicht: Möglicherweise wächst das Team sehr stark, es kommen mehrere Standorte oder Büros hinzu, das Managementteam um die Gründer:innen vergrößert sich, oder aber das Interesse an bestehenden Formaten scheint zu schwinden, weil beispielsweise immer weniger Kolleg:innen an den regelmäßigen Townhall-Meetings teilnehmen. Neue oder erweiterte Formate und Kanäle können dann dabei helfen, die Aufmerksamkeit zu erhalten und das Interesse an Unternehmensthemen und Inhalten aus anderen Bereichen zu stärken.

Was würdest du als wichtigstes Ziel der internen Kommunikation beschreiben?

Juliane · Die interne Kommunikation sollte in Start-ups vor allem die Autonomie der Teams stärken. Das heißt, die Kommunikation von und zwischen den Teams zu verbessern und dabei vor allem beratend und vermittelnd agieren. Dabei werden Kanäle, Strukturen und nützliche Ressourcen für eine effiziente und effektive Kommunikation für die Mitarbeiter:innen (und das Management) untereinander geschaffen und so die interne Kommunikation professionalisiert. Denn irgendwann ist auch ein Start-up kein Start-up mehr. Je besser die interne Kommunikation dann bereits gelernt ist, desto einfacher ist es einerseits für das Management, auch dann noch von den Mitarbeiter:innen gehört zu werden (und andersherum), sowie sicherzustellen, dass die jeweils relevanten Informationen die richtigen Anspruchsgruppen erreichen.

Du hast einmal gesagt, dass Rituale in der internen Kommunikation von großer strategischer Bedeutung sind. Inwiefern?

Juliane · Ein regelmäßiger Informationsfluss hilft, dass Mitarbeiter:innen das große Ganze sehen und verstehen, um sich mit diesem Wissen auf das konzentrieren zu können, was für ihren eigenen Bereich wichtig ist. Dadurch können sie bessere Entscheidungen treffen und besser priorisieren. Rituale sind in diesem Rahmen sehr wichtig. Sie signalisieren Beständigkeit und stärken das Gemeinschaftsgefühl. Format und Frequenz können dabei stark variieren.

Gibt es Formate, die du als besonders wichtig erachtest?

Juliane · Es geht vor allem darum, durch relevante Informationen Klarheit zu schaffen, aber auch Gespräche anzuregen, neue Impulse zu setzen und ab und an mal „auszuzoomen". Hauptforen wie All-Hands oder Frageunden zu allgemeinen Unternehmensneuigkeiten oder auch zu aktuellen Projekten sollten in keinem Start-up fehlen und tatsächlich sehr regelmäßig als eine Art Ritual stattfinden. Entscheidend dabei ist auch hier, mit der Gesamtentwicklung zu gehen, denn es wird passieren, dass nicht immer alles (mehr) für alle relevant ist. Regelmäßige Formate sollten also entsprechend inhaltlich angepasst werden, denn bestimmte Themen oder auch Anspruchsgruppen brauchen früher oder später eigene, separate Plattformen. All-Hands mit den wichtigsten aktuellen Unternehmensentwicklungen sollten – wenn möglich – unbedingt vom Gründer oder der Gründerin selbst gehalten werden. Ab einer bestimmten Teamgröße ist dies eventuell nicht mehr jede Woche notwendig. Einzelne Inhalte können dann die Teamleitungen in kleinerem Rahmen weitertragen, wiederholen und gegebenenfalls mit individuellen Botschaften versehen. Um auch den vielen kleineren oder spontanen Errungenschaften und Entwicklungen Raum zu geben, ist in Ergänzung ein kurzer, knackiger Wochenrückblick mit den wichtigsten Neuigkeiten vorstellbar. Per Slack ist das beispielsweise ganz schnell gemacht. Es kann aber auch eine detaillierte E-Mail oder gar ein Video sein.

Der Mix der Kommunikationsrituale sollte außerdem unbedingt auch regelmäßige, eher zwanglose, persönliche Treffen der Mitarbeiter:innen enthalten. Das ist im Prinzip eine Selbstverständlichkeit und solange das Team noch sehr klein ist, wird dies ganz automatisch stattfinden. Mit verschiedenen Angeboten können Gründer:innen beziehungsweise das Management hier ganz leicht einen gewissen Rahmen und entsprechende Plattformen schaffen. Das können gemeinsame Frühstücksrunden, After-Work-Drinks, regelmäßige Offsites und natürlich die Weihnachtsfeier sein.

9.3 Von den richtigen Kanälen und Formaten

Unbedingt sollten auch Meilensteine oder gemeinsame Errungenschaften wie der Launch eines neuen Produkts begossen werden. Am Ende braucht es gar nicht viele Rituale, aber genau die geben dem Team eine gewisse Beständigkeit.

Bitte einmal ganz konkret: Was sind eure wichtigsten internen Kommunikationskanäle?

Juliane · Ein gutes internes Kommunikationsnetzwerk umfasst vor allem drei Bereiche: Informationsvermittlung (Push), Informationsbeschaffung (Pull) und Informationsaustausch (Exchange). Einige Kommunikationstools können dabei gleich mehrere Bereiche bedienen.

Für die Informationsvermittlung bieten sich ganz klassische Tools wie E-Mail, aber auch Messenger-Services (Gruppen-Channels), sowie Newsletter oder auch All-Hands-Meetings an – idealerweise in einer Kombination aus Offline- und Online-Angebot, sodass auch wirklich allen die Teilnahme ermöglicht wird. Die E-Mail ist nach wie vor ein unverzichtbares Tool, um wirklich alle Mitarbeiter:innen zu erreichen. Genau das wird mit einem wachsenden Team immer bedeutender. Ganz generell sollte das Team immer wieder ermutigt werden, Wissen oder auch Wissenslücken proaktiv zu teilen. Eine reine Top-down Kommunikation ist sicher nicht mehr zeitgemäß und insbesondere in einem Start-up unangebracht.

Für die Informationsbeschaffung wiederum müssen aktiv Dokumentations-Tools etabliert werden – das kann ein Intranet sein, eine Wiki-Software oder Ähnliches. Je intuitiver und einfacher die Bedienung und Organisation innerhalb dieser Dokumentation, desto dankbarer werden vor allem neue Mitarbeiter:innen sein – was nicht heißt, dass solch eine Plattform nicht durch das Team initiiert werden kann und soll. Abgelegt und aufbewahrt werden kann hier quasi alles, nicht zuletzt beispielsweise die Präsentation des letzten All-Hands inklusive Q&A. Wichtig ist auch, die Verantwortlichkeiten klar zu kommunizieren. Wissen alle, wie die Teams organisiert sind, wo die Zuständigkeiten liegen und wer über gewisse Informationen sozusagen aus erster Hand verfügt, ist eine effektive und effiziente Kommunikation gewährleistet.

Bleibt noch der Informationsaustausch: Gerade in Start-ups funktioniert sehr viel hands-on, es muss schnell gehen und Prozesse sowie Abläufe, aber eben auch die Kommunikation, sind äußerst dynamisch. Messenger-Programme wie Slack helfen nicht nur, schnell einmal etwas mit den Kolleg:innen zu klären, sondern lassen sich Dank der Channel-Funktion ebenfalls ideal nutzen, um auch hier schnell und effizient Informationen sehr gezielt zu verbreiten. Zum Austausch gehören darüber hinaus unbedingt auch Diskussionsrunden zu aktuellen oder auch generellen Themen. Bei SumUp haben wir beispielsweise sogenannte Ask-Me-Anythings, die von verschiedenen Teams oder zu bestimmten Projekten angeboten werden. Eine weitere wunderbare Möglichkeit sind diskussionsanregende Webinare, bei denen interne oder externe Referent:innen verschiedene Themen vertiefen.

Habt ihr Tools, die du als besonders hilfreich erachtest?

Juliane · Das wohl allerwichtigste Tool ist vermutlich der persönliche Kontakt. Besonders in der Post-Covid-Welt lernen wir alle die direkte Kommunikation von Angesicht zu Angesicht wieder ganz neu kennen und schätzen. Am Ende ist ein echtes Gespräch an Effizienz nicht zu toppen. Und wenn genau das von Gründer:innen vorgelebt wird, indem sie immer wieder diesen Dialog ganz aktiv mit dem Team suchen, dann hat dieses Start-up beim Thema interne Kommunikation schon halb gewonnen.

Wichtig ist auch, dass die Mitarbeiter:innen genau wissen, wie und wo sie auf die jeweils für ihren Bereich relevanten Informationen zugreifen können – und dabei immer das Gesamtbild im Auge behalten. Vor allem bei schnell wachsenden Teams ist es daher essenziell, für übergreifende Themen möglichst einheitliche Tools und gemeinsame Kommunikationskanäle zu schaffen. Welche das sind, dafür gibt es kein Rezept und auch keine klare Empfehlung. Mittlerweile existieren eine Unmenge an verschiedenen Programmen, die hier eingesetzt werden können.

Es bietet sich aber an, für die unterschiedlichen (internen) Zielgruppen verschiedene (Informations-)Plattformen zu schaffen, sodass jede und jeder schnell, einfach und komfortabel die jeweilige Zielgruppe adressieren kann. Das gilt zwischen den Mitarbeiter:innen, aber auch mit den Gründer:innen und dem Management.

Ich habe die Erfahrung gemacht, dass ein gutes Onboarding hier gute Dienste leistet. Denn während des Onboarding-Prozesses können alle unternehmensweiten Kommunikations-Tools vorgestellt und jedem neuen Mitarbeiter:innen direkt zugänglich gemacht werden. Nur so kann die bereits bestehende Struktur ideal aufrechterhalten und fortgeführt werden.

Wie transparent sollte interne Kommunikation sein? Oder anders gefragt: Ist es manchmal auch ok, nicht zu kommunizieren?

Juliane · In Start-ups wird grundsätzlich immer weitaus offener und transparenter kommuniziert als anderswo, und das ist auch genau richtig. Nicht nur in den Anfangszeiten mit einem kleinen Team leben Start-ups von einem besonderen Spirit – im Sinne von „Mein Unternehmen ist auch dein Unternehmen". Die Identifikation mit der Firma ist in einem Start-up in der Regel sehr hoch und kann am besten mit großem Vertrauen in die Mitarbeiter:innen aufrecht erhalten werden – und das wiederum heißt auch, einen maximalen Informationsfluss sicherzustellen.

Wo und wann aber muss die (unsichtbare) Linie zu sensiblen Daten gezogen werden, die nicht öffentlich werden (dürfen)? Im Prinzip sollte die Devise für Start-ups heißen: keine Grenzen. Allerdings können sehr wohl der Zeitpunkt für die Freigabe bestimmter Informationen, die Art und Weise der Formulierung und sogar die bewusste Auswahl der übermittelnden Person einen kleinen aber feinen Unterschied machen. Wie sagt man so schön: „Der Ton macht die Musik." Genau da können und sollten die internen Kommunikationsexpert:innen unterstützen und beraten.

Einige Grenzen gibt es natürlich dennoch, beispielsweise bei bestimmten Schweigeklauseln im Rahmen von Vertragsverhandlungen mit Dritten oder Ähnlichem. Aber für eine gute Vertrauensbasis mit den Mitarbeiter:innen hilft es, so offen wie möglich zu kommunizieren.

Worauf könntest du in der internen Kommunikation nicht verzichten?

Juliane · Auf die direkte Kommunikation und das direkte Gespräch mit den Kolleg:innen.

Dein Tipp an alle internen Kommunikationsverantwortlichen?

Juliane · In einem Start-up ist eine sehr offene und transparente Unternehmenskultur ausschlaggebend für den gesamtheitlichen Unternehmenserfolg. Bei SumUp beispielsweise lautet das Motto: „Was nicht kommuniziert wird, existiert auch nicht." So kann größtmögliches Vertrauen im Team aufgebaut werden, die Mitarbeiter:innen fühlen sich maximal abgeholt und können und werden deutlich motivierter und engagierter im Sinne des Unternehmens agieren. Dabei ändern sich sowohl die Art und Weise der Kommunikation als auch die genutzten Kanäle immer wieder. Sie sollten also unbedingt flexibel bleiben. Abhängig vom Wachstum oder aber auch der Mentalität der Gründer:innen sowie der Bedürfnisse des Teams ist es ratsam, existierende Rituale und Tools immer wieder zu hinterfragen und anzupassen – Agilität ist das A und O.

9.4 Werkzeuge der internen Kommunikation: Intranet und Fokusgruppen

Carina Krieger
Junior Communications Manager bei Getsafe

Wie würdest du die Ziele der internen Kommunikation bei euch im Unternehmen definieren?

Carina · Was uns bei der internen Kommunikation antreibt, ist vor allem der Empowerment-Gedanke. Ganz konkret wollen wir drei Dinge erreichen: ① Alle Mitarbeiter:innen mit den nötigen Informationen zu versorgen, sodass sie ihre Arbeit gerne machen und gut umsetzen können. ② Allen eine Plattform zu bieten, auf der sie ihre Arbeit und ihre Erfolge präsentieren können. ③ Und ein Gefühl für das große Ganze und die Idee hinter dem Gesamtprojekt vermitteln. Für uns bedeutet das, interne Kommunikation auch immer unternehmensweit zu denken, einen Rundumschlag hinzukriegen und die Sinnhaftigkeit unseres Tuns (also den Unternehmenszweck oder *purpose*) immer wieder transparent zu machen. Wenn uns das gelingt, sind wir erfolgreich.

Für mich impliziert die Frage nach Zielen aber immer auch, welches Fundament es braucht, um sie zu verwirklichen. Der erste Lockdown war auch die eigentliche Geburtsstunde unserer internen Kommunikation. Als im letzten Jahr alle plötzlich aus dem Home-Office arbeiten mussten, brach uns der Flurfunk weg. So waren wir quasi gezwungen, die interne Kommunikation stärker zentral zu steuern; zum Beispiel mit einem Newsletter, in

9.4 Werkzeuge der internen Kommunikation: Intranet und Fokusgruppen

dem wir Neuigkeiten und wichtige Informationen für alle bündeln konnten. Seitdem haben wir nicht nur die einzelnen Kommunikationskanäle und ihre Funktionen immer klarer definiert, sondern auch eine positive und einladende Kommunikationskultur etabliert. Diese Ordnung aus klar funktional ausgerichteten Kanälen und einer positiven Kultur des Austauschs sehe ich als wichtige Grundlage, um die oben genannten Ziele erreichen zu können.

Lass uns über das Thema Intranet sprechen. Wie sieht euer Intranet aus? Warum habt ihr damit begonnen?

Carina · Schön sieht es aus. Spaß beiseite. Unser Intranet hat den Namen Getsafe Collections. Wir haben es gerade erst überarbeitet und stark reduziert, um möglichst übersichtlich das Wichtigste an Informationen über das Unternehmen – wie etwa unsere Mission und unsere Organisationsstruktur – zu vermitteln.

Den Fokus haben wir dabei auf Service gelegt und uns an der Frage orientiert: Welche Informationen brauchen unsere Mitarbeiter:innen in ihrem Arbeitsalltag, und haben diese Informationen eine ausreichend lange Halbwertszeit, um sie sinnvoll verfügbar zu machen? Wir stellen in unserem Intranet alle wichtigen Dokumente, Vorlagen und Richtlinien bereit und geben Auskunft über Zuständigkeiten, damit schnell die richtigen Ansprechpersonen gefunden werden können. Ursprünglich haben wir damit begonnen, weil wir gemerkt haben, dass es eine Art Wissenschaos gab. Alle Informationen lagen in Dokumenten vor, die nicht einheitlich für alle verfügbar waren. Darum beschlossen wir, einen zentralen Ort zu etablieren, an dem wir das, was für alle gilt, abbilden und gut sortiert anbieten.

Wenn ich es richtig sehe, nutzt ihr das Intranet eher im Sinne eines Knowledge Hubs, also eines zentralen Orts, an dem das Wissen des Unternehmens gespeichert und gefunden werden kann. Weshalb habt ihr euch dafür entschieden?

Carina · Genau. Die Mitarbeiter:innen sollen wissen: Collections hat das letzte Wort – was da steht, stimmt im Zweifelsfall. Wir sind davon weggekommen, alles umständlich und ausführlich zu erklären – zu viel Text schadet der Übersichtlichkeit. Mit wenigen Klicks finden die Mitarbeiter:innen, was sie suchen. So wollen wir vor allem vermeiden, dass unnötige Nachfrageketten auf Slack entstehen. Der Mehrwert ist also auf der einen Seite eine Entlastung der personalen Wissensträger:innen im Unternehmen und auf der anderen Seite die Möglichkeit für alle, sich schnell einen Überblick über das Wichtigste zu verschaffen und so bestenfalls Aha-Momente zu kreieren.

Welches Tool nutzt ihr und weshalb? Welche anderen Lösungen habt ihr euch angesehen?

Carina · Auch hier halten wir es gerne simpel: Wir nutzen Google Sites. Die Vorteile davon sind, dass es eine kostenlose Lösung ist, das Tool leicht zu bedienen ist und trotzdem die Möglichkeit bietet, die Inhalte individuell im Stil unseres Brand Designs zu gestalten. Außerdem arbeiten wir grundsätzlich viel mit dem Google Workspace, die Mitarbeiter:innen sind an die Oberfläche also bereits gewöhnt. Anfang des Jahres haben wir damit geliebäugelt, ein Social Intranet aufzubauen, um dort verschiedene Kanäle zu bündeln und stärker interaktiv auszurichten. Happeo hat uns besonders zugesagt, weil sie eine starke Google Workspace Integration anbieten und uns die Idee eines eingebundenen Organigramms gefiel. Coyo als deutscher Anbieter oder etwa blink bieten Ähnliches. Wir haben uns dann vorerst dagegen entschieden, weil der Mehrwert – gemessen an Aufwand und Kosten – nicht groß genug war. Sich in so eine neue Plattform einzugewöhnen bedeutet für die Mitarbeiter:innen ja auch eine erhebliche Umstellung. Ob man ihnen das zumutet, will wohlüberlegt sein, und aktuell sind alle mit den aktiven Kanälen sehr zufrieden. Wenn wir noch weiter wachsen und es dann womöglich problematisch wird, die Menge an Inhalten zu managen, kommen wir auf diese Ideen aber bestimmt wieder zurück.

Was macht ihr mit aktuellen Informationen? Und wie bezieht ihr Mitarbeiter:innen mit ein?

Carina · Slack wird von allen Mitarbeiter:innen super akzeptiert für ihre bidirektionale Kommunikation. Auch die Slack-Kanäle werden vielseitig genutzt. Für besonders kurzfristige und schnelle Informationen bespielen wir einen Announcement-Kanal bei Slack. Unternehmensweite E-Mails nutzen wir sehr selten – wenn wir sie versenden, haben sie einen besonders offiziellen Charakter und mehr Gewicht.

Zusätzlich versenden wir alle zwei Wochen einen Newsletter. Darin haben die Teams die Möglichkeit, in einer News-Sektion über neueste Entwicklungen und kleine Erfolge zu berichten, und wir geben immer wieder Deep-Dives zu verschiedensten Themen. Dabei achten wir darauf, dass dort alle Teams abgebildet werden und dass alle wissen: Jeder, der etwas zu sagen hat, kann zu Wort kommen, ob Praktikant:in oder jemand aus dem C-Level – so viel Start-up muss sein. Strategische Themen und

9.4 Werkzeuge der internen Kommunikation: Intranet und Fokusgruppen

Erfolgsgeschichten werden im wöchentlichen All-Hands-Meeting, unserer Townhall, präsentiert (die derzeit hybrid stattfindet). Auch neue Mitarbeiter:innen stellen sich in der Townhall persönlich mit einem Funfact vor.

Wie messt ihr den Erfolg der internen Kommunikation?

Carina · Was den Newsletter betrifft, können wir verfolgen, wie viele unserer Mitarbeiter:innen ihn öffnen. Auch bei der Townhall sehen wir, wie viele Gäste wir haben. Corona geschuldet verbringen wir viel Zeit in Zoom. Um für ein bisschen Abwechslung zu sorgen und alle aktiver einzubinden, haben wir begonnen, kleine Slido-Quizze in der Townhall zu machen. Dort sehen wir auch eine rege Beteiligung. Qualitatives Feedback und Anregungen holen wir uns immer direkt von Mitarbeiter:innen, indem wir etwa alle zwei bis drei Monate in kleinen Gruppen mit randomisiert ausgewählten Personen darüber sprechen, wie die interne Kommunikation ankommt.

Ihr nutzt also Fokusgruppen, um Feedback einzuholen. Wie kam es dazu? Welche Erfahrungen hast du damit gemacht? Und was sind deine Tipps für gute Fokusgruppen?

Carina · Nicht nur in der externen, auch in der internen Kommunikation ist es schwer, Erfolge zu messen. Wir wollen, dass die Mitarbeiter:innen sich gut informiert fühlen und wissen, welche Kanäle ihnen zur Verfügung stehen – um Informationen zu bekommen, aber auch als potentielle Plattform. Aber wie misst man, ob das gelingt? Die Fokusgruppen geben uns die Möglichkeit, solche „gefühlten Fakten" abzufragen und uns ein Bild zu machen, wie Mitarbeiter:innen die Angebote tatsächlich nutzen, die wir ihnen bieten. Diese Rückmeldungen geben doch einen vollständigeren Einblick als etwa eine Zahl wie die Öffnungsrate unseres internen Newsletters. Meiner Erfahrung nach kommen in den Gruppen interessante Kritikpunkte zur Sprache – die Teilnehmer:innen inspirieren sich häufig gegenseitig durch ihre Beiträge. Mein Tipp: Zu viele kleinteilige Fragen können die Teilnehmer:innen leicht erschlagen – mit einem klaren thematischen Fokus oder wenigen, dafür offenen Fragen entsteht eine Diskussion, die hilfreiche Einblicke zulässt, um die interne Kommunikation weiterzuentwickeln und bedürfnisorientiert zu gestalten.

Was würdest du in der internen Kommunikation gern ausprobieren?
Carina · Ich würde gerne ausprobieren, wie Podcast- und Video-Formate ankommen. Mich würde interessieren, wie hoch die Bereitschaft der Mitarbeiter:innen wäre, mitzumachen, und wie die Formate angenommen werden. Wie aufwändig ist es, das vorzubereiten? Aktuell stehen technischer und zeitlicher Aufwand noch nicht im Verhältnis zum Bedarf nach diesen Formaten, als dass ihr Einsatz schon sinnvoll wäre. Aber ich bin sicher, das wird kommen, wenn wir noch weiter wachsen.

9.5 Change-Kommunikation

Larissa Kreutzberg
Expertin für interne Kommunikation

Lass uns zum Thema Change-Kommunikation sprechen. Wie definierst du das? Warum ist das Thema gerade für Start-ups so wichtig?
Larissa · Einer meiner ersten Berührungspunkte mit dem Thema Change-Management war ein Satz von John C. Maxwell, der in meinem Studium immer wieder fiel: „Change is inevitable" – Veränderungen sind unvermeidbar. Obwohl wir Veränderungen konstant ausgesetzt sind, sei es gesellschaftlich, in der Arbeitswelt oder in unserem Privatleben, tun sich viele schwer mit ihnen und genau deshalb ist Change-Kommunikation so wichtig. Für mich heißt Change-Kommunikation, Menschen mitzunehmen und sie durch die Veränderungen zu begleiten.

Start-ups durchlaufen in sehr kurzer Zeit viele verschiedene Phasen und Change-Management beziehungsweise Change-Kommunikation wird schnell zu einem Dauerzustand. Von extremem Wachstum über Expansion, Produkteinführungen, personelle Wechsel in der Führungsebene bis hin zu Krisen braucht es gute Kommunikation, die all diese Prozesse unterstützt. Denn auch die flexibelsten Mitarbeiter:innen können in Start-ups an ihre

9.5 Change-Kommunikation

Grenzen stoßen und transparente und gut geplante Kommunikation kann hier der Schlüssel zum Erfolg sein.

Ich habe selbst bei einem Konzern erlebt, wie Change-Kommunikation nicht geht. Von Massenentlassungen erfuhr die Belegschaft damals tatsächlich aus der Zeitung. Welche Erfahrungen hast du mit Change-Kommunikation gemacht?

Larissa · In der Change-Kommunikation stehen die Mitarbeiter:innen im Vordergrund. Man darf nie vergessen, dass Veränderungen im Unternehmen, ob groß oder klein, Menschen direkt beeinflussen und viel auslösen können – von Vorfreude und Aufgeregtheit bis zu Verlustängsten und Wut. Daher ist es äußerst wichtig, dass man empathisch an diese Projekte herantritt und seine verschiedenen Anspruchsgruppen berücksichtigt, bevor man kommuniziert. Wie würde man selbst eine solche Information erfahren wollen? Auf welchem Weg und von wem? Der Dreiklang aus Reflektion, Transparenz und Respekt ist für Change-Projekte ein guter Leitfaden.

Du hast bereits Fusionen und Zukäufe erlebt – Paradebeispiele für Change-Kommunikation. Was sind deine größten Erkenntnisse?

Larissa · Es kommt auf die Mischung an. Eine Erkenntnis ist, dass es immer Neinsager gibt, die Veränderung kategorisch ablehnen und nicht davon abweichen – auch die beste Kampagne oder Maßnahme wird das nicht ändern. Ein weiterer Punkt ist, dass es nicht immer leicht ist, eine Balance zwischen zu viel und zu wenig Kommunikation zu finden. Übersteuert man die Formate, kann es sein, dass die erste Zielgruppe bereits abschaltet. Kommuniziert man zu wenig, kann es dazu führen, dass sich Zielgruppen nicht ausreichend informiert fühlen. Hier hilft ein guter Kanalmix und ein kontinuierlicher Informationsfluss, wenn es das Projekt zulässt.

Veränderung ist oft negativ behaftet, geht mit Ängsten einher. Wie fängt man diese Sorgen der Mitarbeiter:innen auf?

Larissa · Für mich haben die letzten Jahre gezeigt, dass Transparenz und Respekt gegenüber den Mitarbeiter:innen mit Vertrauen belohnt wird. Um ehrliches Feedback zu bekommen, muss ein sicherer Raum geschaffen werden, in dem Mitarbeiter:innen offen ihre Ängste und Fragen mitteilen können. Hier hilft es, Angebote zu machen, um anonymisiert Feedback zu geben und Fragen zu stellen. Ein weiterer Punkt ist die enge Zusammenarbeit der internen Kommunikation mit Führungskräften und HR-Teams, um Themen aufzugreifen und frühzeitig zu lösen. Gute Kommunikation sollte Ängste nicht befeuern, sondern Sorgen nehmen und Perspektiven aufweisen.

Mal ganz praktisch: Wann ist der richtige Zeitpunkt, um Veränderung zu kommunizieren? Welches Format passt? Wie bindet man Mitarbeiter:innen in den Prozess mit ein?

Larissa · Das ist sehr individuell und hängt von vielen Faktoren ab. Neben der internen Stimmungslage spielen auch Aspekte wie die Erfahrungen der Mitarbeiter:innen in vorherigen Unternehmen und Standpunkte von internen Meinungsträger:innen eine Rolle. Ein Unternehmen, das viele Change-Prozesse in den letzten Monaten durchlaufen hat und dessen Belegschaft am Anschlag arbeitet, sollte vielleicht besser warten. Auf der anderen Seite sind Veränderungen auch von externen Einflüssen wie Konkurrenten, Marktsituation, Gesetzgebung und Ähnlichem abhängig. All das kann die Planung verzögern oder beschleunigen.

Es gibt viele Mittel und Wege, Mitarbeiter:innen in den Prozess einzubinden. Meist herrscht in Start-ups ein gutes Grundrauschen und es gibt bestimmte Zusammenkünfte und Informationsstrukturen. Ich würde immer empfehlen, das Rad nicht neu zu erfinden, sondern in bekannten Formaten gute Inhalte zu liefern.

Kann es aus deiner Sicht manchmal geboten sein, Veränderungen auch mal nicht proaktiv zu kommunizieren?

Larissa · Das kommt auf die Veränderung an. Mit Blick auf Transparenz denke ich, dass man immer versuchen sollte, Mitarbeiter:innen vorab zu informieren, bevor es der Rest der Welt mitbekommt. Aus dem einfachen Grund, dass es zeigt, dass das Gründerteam oder die Führungsriege den Mitarbeiter:innen vertraut.

Ich kann mir vorstellen, dass die Entscheider:innen und die Kommunikator:innen oft unterschiedliche Personen sind. Wie stellen Kommunikationsleute sicher, dass sie frühzeitig von Veränderungen erfahren? Was, wenn die Geschäftsführung die Kommunikationsabteilung nicht involviert?

Larissa · Wie in jeder Kommunikationsdisziplin ist Zugriff auf Informationen essenziell, um langfristig erfolgreich Themen und Kernbotschaften zu platzieren. In Start-ups ändern sich Strukturen kontinuierlich. Da kann es schnell passieren, dass sich Verantwortlichkeiten verschieben oder neue Beziehungen zu neuen Kolleg:innen im Unternehmen aufgebaut werden müssen. Um Vertrauen zu fördern und Zugang zu den Entscheider:innen zu bekommen, hilft es, den Mehrwert der internen Kommunikation aufzuzeigen und zu verdeutlichen, was ein Informationsvakuum auslösen kann.

Deine drei Tipps für eine erfolgreiche Change-Kommunikation?

Larissa · Erstens persönliche Treffen als Auftakt nutzen, zweitens die mittlere Führungseben aktiv einbeziehen und drittens greifbar und nahbar sein. Der Reihe nach:

Eine gut geschriebene E-Mail oder ein hochwertiger Blogpost machen viele Kommunikator:innen glücklich. Wenn es um Change-Kommunikation und große Ankündigungen geht, empfehle ich Gründer:innen und Führungskräften dagegen immer, diese in einem Meeting anzustoßen. Zum einen, weil dies weniger Raum für Interpretation lässt und sich Sprecher:innen aktiver platzieren und ihre Empathie ausdrücken können. Zum anderen ermöglicht es einen Dialog und damit einen direkten Austausch mit der Belegschaft.

Zweitens sind Führungskräfte eine wichtige Anspruchsgruppengruppe in Veränderungsprozessen, die man frühzeitig abholen und einbeziehen sollte. Sie können ihre Teams aktiv durch Change-Prozesse begleiten, Fragen beantworten, Feedback einsammeln und im Unternehmen platzieren. Wichtig ist, dass sie die Veränderungen und Auswirkungen verstehen und zielsicher an ihre Teams weitertragen können.

Und zuletzt: Veränderungen sind nicht immer positiv behaftet. In Start-ups kann sich die Situation schnell ändern – die Investitionsrunde platzt, wichtige Manager:in verlassen das Unternehmen, Konsolidierung mit einem Wettbewerber. Für Gründer:innen ist es nicht einfach, vor Mitarbeiter:innen zu treten und eine Niederlage zu kommunizieren. Je offener und greifbarer man ist, desto authentischer und empathischer können sie wirken. Oftmals sind es die schwierigen Frage-Antwort-Runden und der direkte Austausch, die die Führungsebene und das Team näher zusammenbringen.

9.6 Der Einfluss der internen Kommunikation auf Unternehmenskultur und Zusammenhalt

Maria Andersen
Beraterin für People Experience | Ex-Sennder

Warum sollten sich Start-ups überhaupt mit interner Kommunikation beschäftigen?

Maria · Die Zeiten, in denen es bei der internen Kommunikation nur darum ging, einen monatlichen Newsletter zu verschicken und ein Porträt der:s CEO zu veröffentlichen, sind längst vorbei. Manager:innen der internen Kommunikation sind nicht mehr „nur" Ausführende und Befehlsempfänger:innen, wenn es um Kommunikation geht. In einer Welt, die sich ständig weiterentwickelt, werden interne Kommunikationsverantwortliche zu wichtigen Schlüsselpersonen, wenn es darum geht, Mitarbeitende zu gewinnen und zu halten und eine Kultur zu pflegen, die sowohl die strategische Seite des Unternehmens unterstützt als auch die Mitarbeitenden mit einbezieht.

Hat die Pandemie die Bedeutung der internen Kommunikation gestärkt? Und wenn ja, inwiefern?

Maria · Aus meiner Sicht hat sie das massiv getan. Und zwar in allen Unternehmen, seien es Konzerne oder Start-ups und Scale-ups. Wie arbeitet man zusammen in einer Zeit, die von Unsicherheit, sozialer und wirtschaftlicher Instabilität und einem rasanten technologischen Fortschritt geprägt ist? Unternehmen müssen überdenken, wie sie Mitarbeiter:innen anziehen, binden, motivieren und die Unternehmenskultur pflegen können, und zwar auf der Grundlage der neuen Normalität, in der sich Remote-Arbeit, hybride Arbeitsmodelle und neue Trends rasch entwickeln. Hier kann die interne Kommunikation ein wertvoller Treiber und eine wichtige Ressource für

9.6 Der Einfluss der internen Kommunikation auf Unternehmenskultur und Zusammenhalt

Unternehmen sein, da sie hilft, die neuen Normen und Lebensweisen der Mitarbeiter:innen zu verstehen.

Um dieser neuen Realität aus der Sicht der internen Kommunikation gerecht zu werden, braucht es einen Ansatz, der Menschen und die Gemeinschaft in den Mittelpunkt stellt. Ich bin überzeugt: Nur mit diesem Wertverständnis lässt sich eine nachhaltige Strategie ableiten.

Wie können Start-ups eine Unternehmenskultur entwickeln, die alle Mitarbeiter:innen einlädt, sich aktiv einzubringen und zu engagieren?

Maria · Das gelingt vor allem durch eine wertschätzende Kommunikation, die sich an den Mitarbeitenden und deren Wünschen und Bedürfnissen ausrichtet. Im Wesentlichen bedeutet dies, dass sich die interne Kommunikation vom Ghostwriting und der Erstellung von Inhalten wegbewegt und zu einer strategischen Instanz wird, die das Engagement fördert und sich dabei auch an der Lebenssituation und Stimmung der Mitarbeitenden ausrichtet. Interne Kommunikation ist also nicht nur Copywriting und Redigieren, sondern muss als strategische Einheit innerhalb der Organisation gedacht werden. Ich persönlich finde, dass interne Kommunikationsmanager:innen eine Beratungsfunktion innehaben und vor allem die Führungskräfte in der Kommunikation unterstützen sollten. Auf diese Weise können sie alle Mitarbeiter:innen abholen und einen Beitrag dazu leisten, dass sich alle als ein Team wahrnehmen, mit einem gemeinsamen geteilten Ziel, einer gemeinsamen Strategie, aber auch mit gemeinsamen Werten.

Ist die interne Kommunikation ein Fall für die Personalabteilung oder für die Kommunikationsabteilung?

Maria · Jede Organisation ist anders. Die Positionierung der internen Kommunikation als Teil der Personal- oder Kommunikationsabteilung hängt bis zu einem gewissen Grad von der Größe, dem Reifegrad und der Branche des Unternehmens ab – in einem Start-up kann es vorkommen, dass man ein bisschen von beidem macht.

Da es bei der internen Kommunikation viel um Menschen und organisatorische Angelegenheiten geht, spricht aus meiner Sicht vieles dafür, interne Kommunikation als Teil der Personalabteilung zu sehen. Gleichzeitig müssen externe und interne Kommunikation immer aufeinander abgestimmt sein, um sicherzustellen, dass die Botschaften konsistent sind. Insofern gibt es auch Argumente für eine Verortung in der Unternehmenskommunikation. Wichtig ist, dass sich alles, was das Unternehmen extern behauptet, auch intern widerspiegelt und umgekehrt. Alles andere schafft Inkohärenz und Verwirrung und kann schlimmstenfalls dazu führen, dass Mitarbeitende das Unternehmen als unzuverlässig wahrnehmen, sich abwenden und misstrauisch oder demotiviert sind – die schlimmsten Feinde einer Unternehmenskultur!

Lass uns ein wenig über die Strategie sprechen. Wie kann die interne Kommunikation die Unternehmensstrategie unterstützen?

Maria · Eine gut artikulierte und strukturierte Führungskommunikation ist der Schlüssel. Was sind Vision, Mission, Werte und Zweck des Start-ups? Ohne klare Vorgaben des oder der CEO und der unmittelbaren Vorgesetzten wird es für das Team schwierig sein, die Strategie umzusetzen und die Ziele zu erreichen. Hier kommt die interne Kommunikation ins Spiel. Ihre Aufgabe ist es, das Management zu unterstützen, die Strategie gut zu erklären und zu begründen.

Als Managerin für interne Kommunikation erlebe ich oft, dass ein gut ausgearbeiteter Inhalt, sei es ein Podcast, ein Artikel oder ein Videointerview, dazu beiträgt, einen komplexen, oft vagen strategischen Begriff auf greifbare und konkrete Inhalte herunterzubrechen, die jeder versteht.

Wie fängt man an, eine Strategie für die interne Kommunikation zu entwickeln?

Maria · Ich empfehle, mit der Helikopterperspektive zu starten und erst einmal mehr über die Mitarbeitenden herauszufinden. Wichtig ist, der Zielgruppe zuzuhören – eine unternehmensweite Umfrage, mit der du den aktuellen Wert der internen Kommunikation einschätzen kannst, ist ein guter Anfang. Auf diese Weise erhältst du einen Überblick darüber, woran es in der internen Kommunikation derzeit mangelt und was gut läuft.

Sobald du diese Daten gesammelt hast, ist es an der Zeit, in die Tiefe zu gehen und Fokusinterviews mit den Mitarbeiter:innen zu führen. In solchen Deep Dives kannst du Probleme und Herausforderungen (*pain points*) herausfinden, aber auch lernen, wo Stärken liegen. All das sind wertvolle Erkenntnisse für die weitere Kommunikationsstrategie. Es empfiehlt sich,

9.6 Der Einfluss der internen Kommunikation auf Unternehmenskultur und Zusammenhalt

die Ergebnisse gut zu dokumentieren. Solltest du eines Tages Zweifel haben, können dich diese Daten unterstützen.

Als Abschluss der Recherche solltest du umsetzbare Kernaussagen und Leitlinien definieren, an denen du dich bei allen weiteren Schritten orientierst.

Was passiert als Nächstes?

Maria · Danach geht es darum, die Kommunikationskanäle und- ströme festzulegen und zu definieren, wie die Organisation nach innen klingt, also Tonfall und Stil zu bestimmen. Auch Häufigkeit der Kommunikation und Formate zählen dazu. Natürlich hängt vieles davon ab, was du in der Umfrage und während der Interviews herausgefunden hast, daher bleibe ich an dieser Stelle sehr allgemein.

Wichtig ist, dass du dir eine Reihe von Zielen (*objectives*) und Schlüsselergebnissen (*key results*) überlegst, um zu messen, ob deine Maßnahmen erfolgreich sind. Diese OKRs

helfen dir, deine wöchentliche oder monatliche Leistung zu verfolgen und zu überwachen – und deinen strategischen Fokus bei Bedarf anzupassen.

Bei der internen Kommunikation geht es nicht nur um die Weitergabe wichtiger Informationen. Vielmehr geht es darum, die Mitarbeiter:innen zu motivieren, sie an das Unternehmen zu binden und ihnen ein Wir-Gefühl zu vermitteln. Wie kann man das erreichen?

Maria · Stimmt. Interne Kommunikation ist erstens eine strategische Ressource, und zweitens ein Werkzeug, um eine Gemeinschaft und ein Gefühl der Zugehörigkeit zu schaffen.

Es gibt keinen Königsweg, aber es gibt einige bewährte Verfahren, die ich im Folgenden erläutern werde.

Erstens: Finde mehr über deine Zielgruppe, also die Mitarbeitenden, heraus. Dabei helfen dir Umfragen, Fokusinterviews und natürlich auch informelle Gespräche und Zuhören. Auf diese Weise bekommst du ein Gespür dafür, wer gute strategische Sparringspartner:innen für dich und die Führungsebene sind. Wer ist ein:e gute:r Multiplikator:in? Wer wird von den Mitarbeiter:innen besonders geschätzt?

Zweitens: Seit dem Aufkommen der sozialen Medien ist die Einwegkommunikation tot. Die Menschen können ihre Meinung jetzt sofort online äußern, und das tun sie auch. Scheue dich nicht, die Mitarbeiter:innen miteinzubeziehen. Oft sind das die besten Inhalte!

Drittens ist es wichtig, nah an den Mitarbeiter:innen zu sein und sie – wann immer möglich – aktiv in die Kommunikation miteinzubeziehen. Ich höre in meiner täglichen Arbeit sehr viel zu, beobachte und messe meine Kommunikationsaktivitäten genau; mache mehr von dem, was gut läuft; höre auf mit dem, was nicht funktioniert; reflektiere meine Erkenntnisse und dokumentiere und bewerte all dies auf monatlicher Basis. Aus meiner Sicht sind Inhalte, die von den Mitarbeitenden selbst erstellt werden, der beste Weg, um sie für das Unternehmen zu interessieren und zu begeistern.

Viertens ist es wichtig, einen zentralen Ort für wichtige Kommunikation zu haben, einen *place of truth*. Denn das ist eine wichtige Grundlage, damit alle Mitarbeiter:innen auf dem gleichen Informationsstand sind.

Ein weiterer wichtiger Aspekt der internen Kommunikation besteht darin, sicherzustellen, dass die Mitarbeiter:innen die Gesamtstrategie und den Zweck des Unternehmens verstehen und wissen, wie sie einen positiven Einfluss auf das Unternehmen ausüben können. Eine Möglichkeit, die ich empfehle, besteht darin, Geschichten zu verfassen, in denen du dem Team oder der Person, die eine großartige Leistung erbracht hat, Anerkennung zollst und gleichzeitig erklärst, wie sich das ins Gesamtbild einfügt, also in die Gesamtstrategie und den Zweck des Unternehmens.

Ein weiterer Punkt ist die regelmäßige formelle oder informelle Rücksprache mit den wichtigsten Anspruchsgruppen. Sind sie zufrieden, fehlt ihnen etwas? Feedback und ein ständiger Austausch sind eine gute Möglichkeit, den aktuellen Zustand des Unternehmens zu erfassen und bei Bedarf gegenzusteuern. Außerdem ist es einfacher, interessante Unternehmensgeschichten aufzuspüren, wenn du mit den internen Meinungsführer:innen des Unternehmens in Kontakt stehst.

Deiner Meinung nach die größte Hürde interner Kommunikation?

Maria · Interne Kommunikation ist immer ein Angebot. Je mehr sich daran beteiligen und die Angebote nutzen, umso besser für alle. Aber interne Kommunikation kostet Zeit. Es ist ein Investment, und es braucht daher die Bereitschaft aller Mitarbeiter:innen und des Managements, daran mitzuwirken. Das immer wieder klar zu machen und am Ball zu bleiben, kostet Kraft.

9.7 Interne CEO-Kommunikation

Benjamin Kratz
Senior Internal Communications Manager bei Urban Sports Club

Wenn alles gut läuft im Unternehmen, macht interne Kommunikation vor allem Spaß. Doch was, wenn es schlecht läuft? Musstest du schon mal interne Krisen oder Veränderungen kommunikativ begleiten? Wie seid ihr vorgegangen?

Benjamin · Seit ich bei Urban Sports Club bin, geht es eigentlich konstant um die Kommunikation von Veränderungen. Allein in meinem ersten Jahr musste ich ein extremes Teamwachstum (bis zu 40 neue Mitarbeitende pro Monat), einen Zusammenschluss mit einem unserer damaligen Mitbewerber im Ausland sowie die Auswirkungen der Corona-Pandemie auf unser Unternehmen kommunikativ begleiten. Auch wenn man unterscheiden muss zwischen gewollten Veränderungen wie Hyperwachstum und Firmenzusammenschlüssen und den von außen gesteuerten Veränderungen wie einer globalen Pandemie, so sollte das Vorgehen in der Kommunikation stets dem großen Prinzip der Transparenz untergeordnet sein. Hierzu gehört, nicht nur offen und ehrlich Antworten auf die typischen W-Fragen zu kommunizieren, sondern sich auch einzugestehen, wenn man (noch) keine Antworten auf bestimmte Fragen hat. In diesem Fall geht es dann vor allem darum aufzuzeigen, wie man die Antwort auf die noch offene Frage finden will. Das baut bereits Unsicherheiten ab und stärkt das Vertrauen in die Unternehmung.

In einem Unternehmen mit sehr unterschiedlichen Menschen, Rollen, Senioritäten und Hierarchien ist es mitunter schwierig, die unterschiedlichen Bedürfnisse zu befriedigen. Was für den einen interessant, ist für den zweiten altbekannt, für die dritte schlicht irrelevant. Was hat sich bei euch bewährt? Was habt ihr verworfen?

Benjamin · Für viele Mitarbeitende sind wir der erste, zweite oder dritte Arbeitgeber in ihrem Leben, daher ist unsere Belegschaft relativ homogen. Die Mitarbeitenden-Struktur verändert sich aber natürlich auch mit zunehmendem Wachstum, da es im Laufe der Zeit mehr Seniorität, neue Unternehmensfelder und neue Hierarchieebenen braucht.

Für unsere interne Kommunikation unterscheiden wir aktuell in drei Dimensionen: hierarchisch, lokal und operational. So haben wir beispielsweise eigene E-Mail- und Chat-Gruppen für die unterschiedlichen Hierarchieebenen (Execs, Leads etc.), für jedes einzelne Land und Büro, sowie für die einzelnen Fachabteilungen (Marketing, Finance, HR etc.). Dadurch können wir zielgenau steuern, wer welche Informationen wann bekommt. Auch unterschiedliche Newsletter-Formate haben sich bei uns bewährt. So haben wir beispielsweise Newsletter für einzelne operationale oder lokale Teams. Allerdings funktioniert das nur, sofern der Nutzen den Aufwand überwiegt. Vor allem bei spezifischen Newslettern für kleine Teams ist das oft nicht gegeben.

Wir haben im Laufe der Zeit auch verschiedene Meetings ausprobiert (etwa mit allen Führungskräften), und teilweise wieder verworfen, wenn sie keinen echten Mehrwert brachten. Dabei haben wir gemerkt, dass ein neues Format – und sei es auch nur ein regelmäßiges Meeting für einen bestimmten Adressatenkreis – nur dann funktioniert, wenn es eine klar verantwortliche Person gibt, die das Format kontinuierlich betreut und weiterentwickelt.

Die Mitarbeiter:innen haben kritische Fragen. Eine hohe Fluktuation, die Geschäftszahlen werden nicht erreicht, die Stimmung intern auf dem Tiefpunkt. Was kann eine interne Kommunikation hier bewirken? Und was sollte sie tun?

Benjamin · Auch hier heißt das Zauberwort wieder Transparenz – und das in beide Richtungen. Es ist Aufgabe der internen Kommunikation, einen steten Informationsfluss in beide Richtungen (top-down und bottom-up) zu gewährleisten, um beiden Seiten ein realistisches Bild der Situation und ihrer Wahrnehmung zu bieten. Heißt, das Führungsteam sollte stets wissen, was die Mitarbeitenden wirklich beschäftigt und welche Fragen und Themen

9.7 Interne CEO-Kommunikation

im Unternehmen kursieren, um nicht an den Informationsbedürfnissen der Mitarbeitenden vorbei zu kommunizieren. Umgekehrt unterstützt die interne Kommunikation das Führungsteam, die identifizierten Themenfelder klar und deutlich anzusprechen, geplante Maßnahmen zu kommunizieren, Kontext zu bieten und einen Dialog zu ermöglichen. Dazu gehört auch, die als problematisch identifizierten Handlungsfelder so lange auf der Agenda zu behalten, bis sie für beiden Seiten zufriedenstellend geklärt sind.

Interne Kommunikation sollte mehrere Kanäle haben und auch die Mitarbeiter:innen einbeziehen. Welche Formate habt ihr, die auch Mitarbeiter:innen einbeziehen?

Benjamin · Wir haben verschiedene Kommunikationsvehikel, die auch unsere Mitarbeitenden einbeziehen. Für unser monatliches All-Hands-Meeting zum Beispiel sammeln wir vorher immer anonym Fragen und Themen aus der Belegschaft ein. Durch dieses vorherige Abfragen von Themen lässt sich vermeiden, dass sich problematische Themen im Unternehmen unbemerkt zusammenbrauen. Dies gibt uns die Möglichkeit, diese Themen proaktiv anzusprechen, bevor sie eskalieren und zu einem echten Problem werden. Zudem haben wir am Ende eines jeden All-Hands-Meetings immer eine offene Frage-Antwort-Runde, in der wir die vorher eingereichten Fragen bündeln und beantworten, aber auch spontane Fragen zulassen.

In vielen Start-ups herrscht eine offene Kultur, die auch kritische Fragen zulässt. Doch was, wenn die Fragen tendenziös oder passiv-aggressiv werden?

Benjamin · Natürlich gibt es auch Phasen, in der die Stimmung intern weniger gut ist. Bekommen wir kritische und unterschwellig aggressive Fragen, dann prüfen wir, ob der Frage ein wahrer Kern zugrunde liegt und wie wir diesen möglichst sachlich adressieren können, ohne auf die implizierte Provokation einzugehen. Dieses Vorgehen hat sich bewährt, denn so können wir zeigen, dass wir auch kritische Fragen ernst nehmen, ohne emotional unangemessen zu reagieren. Diese Asynchronisation von Frage und Antwort hat bei der Entemotionalisierung und Deeskalation kritischer Fragen sehr geholfen. In unseren All-Hands-Meetings besteht zudem eine Klarnamen-Pflicht, wodurch für passiv-aggressive Fragen eine gewisse Hemmschwelle entsteht. Öffentliche Provokationen gab es daher bisher nicht.

Der oder die CEO ist ein Vorbild und prägt die Unternehmenskultur. Aber nicht alle CEOs sind geborene Kommunikator:innen. Manche sind introvertiert, andere tun sich schwer damit, auch Fehler oder Schwächen einzugestehen, wieder andere kommunizieren zu abstrakt oder wirken schnöde oder arrogant. Wie geht man als Verantwortliche:r damit um?

Benjamin · Das kenne ich so zum Glück nicht. Unsere beiden Gründer sind sehr gute Kommunikatoren, die sich ihrer Wirkung auf die Mitarbeitenden sowie der Bedeutung interner Kommunikation sehr bewusst sind. Ist dies allerdings nicht der Fall, ist es Aufgabe der internen Kommunikation, zwischen CEO und Mitarbeitenden zu „übersetzen". Notfalls zählt es auch zur Verantwortung der internen Kommunikation, das Problem offen anzusprechen und gemeinsam konstruktive Vorschläge zu erarbeiten, wie etwa ein Coaching. Eine weitere Möglichkeit wäre es, kommunikativ begabtere Personen aus dem Führungsteam stärker in die Kommunikation einzubinden und den oder die CEO zu entlasten.

Ein CEO hat mir einmal gesagt: „Egal, was ich sage, bekomme ich danach auf den Deckel. Wenn ich einfach ehrlich sage, was ich denke, heißt es später, ich wäre nicht empathisch genug. Wenn ich mich auf das Positive konzentriere, wird mir vorgeworfen, nicht transparent zu sein. Wenn ich ein Team besonders lobe, werde ich dafür kritisiert, weil ich ein Team bevorzugt hätte. Ich traue mich noch nicht einmal mehr, ‚hey guys' zu sagen, denn dann diskriminiere ich Frauen. Das alles setzt mich so unter Druck, dass es nur noch hölzern und gekünstelt klingt." Was rätst du?

Benjamin · Generell empfehle ich, dass ein:e CEO genau das thematisiert. Eine solche Erkenntnis ist ein wichtiger Anstoß, um eine eigene interne Kommunikationskultur auszuloten und zu formen. Wichtig dabei ist, dass im Prozess dann nicht nur die Befindlichkeiten des:r CEO, sondern auch die Bedürfnisse und Ansprüche der gesamten Belegschaft berücksichtigt werden. Vielleicht hilft auch ein professionelles Kommunikationstraining. Wie sehr die interne Kommunikation im Arbeitsalltag hier unterstützen kann, hängt von den unterschiedlichen Kommunikationsformaten ab: Für Live-Meetings können vorab Briefings stattfinden und geschriebene Texte können gegebenenfalls durch die interne Kommunikation geprüft und notfalls bearbeitet werden. Hier sollte der beziehungsweise die CEO vor allem offen sein, diese Hilfe anzunehmen und auf die Expertise der internen Kommunikation zu vertrauen.

Welche Fähigkeit ist für eine:n interne Kommunikationsbeauftragte:n aus deiner Sicht unerlässlich?
Benjamin · Ich denke, die Fähigkeit zur Empathie ist die grundlegende Eigenschaft, die jede:r Kommunikator:in mitbringen muss. Denn zur Kommunikation gehören bekanntlich immer zwei Seiten: Sender:in und Empfänger:in. Sich in beide Rollen gleichermaßen hineinversetzen und beide Standpunkte nachvollziehen zu können, ist für eine gute Kommunikation unerlässlich. Außerdem hilft Empathie dabei, sich im Unternehmen ein breites Netzwerk aufzubauen und ein authentisches Vertrauensverhältnis zu den Mitarbeitenden zu etablieren.

9.8 Herausforderungen der internen Kommunikation in Zeiten von Wachstum und Internationalisierung

Sarah Maulhardt
Manager Internal Communications bei Zalando

Ihr seid bereits ein großes, börsennotiertes Unternehmen, aktiv in 23 Märkten, mit Produkten von mehr als 4.500 Marken und etwa 16.000 Mitarbeiter:innen. Wie schafft ihr es, so viele unterschiedliche Menschen intern zu erreichen?
Sarah · Ob Einkäufer:in in Berlin, Software-Entwickler:in in Dublin oder Logistikmitarbeiter:in in Mönchengladbach — wir haben sehr viele unterschiedliche Zielgruppen, die auf ganz unterschiedlichen Kanälen erreicht

werden müssen. Dabei sind wir in der internen Unternehmenskommunikation ein relativ kleines Team von sechs Mitarbeiter:innen. Das heißt, wir müssen uns sehr genau überlegen, was und wem wir unsere Ressourcen und unsere Zeit widmen. Unsere Ziele und unsere Strategie helfen uns, die richtigen Prioritäten zu setzen. Ein starkes Netzwerk zu den verschiedenen Standorten und Geschäftsbereichen sowie der ideale Mix an Kommunikationskanälen sind entscheidende Erfolgsfaktoren.

Unser wichtigster Kommunikationskanal ist das Social Intranet. Wir vermeiden es, Push-Botschaften per E-Mail an alle Mitarbeiter:innen zu versenden. Stattdessen setzen wir auf Pull-Nachrichten im Intranet. Dort stellen wir sicher, dass alle die wichtigsten Nachrichten vom Vorstand zu Strategiethemen und anderen Neuigkeiten in ihrem Verlauf sehen. Ansonsten können die Mitarbeiter:innen selbst entscheiden, was sie interessiert und welchen Kanälen und Gruppen sie folgen möchten. Für unsere Führungskräfte verschicken wir zusätzlich alle zwei Wochen einen Newsletter mit den relevantesten Unternehmensneuigkeiten und Informationen. Die kurzen Texte verlinken dann wiederum aufs Intranet.

Innerhalb des Intranets bedienen wir verschiedene Formate wie zum Beispiel Texte, Bilder, Promo-Banner, Videobotschaften und Gamification-Formate. Als zusätzliche Kommunikationskanäle nutzen wir ein Mitarbeiter:innenmagazin für die Logistik, das in unterschiedlichen Sprachen erscheint, verschiedene Bildschirmschoner an unterschiedlichen Standorten, Poster und digitale Bildschirme in den Büros. Darüber hinaus haben wir auch Kommunikationsspezialist:innen an den verschiedenen Standorten. Diese kennen ihre Zielgruppe natürlich am besten und wissen ganz genau, was sie interessiert und wie man sie erreicht.

Ein weiterer kulturell enorm wichtiger Kommunikationskanal sind unsere (Live-)Veranstaltungen. So organisieren wir pro Jahr drei bis vier All-Hands, die per Live-Übertragung an all unsere Mitarbeiter:innen ausgestrahlt werden. In unserem Ask-Us-Anything-Format stellt sich der Vorstand regelmäßig den vielen Fragen unserer Belegschaft. Wollen wir den Fokus auf ein ganz bestimmtes Thema legen (beispielsweise auf unsere Nachhaltigkeitsstrategie), nutzen wir dafür unser „zInsights" – das sind Paneldiskussionen oder Vorträge mit den entsprechenden Themenexpert:innen. Nicht zu unterschätzen sind auch unsere Sommerfeste und Firmenjubiläen. Letztere zelebrieren wir im Rahmen unserer sogenannten Founding Days – einer hybriden Veranstaltung, bei der wir uns auf das zurückbesinnen, was uns so erfolgreich macht: unsere Werte, Vision und unsere Zusammenarbeit.

Bei der Fülle unserer Kanäle und Möglichkeiten darf ein ganz wesentlicher Kanal nicht vergessen werden: das mittlere Management. Schließlich sind es die unmittelbaren Vorgesetzten, die in der Regel den größten Einfluss auf die Mitarbeiter:innen haben. Daher tun wir viel, um diese Zielgruppe möglichst gut zu befähigen, Unternehmensbotschaften weiterzugeben und eine gute Kommunikation zu ihren Teams zu etablieren.

Ein All-Hands mit so vielen Menschen, geht das überhaupt? Und wie beteiligt ihr die Mitarbeiter:innen an der internen Kommunikation?

Sarah · An unseren All-Hands können alle Mitarbeiter:innen mit einer Zalando-E-Mail-Adresse teilnehmen. Vor der Pandemie kam ein Großteil unserer Berliner Kolleg:innen persönlich in unserem Auditorium in der Zentrale zusammen. Für alle anderen gibt es eine Live-Übertragung. Im Durchschnitt schalten sich circa 4.000 Zalandos dazu. Darüber hinaus kann die Veranstaltung auch nach Ablauf auf Wunsch jederzeit angeschaut werden. Unsere Unternehmenssprache ist überwiegend Englisch, aber diese Veranstaltung übersetzen wir live ins Deutsche, um die Sprachbarriere so niedrig wie möglich zu halten. In den All-Hands werden nicht nur Informationen von der Geschäftsführung geteilt, sondern alle Mitarbeiter:innen haben die Möglichkeit, ihre Fragen an den Vorstand über ein Umfrage-Tool zu stellen. Darüber hinaus lassen wir Expert:innen zu bestimmten Themen zu Wort kommen und binden die Logistik oder andere Unternehmensbereiche beispielsweise über Videobotschaften mit ein. Wir versuchen, diese Veranstaltungen so interaktiv wie möglich zu gestalten. Andere Wege, um die Mitarbeiter:innen an der internen Kommunikation zu beteiligen, sind das bereits erwähnte Ask-Us-Anything-Format und unser Social Intranet. Hier kann jede:r Inhalte erstellen, teilen, kommentieren und liken.

Was sind die größten Herausforderungen an die interne Kommunikation, wenn man so stark wächst?

Sarah · Wachstum und Expansion bedeuten mehr Teams an mehr Standorten mit unterschiedlichen Aufgaben, Sprachen und Kommunikationsanforderungen. Fragen, mit denen wir uns derzeit stark beschäftigen, sind: Wie können wir alle erreichen und bedienen? Sind unsere bisherigen Kanäle, Formate und Frequenzen noch die richtigen? Wie können wir die Kommunikation einfach halten, während das Geschäft immer komplexer wird? Wo und wie setzen wir unsere Ressourcen am besten ein und wie können wir die Organisation selbst dazu befähigen, effektiv und effizient zu kommunizieren?

Eine weitere Herausforderung ist, kommunikativ unsere Kultur und Werte, die uns als Unternehmen einzigartig machen, zu fördern und zu festigen, gleichzeitig aber die Prozesse hervorzuheben, die uns dabei helfen, unsere Wachstumsziele zu erreichen. Natürlich unterstützen wir die Organisation auch dabei, den kontinuierlichen Wandel zu bewältigen, der im Zuge des Wachstums des Unternehmens erforderlich ist. Was bedeuten die Veränderungen für Zalando? Für einzelne Geschäftsbereiche und Teams? Aber auch für jede:n einzelne:n? Abgesehen davon beschäftigen uns Herausforderungen, die wohl so gut wie jedes Unternehmen derzeit meistern muss: Wie arbeiten wir in einer Pandemie und wie sieht die Zukunft unserer Arbeit danach aus?

Inklusion und Diversität sind derzeit in vielen Unternehmen ein Thema. Wie tragt ihr diesen Aspekten in der Kommunikation Rechnung?

Sarah · Zunächst mal ist es wichtig, zu verstehen und anzuerkennen, dass die Themen Diversität und Inklusion (D&I) nicht primär aus Kommunikationssicht gelöst werden können. Hat ein Unternehmen Schwierigkeiten in diesem Bereich, braucht es eine Strategie mit eindeutigen Zielen, klar definierten Maßnahmen und Verantwortlichkeiten. Diese sollten dann natürlich wieder in das Unternehmen kommuniziert und verankert werden. Eine Kommunikation von oben nach unten reicht hierbei nicht aus. Wir brauchen den Dialog, die direkte Rückmeldung der Mitarbeiter:innen und teils auch hitzige Diskussionen, um Veränderungen anzustoßen. Die Unternehmensleitung sollte hier keine Scheuklappen aufhaben und sich den Herausforderungen mutig und offen stellen und echten Austausch anstreben. Bei Zalando sind wir da auf einem guten Weg. Im Mai 2021 haben wir unsere Strategie für Vielfalt und Inklusion vorgestellt. Wir möchten die erste Anlaufstelle für Mode sein, in der sich jede:r willkommen fühlt. Inklusion soll bei allem, was wir tun, von Anfang an mitgedacht werden, um die Vielfalt unserer Mitarbeiter:innen, Führungskräfte, Kund:innen und Partnern zum Ausdruck zu bringen.

9.8 Herausforderungen der internen Kommunikation

Aus Kommunikationssicht unterstützen und begleiten wir diesen Prozess, indem wir unter anderem die D&I-Verantwortlichen im Unternehmen beraten und eng mit ihnen zusammenarbeiten, das mittlere Management sensibilisieren und Ressourcen und Richtlinien für gerechte und inklusive Kommunikation für das gesamte Unternehmen bereitstellen. Diese Richtlinien helfen uns dabei, in unserer Sprache und bei der Erstellung oder Verwendung von visuellen Elementen in der Kommunikation bei Zalando inklusiver zu sein. Sie sollen die Art und Weise verbessern, wie wir als Einzelpersonen, als Teams und als Unternehmen kommunizieren. Inklusive Kommunikation heißt, die Bedeutung von Worten und Bildern und ihre Wirkung auf andere zu berücksichtigen. Eine inklusive Sprache ist frei von Stereotypen, negativen Erwartungen oder Einschränkungen. Indem wir unsere Sprache anpassen, können wir eine Person oder Gruppe umfassender einbeziehen und sie dazu anregen, selbstbewusster ihren Beitrag für das Unternehmen zu leisten. Aus diesem Grund haben wir letztes Jahr beispielsweise auch die geschlechtergerechte Sprache in der Unternehmenskommunikation in Form des Gendersternchens eingeführt.

Insgesamt ist es unser Ziel, einen Konsens im Unternehmen herzustellen. Das ist die größte Herausforderung. Mit D&I-Spezialist:innen und -Fans zu kommunizieren ist einfach. Schwerer wird es, wenn man mit einer Gruppe spricht, die von manchen Dingen vielleicht noch nicht so überzeugt ist – sei es gendergerechte Sprache oder Themen mit Bezug auf Rassismus. Das Ziel ist es nicht, weiter zu spalten, sondern einen gemeinsamen Nenner zu finden. Kurz gesagt: Die Brücke zwischen D&I-Teams und -Fürsprecher:innen und dem Rest des Unternehmens zu schlagen, ist eine wichtige Aufgabe der internen Kommunikation.

Du hast es angesprochen: Gendergerechte und inklusive Sprache ist ein viel diskutiertes Thema – was sind deine Tipps?

Sarah · Lesen, üben, ausprobieren, diskutieren und vor allem offen gegenüber dem Thema sein. Es gibt nicht die eine perfekte Lösung, sondern viele verschiedene Möglichkeiten, sprachsensibel zu kommunizieren. Jede Form hat ihre Vor- und Nachteile. Letztlich muss eine Lösung gefunden werden, die gut zum Unternehmen passt und dort akzeptiert wird. Ist das Unternehmen vielleicht noch ganz am Beginn seiner D&I-Reise, kann der konsequente Wechsel zum Genderstern etwas zuviel zu Beginn sein. Stattdessen könnten hier neutrale Formen (zum Beispiel Mitarbeitende) oder die Beidnennung (liebe Kollegen, liebe Kolleginnen) auf mehr Akzeptanz stoßen. Ist das Unternehmen schon weiter, könnte genau dies nicht genug sein, da sich nicht-binäre Personen dann eventuell ausgeschlossen fühlen. Es lohnt sich in jedem Fall, die Mitarbeitenden in diese Entscheidung miteinzubeziehen und sie nicht vor vollendete Tatsachen zu stellen. Bei Zalando haben wir beispielsweise zu Beginn unserer Recherche eine Umfrage im Intranet gepostet, um ein kleines Stimmungsbild zu erhalten. Besonders wertvoll fand ich auch den Austausch mit anderen Unternehmen. Wie machen es andere? Was funktioniert gut, was weniger gut? Was muss man bei der Implementierung beachten? Was macht die Konkurrenz und was verlangen unsere Kund:innen? Ich glaube auch, dass es wichtig ist, allen klarzumachen, dass es bei der Form der gendergerechten Sprache kein richtig oder falsch gibt. Es ist für alle ein Lernprozess und der erste Schritt ist der wichtigste. Erstmal anfangen und dann schauen, was angepasst werden muss. Und wie bei so vielem: Die Führungskräfte haben immer eine Vorbildfunktion. Hier sollte also von Anfang an sensibilisiert und aufgeklärt werden.

Deine drei Tools, die deine Arbeit verbessert haben?

① Asana für einen guten Überblick meiner Projekte und Aufgaben. ② Google Jamboard für digitale Ideenfindungen mit anderen. ③ Spotify, wenn der Kopf raucht und man eine Pause braucht.

Was kann die interne von der externen Kommunikation lernen?

Sarah · Ich denke, die interne Kommunikation kann und muss sich viel von Videoformaten wie TikTok- und Instagram-Storys abschauen. Warum funktionieren diese so gut, insbesondere bei der jüngeren Generation? Welche Inhalte lassen sich auch intern über diese Art von Format gut vermitteln? Denn auch hier ist die Zeit der ewig langen Texte vorbei. Mitarbeiter:innen erwarten, was sie auch extern gewohnt sind: reziproke Kommunikation und Austausch sowie kurze, leicht verdauliche Informationen. Darüber hinaus informieren sich Mitarbeiter:innen natürlich auch auf externen Kanälen über das eigene Unternehmen. Das lässt die Grenzen zwischen interner und externer Kommunikation, Employer Branding und Marketing zunehmend verschwimmen – ein Silodenken ist hier fehl am Platz.

Wird es künftig also keine Trennung beider Disziplinen mehr geben?

Sarah · Doch. Ich glaube schon, dass es sowohl Spezialist:innen für interne als auch externe Kommunikation geben sollte. Die Zielgruppen haben einfach unterschiedliche Bedürfnisse und Anforderungen, die Ziele der Kommunikation sind andere. Eine Umstrukturierung beispielsweise wird intern anders kommuniziert als extern. Hier braucht es viel Feingefühl und Personen, die die richtigen Fragen stellen.

10 Den Start-up-Schuhen entwachsen – Wie sich Unternehmenskommunikation verändert

Erfolgreiche Start-ups wachsen – und zwar mitunter so stark, dass sie ähnliche viele Mitarbeiter:innen haben wie Konzerne. Wie geht es dann weiter? Und was heißt das für die Kommunikation? Das abschließende Kapitel wirft einen Blick auf drei Szenarien: den Zusammenschluss, den Exit, oder den Börsengang. (Das vierte denkbare Szenario, die Insolvenz, lasse ich hier bewusst außen vor und verweise auf die Kapitel zu Krisenkommunikation und Change-Kommunikation.)

Beginnen wir mit dem Zusammenschluss, den Nicole Breforth und Attila Rosenbaum in → Kapitel 10.1 beleuchten. Wie sorgt man als Kommunikationsverantwortliche:r dafür, dass keine Informationen vorab an die Medien gelangen? Wie bereitet man sich auf Medienanfragen vor und fängt Unsicherheiten der Mitarbeiter:innen auf? Als Kommunikationsverantwortliche von Raisin und Deposit Solutions haben sich Nicole und Attila diesen Aufgaben jüngst gestellt – im Juni gaben beide Unternehmen die Fusion zu Raisin DS bekannt. Eine ihrer Schlussfolgerungen: Die zentralen Botschaften zu transportieren ist deutlich wichtiger als eine große Reichweite.

Martin Neipp, Kommunikationsverantwortlicher bei flaschenpost, befasst sich mit dem Thema Exit. 2020 wurde das Unternehmen, damals schon ein Grown-up, von der Oetker-Gruppe gekauft – seither läuft die Integration in die neue Struktur auf Hochtouren. Wie gelingt die Abstimmung mit dem Mutterkonzern? Wie hat sich die mediale Aufmerksamkeit seit dem Exit verändert? Und vor allem: Wie wurden die Mitarbeiter:innen abgeholt? Auf diese und andere Fragen geht Martin in → Kapitel 10.2 ein. Ähnlich wie bei der M&A-Kommunikation hat dabei im ganzen Prozess die interne Kommunikation Vorrang vor der externen Kommunikation.

Von einem Börsengang träumen viele Gründer:innen. In Deutschland sind bereits einige Unternehmen diesen Schritt gegangen, Zalando, Delivery Hero und Hellofresh haben es sogar in den DAX-40 geschafft. Wie man die Kommunikation im Rahmen eines Börsengangs vorbereitet und was sich davor und danach ändert, schildert Katharina Berlet von Mister Spex in → Kapitel 10.3.

10.1 Aus zwei mach eins: Merger-Kommunikation

Nicole Breforth
Head of Communications bei Raisin DS

Attila Rosenbaum
Head of Public Affairs bei Raisin DS

Aus gegebenem Anlass: Deposit Solutions und Raisin haben im Juni 2021 bekannt gegeben, dass sie fusionieren. In der Geschichte deutscher Start-ups wohl die größte Fusion bisher. Wann wurdet ihr eingeweiht?

Attila · Ich wurde einige Wochen vor der Bekanntgabe des Zusammenschlusses informiert. Schon am nächsten Tag sollte ich zu einem Workshop mit den Geschäftsführern beider Unternehmen dazustoßen, um gemeinsam die Leitlinien für die Merger-Kommunikation festzulegen. Grundsätzlich war es so, dass Kolleg:innen erst zu dem Zeitpunkt eingeweiht wurden, ab dem sie konkret an dem Firmenzusammenschluss mitarbeiteten, in welcher Form auch immer. Auch deswegen gab es bis zuletzt kein Leak.

Nicole · Mein Chef Tamaz weihte mich einige Wochen vorher ein. Kurz nach dem Workshop startete direkt die Arbeit an der Kommunikation.

10.1 Aus zwei mach eins: Merger-Kommunikation

Wie habt ihr die externe Kommunikation geplant? Hattet ihr Unterstützung von einer Agentur?

Attila · Bei einem Thema, das derart heikel ist wie die Fusion zweier direkter Wettbewerber – die im Übrigen auch immer bis zuletzt noch hätte scheitern können –, hält man den Kreis der Eingeweihten so klein wie möglich. Wir haben das daher vollständig intern gemacht. Ich denke auch nicht, dass eine Agentur einen signifikanten Mehrwert hätte bieten können.

Nicole · Es war aus unserer Sicht essenziell, um die Botschaften durch alle Medien – intern wie extern – konsistent zu spielen und dabei die Fäden selbst in der Hand zu behalten. Attila und ich arbeiteten daher von Minute eins an sehr eng zusammen, gingen Wort für Wort gemeinsam durch. Innerhalb kürzester Zeit hatten wir so eine umfassende Zusammenstellung verschiedenster Kommunikationselemente – von Q&As, Pressemeldungen in verschiedenen Sprachen, einem neuen Abbinder (*boilerplate*) bis hin zu Entwürfen von E-Mails an Geschäftspartner:innen und Endkund:innen. Am Ende blieb den jeweiligen Teams ja nicht viel Zeit zur Umsetzung, sodass sie sehr dankbar für die Unterstützung waren.

Wie habt ihr sichergestellt, dass die Information nicht vorab an die Medien gegeben wird?

Attila · Wir haben die Informationskaskade minutiös geplant. Selbst zwei Tage vor der Verkündung waren erst rund ein Dutzend Personen außerhalb des Managements eingeweiht, anschließend wurde der Kreis gezielt und in kleineren Staffeln weiter vergrößert.

Zwei Unternehmen, zwei CEOs, gleichzeitig müsst ihr mit einer Stimme nach außen sprechen. Wie habt ihr euch auf Medienanfragen vorbereitet?

Nicole · Wir haben gemeinsam ganz klare Kernbotschaften definiert, die wir senden wollten. Uns war beispielsweise intern wie extern wichtig, dass es sich um einen Zusammenschluss auf Augenhöhe handelt. Ins Repertoire gehört natürlich die Vorbereitung von Antworten auf kritische Fragen und wie sich die beiden CEOs dazu positionieren möchten.

Attila · Nicole und ich haben in den Wochen vor der Ankündigung zusammen über 70 Seiten die Fusionsgeschichte und Q&A für alle möglichen Zielgruppen geschrieben. Es gab, glaube ich, kaum eine Frage, auf die wir nicht vorbereitet gewesen wären.

Wie war die mediale Resonanz? Gab es Überraschungen?

Attila · Die mediale Resonanz war sehr positiv. Insbesondere hat uns gefreut, dass alle Kernbotschaften, die für uns wichtig waren, auch ihren Weg in die Medienberichterstattung gefunden haben.

Aus zwei Unternehmen wird eines. Was heißt das konkret für die Kommunikationsabteilung?

Attila · Das gleiche wie für viele anderen Abteilungen auch: Aus zwei Kommunikationsabteilungen wird eine. Nicole und ich hatten den Vorteil, dass wir in Vorbereitung der Merger-Ankündigung sofort sehr intensiv miteinander gearbeitet haben. Da war nicht viel Zeit für misstrauisches Beäugen, wir sind sofort zur Tat geschritten. Mittlerweile sind die beiden Kommunikationsteams zu einem verschmolzen.

Bei einem solchen Schritt ist auch die interne Kommunikation extrem wichtig. Wann wurden Mitarbeiter:innen abgeholt und wie? Und was sind intern die größten Herausforderungen?

Attila · Die interne Kommunikation hatte aus meiner Sicht sogar die höchste Priorität. Dass wir für die Fusion extern Applaus ernten würden, konnte man in unserem Fall fast erwarten. Intern sah das ganz anders aus. Deposit Solutions und Raisin waren zuvor erbitterte Rivalen gewesen, da muss man schon sehr intensiv und sehr genau planen, wie man Annäherung schafft, Vorbehalte abbaut, Gemeinsamkeiten herausstellt, sich gegenseitig bekannt macht, und vor allem sich auf gemeinsame Ziele einschwört.

Nicole · Die Mitarbeiter:innen wurden alle gleichzeitig kurz nach der Unterschrift zu einer Townhall eingeladen. Beide CEOs sprachen mit den jeweiligen Teams über die Beweggründe für die Fusion, die nächsten Schritte und was das konkret für alle Mitarbeiter:innen bedeutet. Sensible Fragen, beispielsweise zur Arbeitsplatzsicherheit, zum Standort, zu der künftigen Strategie und zu Prozessen wurden direkt adressiert. Im Anschluss konnten alle Fragen stellen und es gab am Folgetag extra kleinere Gesprächsrunden mit den Teams, in denen offene Themen diskutiert wurden. Am Ende ist eine Fusion ein Prozess. Und eine der größten Herausforderungen ist, dass wir sehr offen rangegangen sind. Das heißt im Zweifelsfall auch, dass es eine Zeit gibt, in der Dinge noch ungeklärt sind. Raisin DS hat sich und den Teams genau dafür Zeit gegeben, um gemeinsam die beste Lösung zu entwickeln. Es wird halt kein Schalter umgelegt und alles ist vom ersten Tag entschieden und in Stein gemeißelt.

10.1 Aus zwei mach eins: Merger-Kommunikation

Nicole, du hast schon mehrere Akquisitionen kommunikativ begleitet. Siehst du Unterschiede zur Merger-Kommunikation?
 Nicole · Ja und nein. Eine Akquisition kann ja im unternehmerischen Sinne sehr unterschiedlich gestaltet sein – vom reinen Erwerb bis hin zu einem kooperativen Ansatz. Da gibt es viele Komponenten und Strategien, die hier eine Rolle spielen. Die Merger-Kommunikation zeichnet sich sicherlich dadurch aus, dass beide Unternehmen und ihre Geschichte sowie gemeinsame Zukunftsvision in der Kommunikation reflektiert werden. Das ist ein sehr einender Ansatz von Anfang an. Im Falle von Raisin waren selbst Akquisitionen stets sehr kooperativ, auf Wachstum ausgerichtet und keine Mittel zur Kostenreduktion. Ich hatte es also bisher beim Kommunizieren leicht. Am Ende sollte die Kommunikation von M&A-Aktivitäten immer aufrichtig sein und auch durch alle Zielgruppen hinweg gedacht werden.

Eure größte Erkenntnis in puncto Merger & Acquisition-Kommunikation?
 Nicole · Wie bei jeder Kommunikation vom Ziel und den Kommunikationszielgruppen her denken, Kernbotschaften festlegen und sich Zeit nehmen. Aus meiner Sicht hat sich die frühzeitige Einbindung der Kommunikationsverantwortlichen bezahlt gemacht, um einen ganzheitlichen Blick zu haben und alle wesentlichen Punkte mit Maßnahmen zu adressieren.

Eure top drei Tipps zum Thema M&A-Kommunikation?

 Nicole · Erstens: Frühzeitig und sehr transparent die Kommunikationsteams einbinden, zweitens ein Fokus auf die Belegschaft, denn die wichtigsten Anspruchsgruppen und Multiplikator:innen sind in der Regel im Unternehmen und drittens umfassende Vorbereitung hilft allen in dem Prozess enorm. In unserem Falle konnten wir die Teams sehr entlasten, sodass der Fokus schnell auf den die Fusion und das Team selbst gelenkt werden konnte.
 Attila · Zwei Dinge in der externen Kommunikation: Erstens, priorisiert die Kontrolle der Botschaften (*message control*) höher als die potenzielle Reichweite. Es gibt zu viele Möglichkeiten, wie Beweggründe, Ziele und Folgen einer Fusion missinterpretiert werden können. Und zweitens, fokussiert euch in den Botschaften auf die Vorteile für Kund:innen. Warum ist der Zusammenschluss der beiden Unternehmen toll für sie (und nicht nur für die beteiligten Unternehmen selbst)? Und eines in der

internen Kommunikation: Mutet den Mitarbeiter:innen die Wahrheit zu. Das bedeutet nach Bekanntgabe der Fusion intern klar zu benennen, was bereits feststeht und ebenso klar zu sagen, was noch nicht feststeht. Nach einer Fusion beginnt eine Phase der Unsicherheit und die wird nicht einfacher, wenn man Probleme oder offene Fragen totschweigt. Gleichzeitig muss man nicht so tun, als wüsste man ab dem ersten Tag schon alles – das ist so gut wie nie der Fall und es nimmt einem auch keiner ab.

Welche Frage und Antwort darf zum Thema M&A-Kommunikation nicht fehlen?

Nicole · Warum wird fusioniert oder aufgekauft und was möchte das Unternehmen damit erreichen? Die Beweggründe sind immer spannend und erfordern eine schlüssige Kommunikation und Einbettung.

Attila · Was haben die Kund:innen und der Markt davon?

10.2 Von der Integration in einen Familienkonzern – Exit-Kommunikation

Martin Neipp
Head of Corporate Communications bei flaschenpost

Ende 2020 wurde die flaschenpost von der Oetker-Gruppe gekauft und mit dem eigenen Getränkelieferdienst Durstexpress verschmolzen. Das rückte das ohnehin bereits bekannte Unternehmen stark ins Rampenlicht. Wie hast du diese Phase erlebt? Was war für dich die größte Veränderung?

Martin · Die Transaktion war kommunikativ eine intensive Phase, denn wir waren praktisch über Nacht in einer Vielzahl klassischer und digitaler Medien zum Thema geworden. Dabei dominierten zu Beginn klar die positiven Schlagzeilen angesichts der deutschen M&A-Geschichte und dem boomenden Lieferdienstmarkt. Mit dem öffentlichen Interesse wuchs aber leider auch die Zahl kritischer Berichte und Kommentare, weil die Transaktion plötzlich eine ganze Branche ins Rampenlicht rückte. Entsprechend viele Anfragen mussten wir beantworten und entsprechend viel Informations- und Aufklärungsarbeit war hier gefragt.

Zugleich lag unser eigener Fokus sowohl nach der Verkündung der angestrebten Übernahme als auch im Zuge der eigentlichen Integration nicht auf der externen, sondern auf der internen Kommunikation. Schließlich mussten den Kolleg:innen die Veränderungen erklärt und die anstehende Transformation bestmöglich moderiert werden. Hier war also vor allem Prozesskommunikation gefragt, um die bereits bekannten Fakten und Gewissheiten zu teilen, einem „Gerüchtevakuum" bestmöglich vorzubeugen, und genügend Raum für Fragen und Beteiligung zu schaffen.

Die Übernahme ist medial sehr stark aufgegriffen worden. In diesem Zuge gab es vermehrt auch kritische Berichte. Ist das Zufall oder habt ihr den Schutz des Start-ups verloren?

Martin · Grundsätzlich ist der kritische mediale Blick auf die Details unvermeidbar, wenn man selbst und eine ganze Branche plötzlich verstärkt im Lichte des öffentlichen Interesses stehen. Und ganz sicher haben Start-ups – oder in unserem Fall vielleicht besser Grown-ups – hier keine besonderen Schutzrechte, was die recht unglückliche Debatte zum Verhältnis von Start-ups und Medien klar gezeigt hat. Hinzu kam in unserem Fall die erwähnte Integration zweier Unternehmen, was immer auch Strategieentscheidungen zur künftigen Firmierung, Standorten und Systemen bedeutet und zwangsläufig auch kritische Stimmen auf den Plan ruft. Deshalb war es in dieser Phase für uns entscheidend, die Kolleg:innen vor der Öffentlichkeit zu informieren und abzuholen und getroffene Entscheidungen intern wie extern so klar wie möglich zu erklären und einzuordnen. Wichtig war zudem auch die Kontinuität der Kommunikation, denn Integration ist immer ein Prozess, der Fortschritte und Anpassungen mit sich bringt, und entsprechend muss auch die Kommunikation dauerhaft und konsistent erfolgen, um Verständnis und Vertrauen zu schaffen.

Wie hat sich die Integration ganz konkret auf die Unternehmenskommunikation ausgewirkt? Gab es andere Berichtslinien und Prozesse? Was waren eure Prioritäten?

Martin · Im Zuge der Integration sind die Kommunikationsabteilungen der beteiligten Unternehmen enger zusammengerückt, um die Stoßrichtung der Kommunikation zu definieren, Anfragen zu koordinieren und sich zu grundsätzlichen Fragen zu verständigen. Anders würde ein solcher Prozess nicht funktionieren, wenn man bedenkt, dass Medien und Stakeholder in solchen Phasen teils mit sehr ähnlichen Anfragen an die verschiedenen Konzernteile herantreten, diese aber häufig nur von einer Partei sinnvoll beantwortet werden können und in jedem Fall nicht widersprüchlich sein sollten. Die Kommunikationshoheit der Töchter wurde in dem Prozess bewusst bewahrt, da nur wir selbst für unser Geschäft sprechen und unsere Kultur vermitteln können. Deshalb hat sich auch an den Berichtslinien nichts geändert.

Priorität während der Integration hatte trotz der Vielzahl externer Stimmen und Berichte für uns klar die interne Kommunikation, denn zunächst ging es ja vor allem darum, den durch den Zusammenschluss noch größer gewordenen Kreis an Kolleg:innen an den Logistikstandorten und in der Zentrale abzuholen und mitzunehmen. Insofern war die aktive externe Kommunikation in dieser Phase nachgelagert und erfolgte verstärkt erst wieder nach Ende der Integration und Klarheit der künftigen Ziele und Ausrichtung.

Wie stimmt ihr euch mit eurer Muttergesellschaft ab und stellt eine integrierte Kommunikation sicher?

Martin · Wie erwähnt gilt bei uns grundsätzlich das Prinzip der Eigenständigkeit der Kommunikationsfunktionen, da jedes Unternehmen der Gruppe in einem eigenen Markt mit eigenen Rahmenbedingungen agiert und entsprechend auch kommunizieren muss. Zugleich gibt es, wo sinnvoll und notwendig, aber auch eine enge Vernetzung – bei der Kommunikation ebenso wie in allen anderen Disziplinen. So werden wichtige Entwicklungen der Gruppe auch innerhalb der flaschenpost kommuniziert und umgelehrt. Und neben den offiziellen Kommunikationskanälen gibt es natürlich auch eine starke persönliche Vernetzung und Abstimmung, um jederzeit ein

10.2 Von der Integration in einen Familienkonzern – Exit-Kommunikation

integriertes Handeln und eine widerspruchsfreie Kommunikation sicherzustellen.

Die flaschenpost hat Stand August 2021 über 13.000 Mitarbeiter:innen und ist der Start-up-Phase schon lange entwachsen. Wie hat das starke Wachstum die Kommunikation verändert – intern wie extern?

Martin · Das Wachstum hat unsere Kommunikation sicherlich stark verändert, wie auch viele andere Unternehmensfunktionen, die im Zuge des Wachstums geschaffen wurden. So galt es bei der Kommunikation zu Beginn vor allem, mit minimalen Ressourcen zunächst die Grundlagen zu schaffen und aufzubauen, ob Presseverteiler, Antworten auf die wichtigsten Anfragen oder interne Newsletter, um die Belegschaft informiert zu halten.

Zugleich werden die Bedürfnisse der internen wie externen Anspruchsgruppen mit fortschreitendem Wachstum und Relevanz des Unternehmens aber immer differenzierter – und entsprechend auch der Bedarf an die Kommunikation. Dabei kommt Start-ups anfangs sicher der Vorteil zugute, dass sie sehr fokussiert kommunizieren können und ihr Geschäftsmodell oder ihre Dienstleistung für die Medien häufig per se interessant sind, während mit zunehmendem Wachstum und Größe sowohl die Themen als auch die Prozesse vielschichtiger und komplexer werden, was mehr Abstimmung und Ressourcen erfordert. Zugleich besteht die Notwendigkeit, Kommunikation nach innen und außen kontinuierlicher und aktiver zu gestalten, denn immer mehr Stakeholder innerhalb und außerhalb des Unternehmens müssen zu immer mehr Entwicklungen und Entscheidungen informiert und eingebunden werden. Das umfasst neben der Kommunikation in Richtung Kund:innen vor allem auch das Thema Mitarbeitergewinnung und -bindung sowie die Stärkung der Fürsprecher:innen in Politik, Gesellschaft und Öffentlichkeit.

Für uns bedeutet das konkret, die relevanten strategischen Themen und Geschichten einerseits immer stärker selbst vorzudenken und zu entwickeln und andererseits die richtigen Plattformen zu bauen und zu nutzen, um diese Themen nach innen wie außen bestmöglich darzustellen und zu multiplizieren. Dabei bleiben die klassischen Medien für uns weiterhin ein sehr wichtiger Kanal; zugleich gewinnen eigene Kanäle wie Intranet, Newsroom, Blog oder Social Media jedoch massiv an Bedeutung. Ein systematisches kanal- und funktionsübergreifendes Themenmanagement bildet hierfür die zentrale Grundlage.

Stichwort Nachhaltigkeit: Wie wird das Thema bei euch gesehen und welche Rolle spielt Nachhaltigkeit für die Kommunikation?

Martin · Nachhaltigkeit als Teil der unternehmerischen Verantwortung (CSR) gehört bei der flaschenpost einerseits inhärent zum Geschäftsmodell, da unsere vertikal integrierte Lieferkette, die technologisch optimale Tourenbündelung sowie unser hoher Mehrweganteil im Sortiment aus Umweltgewichtspunkten per se vorteilhaft sind und geringere CO_2- Belastungen pro Bestellung mit sich bringen. Andererseits ist CSR aber auch ein Themenfeld, das mit zunehmendem Wachstum und Größe ganzheitlicher entwickelt und gesteuert werden muss und aus Kund:innen- bzw. Mitarbeiter:innensicht ein immer relevanterer Faktor in unserer Branche wird. Deshalb haben wir eine integrierte CSR-Strategie entwickelt, die unseren operativen Betrieb und die Logistik ebenso wie unser Sortiment und die flaschenpost als Arbeitgeber umfasst und die in enger Zusammenarbeit mit Fachabteilungen umgesetzt und vorangetrieben wird. Das reicht inhaltlich vom CO_2-Monitoring und -Management über Produkteinkauf und -gestaltung bis zu Arbeitskultur und Arbeitssicherheit.

Da CSR analog zur Kommunikation stark darauf fußt, Erwartungen und Interessen unterschiedlicher Stakeholdergruppen aufzugreifen, und die Reputationssteigerung der flaschenpost die gemeinsame übergeordnete Zieldimension darstellt, ist CSR organisatorisch in den Bereich der Unternehmenskommunikation integriert, was viele Synergien und Vorteile mit sich bringt. Zugleich ist CSR beziehungsweise Nachhaltigkeit auch Klammer und verbindendes Element der strategischen Themenfelder der flaschenpost und wird in unserer Kommunikation eine immer wichtigere Rolle spielen.

Lass uns zum Abschluss noch kurz über Tools sprechen. Im Vergleich zu Start-ups, die frisch gegründet sind, ist eure Unternehmenskommunikation sehr professionell aufgestellt. Welche Reporting- und Monitoringtools nutzt ihr?

Martin · Beim Monitoring nutzen wir extern die klassische Medienbeobachtung ebenso wie Social-Listening-Tools wie Talkwalker, wo man Themen, Akteure und Kanäle sehr gezielt verfolgen kann. Hinzu kommt intern ein Intranet-Monitoring, was beispielsweise Zugriffe der Kolleg:innen betrifft, um Inhalte noch adressatengerechter auszusteuern. Da die Datenmenge aber immer mehr wird, sind wir aktuell dabei, diese Daten in Dashboards zu bündeln und zu verdichten, um Entwicklungen besser sehen und Maßnahmen besser ableiten zu können. Das gilt fürs Intranet ebenso wie für Social Media und soll auch für CSR nutzbar gemacht werden, wo es uns vor allem darum geht, definierte Kennzahlen funktionsübergreifend nachzuhalten.

10.3 Zwischen Regulatorik und Kür – IPO-Kommunikation

Katharina Berlet
Vice President Corporate Communication bei Mister Spex

Ein Börsengang oder Initial Public Offering, kurz IPO, ist sicher etwas, wovon viele Gründer:innen träumen. Du hast diesen Prozess kommunikativ federführend gesteuert. Was waren die Herausforderungen aus Kommunikationssicht?

Katharina · Eine der größten Herausforderungen im gesamten IPO-Prozess ist die stringente Orchestrierung der vielen unterschiedlichen Arbeitsstränge, die meist parallel angeschoben und vorbereitet werden mussten. Dazu gehören beispielsweise externe Kernbotschaften und FAQs für die Medienarbeit parallel zu Inhalten des Börsenprospekts, der Investor-Relations-Webseite und der internen Kommunikation. Der Vorstand, externe Ansprechpersonen bei den Banken, Anwälte, aber auch Kolleg:innen aus der Grafik oder Rechtsabteilung – viele Parteien sind involviert, und nicht alle kennen die Hintergründe der IPO-Planung. Entsprechend hat das Projekt höchste Geheimhaltung über einen langen Zeitraum.

Der Börsengang ist also wahrscheinlich so etwas wie die Kür der Kommunikation. Dazu kommt: Alle Involvierten im Unternehmen sind wahnsinnig aufgeregt, wenn die Pläne konkret werden. Verbindlichkeit, Klarheit, eine enge und vertrauensvolle Zusammenarbeit zwischen Vorstand, Rechtsabteilung und Kommunikation und nicht zuletzt solides Zeitmanagement sind meiner Einschätzung nach wesentliche Erfolgsfaktoren in diesem sehr komplexen kommunikativen Prozess. Am Ende geht es in erster Linie darum, die Kommunikation sauber aufeinander abzustimmen, mit einer starken *good news pipeline* und einer klar nachvollziehbaren und gleichzeitig erfolgversprechenden und inspirierenden Equity Story. Nicht zuletzt muss das Gründer:innenteam beziehungsweise der Vorstand für das Projekt brennen und die abgestimmten Kernbotschaften zu 100 % beherrschen.

Wie habt ihr die IPO-Kommunikation geplant?

Katharina · Im Wesentlichen kann man den Prozess in drei kommunikative Phasen einteilen: Anfangs gilt es erst einmal, die Voraussetzungen für den weiteren Prozess zu schaffen und notwendige Reportingstrukturen aufzusetzen. Darüber hinaus müssen natürlich die wesentlichen Eckpunkte der Kommunikationsstrategie und der Equity Story frühestmöglich definiert werden. Im Rahmen der zweiten Phase, dem so genannten Profile Raising, liegt der Fokus dann auf der zielgenauen Aussteuerung der Kommunikation der abgestimmten Kernbotschaften im Rahmen von strategisch platzierten Interviews und Hintergrundgesprächen mit ausgewählten Leitmedien. Parallel dazu muss in dieser Phase noch sehr viel mehr vorbereitet werden: Erste Präsentationen vor Analyst:innen finden statt, der Börsenprospekt geht in diverse Revisionsschleifen, die Investor-Relations-Webseite wird erstellt, FAQs und Redebausteine skizziert, die interne Kommunikation und die Veranstaltungsplanung rund um den Tag des Listings werden konzipiert. Schließlich wird mit der Meldung zur „Intention to Float" (ITF) die dritte und damit letzte Phase eingeleitet, die offizielle Offering- und Listing-Phase mit der konkreten Kommunikation des geplanten Börsengangs und allen relevanten Kennzahlen zum angestrebten Aktienpreis. Diese letzte Phase ist verhältnismäßig kurz und durch rechtliche Vorgaben stark durchstrukturiert. Die Pflichtmeldungen, die im Rahmen der Veröffentlichung des Börsenprospekts in diesen letzten Wochen vor dem IPO veröffentlicht werden müssen, bedürfen aber sehr intensiver Vorbereitung und durchlaufen in der Regel einen langen Freigabeprozess bei den Anwälten und Banken. Entsprechend wichtig ist hierfür der planerische Vorlauf und gutes Management aller Anspruchsgruppen.

Was war euch besonders wichtig?

Katharina · Grundsätzlich war uns im gesamten Prozess sehr wichtig, die internen Sprecher des Unternehmens in Richtung des Kapitalmarkts, also in erster Linie die beiden CEOs sowie den CFO, zu einem eingespielten Team zu formen, sodass sie sowohl gegenüber Medien als auch im Rahmen der Analystenvorstellungen das Unternehmen und den Börsengang auf den Punkt überzeugend präsentieren. Wir haben uns sehr früh im Prozess für professionelle Medientrainings entschieden. Im Rahmen dieser Sitzungen konnten wir nicht nur die Sprecherprofile, Positionen und Themenschwerpunkte herausarbeiten, sondern gleichzeitig auch immer wieder überprüfen, ob wir wirklich die stärksten Botschaften identifiziert hatten, und gleichzeitig zu einem frühen Zeitpunkt mögliche kritische Punkte für die Q&A zusammentragen. Diese Übung haben wir später im Prozess noch einmal wiederholt, um das Narrativ darüber kontinuierlich weiterzuentwickeln.

Hattet ihr Unterstützung?

Katharina · Ja, wir haben uns Unterstützung von einer erfahrenen strategischen Kommunikationsagentur geholt, die uns durch den gesamten Prozess begleitet hat und uns jederzeit als inhaltlicher Sparringspartner zur Seite stand. Diese Unterstützung möchte ich nicht missen und würde immer empfehlen, erfahrene Personen als Berater:innen miteinzubeziehen.

Gab es, wenn du zurückblickst, einen besonderen Höhepunkt?

Katharina · Worauf ich rückblickend wirklich stolz bin, ist unsere interne Kommunikation. Man sollte diesen Teil der kommunikativen Aufgabe in keinem Fall unterschätzen, denn Mitarbeiter:innen fühlen sich häufig überrumpelt, wenn sie erst kurz vor dem geplanten IPO, in der Regel erst am Tag der ITF-Meldung, zum ersten Mal von den Plänen hören. Zuvor gab es vielleicht bereits Gerüchte, aber bis dahin wurden diese immer – auch nach innen – dementiert. Daraus resultiert dann häufig eine Mischung aus Enttäuschung („Warum habt ihr das bisher verschwiegen oder dementiert?"), Unsicherheit („Was bedeutet das für mich und meinen Job?") und Aufregung („Wird jetzt alles anders?"). Dabei birgt dieses Momentum auch die große Chance positiver Emotionen.

Da unser Börsendebut mitten in die Corona-Pandemie gefallen ist, waren wir stark auf virtuelle Kommunikationsformate angewiesen. Wir haben uns bewusst dazu entschieden, nicht die regulären internen Kanäle und Formate für die IPO-Kommunikation zu nutzen, um die höchstmögliche Aufmerksamkeit zu generieren und die Relevanz des Themas zu unterstreichen. Stattdessen haben wir am Tag der ITF-Meldung, also zum offiziellen Start der internen Kommunikation, ein eigenes TV-Produktionsstudio in der Zentrale eingerichtet und in den folgenden drei Wochen bis zum eigentlichen Börsengang täglich sowohl *live* als auch *on-demand* Videos produziert und somit ein abwechslungsreiches informatives und auch emotionalisierendes „Programm" über eine eigens für den IPO eingerichtete Plattform ausgestrahlt. Dieses bestand aus moderierten Gesprächsrunden mit dem Vorstand, Frage-Antwort-Runden, Hintergrundgesprächen mit Expert:innen der Frankfurter Börse, aber auch aus emotionalen Videos rund um das #Teamspex, partizipative Formate für alle und kurze unterhaltsame und authentische Blicke hinter die Kulissen. Ziel war, dass jede:r im Unternehmen mitfiebert und alle Mitarbeitenden am Tag des IPO gemeinsam begeistert die virtuelle Börsenglocke in Frankfurt läuten. Und das haben wir am Ende auch geschafft!

Dieses interne Kommunikationsprojekt neben allen anderen Vorbereitungen rund um die externe IPO-Kommunikation zu stemmen, war ein Kraftakt – aber das überwältigende positive Feedback aus allen Teams und das gemeinsame Verständnis, bei etwas wirklich Großem dabei zu sein, war jede Mühe wert.

Hat sich die Aufmerksamkeit der Medien seit dem Börsengang verändert? Wenn ja, inwiefern?

Katharina · Nicht erst seit dem Börsengang, sondern vielmehr im Vorfeld des Börsengangs, hat sich die Aufmerksamkeit immens verändert. Für mich steckt darin ein nicht zu unterschätzender Mehrwert für die Marke in Bezug auf Reichweite und Bekanntheit. Neben den Meldungen im Rahmen der eigentlichen IPO-Kommunikation, die von beinahe allen relevanten Medien aufgenommen und im Laufe des Prozesses wieder und wieder aufgegriffen wurden, stieg bei uns auch die Zahl der Interviewanfragen und Einladungen zu Podcasts zu anderen Themen, wie beispielsweise rund um das Thema New Work und Unternehmenskultur. Durch den Börsengang waren wir – und sind es bis heute – *top of mind* bei Journalist:innen, wenn es um innovative und digitale Unternehmen aus Deutschland geht.

Börsennotierte Unternehmen sind stärker reguliert, müssen beispielsweise regelmäßig ihre Finanzzahlen offenlegen. Wie erlebst du das, und welche Auswirkungen hat es auf deine Arbeit?

Katharina · Nach dem erfolgreichen Börsengang stehen wir natürlich eher unter Beobachtung und wägen Interviewanfragen und Stellungnahmen

10.3 Zwischen Regulatorik und Kür – IPO-Kommunikation

gegebenenfalls auch stärker ab. Ich arbeite grundsätzlich inzwischen eng mit unserer Investor-Relations-Abteilung zusammen und plane alle relevanten Meldungen in Abgleich mit dem Finanzkalender. Aber nicht alles ändert sich mit dem Börsengang. Es gibt weiterhin viel Spielraum im Rahmen des Agenda Setting und auch auf kurzfristige Anfragen und Themen muss weiterhin schnell und präzise reagiert werden. Hier darf man sich meiner Meinung nach auch nicht zu stark beeindrucken lassen vom Finanzmarkt, solange man mit Weitsicht agiert.

Intern hat sich vor allem der Umgang mit konkreten Ergebnissen und Umsätzen etwas verändert. Hier können wir tatsächlich nicht mehr ganz so transparent wie bisher alle relevanten Kennzahlen offenlegen, zumindest nicht, bevor sie auch öffentlich kommuniziert wurden.

Was ist dein wichtigster Tipp für andere Scale-ups oder Grown-ups, die gerade ihren Börsengang planen?

Katharina · Gute Kommunikation ist ein wesentlicher Erfolgsfaktor! Plant genug Zeit ein für die Vorbereitung, nehmt die Kommunikationsabteilung frühzeitig in alle Abstimmungen mit hinzu und vergesst die interne Kommunikation nicht.

Vielleicht noch ein Wort zum Thema „Leaks": Kam das vor? Und wie geht man damit um?

Katharina · Man kann nicht alles planen, Leaks passieren und dann muss man vor allem schnell und richtig reagieren. Das erste Mal, als ich eine Anfrage eines Bloomberg-Journalisten auf dem Anrufbeantworter hatte, der sehr konkret unseren Status quo zum geplanten Börsengang kannte, zu einem Zeitpunkt, an dem noch nichts hätte öffentlich sein dürfen, ist mir das Herz in die Hose gerutscht. Da hat es sich bewährt, dass wir zuvor eine Leak-Strategie aufgestellt hatten, inklusive Verteiler und Szenarien. Am Ende habe ich gelernt, dass Leaks dazu gehören und sie im richtigen Moment sogar hilfreich sein können, solange man gut vorbereitet ist.

Stichwörter, Namen, Unternehmen

AFP 127
Agendasetting 108
Agilität 93, 264
allbirds 44
Always-on-Strategie 203
Amazon 44
Amazon Alexa 44
Amazon Fresh 44
Amazon Kindle 44
Amazon Prime 44
Amorelie 167
Analyst:in 68
Andersen, Maria 246, 272
Anspruchsgruppe 29
   Anspruchsgruppe, externe 30
Anspruchsgruppe, interne 29
AP 127
App 113, 149f., 159f., 162, 167f., 210, 212, 234
Apple 165
Arbeitgeber:in 50, 55, 57ff., 136, 210, 217, 278, 298
Asana 286
audible 44
Axel Springer 139

B2B 89, 91, 158, 162f., 173f., 176, 179, 182, 193, 210
B2B-Kommunikation 89, 91, 176
B2C 85, 174, 176
Babbel 155, 158, 160ff., 164f.
Baroni, Chiara 155, 166
BASF 240
Berlet, Katharina 289, 299

Bewerber:in 35, 50
Blankenagel, Philipp 156, 186
Blog 23, 32, 56, 71, 297
Bloomberg 99, 127, 188, 303
Bochmann, Melanie 83, 93
Börsengang 84, 117, 249, 289, 299, 301ff.
Brand 39, 43f., 46ff., 62, 66, 72, 158, 177, 199, 204, 266
Branding 28, 48, 51–55, 57, 59ff., 63ff., 92, 190, 201, 209
brand strategy 204
Branson, Sir Richard 192
Breforth, Nicole 289f.
Burtyleva, Marina 39, 49
Business Development 109
Buttenberg, Katharina 39, 43

Candidate Experience 60, 63
Canva 65
category leadership 187, 189
Category-Marketing 200
Celonis 156, 173f., 176
CEO 26, 28, 35, 61, 70, 80f., 84, 91, 95, 97f., 118, 156, 179f., 186, 188, 190–195, 246, 255, 272, 274, 277, 280, 291f., 301
Change-Kommunikation 268f., 271, 289
channel strategy 204
Christiansen, Sarah 83f.
Cision 120
Clipping 35, 69, 73, 76ff., 80f., 177
Communications Community 94
Consumer Touchpoint 164
Content-Marketing 89, 158, 162
content strategy 204

Corona 60, 89, 91, 126, 232, 256, 267, 277, 301
coronabedingt 144
Coronakrise 88
Corporate Communications 28, 94, 157, 254
Corporate Design 43, 45, 48
Corporate Identity 48, 162, 171
Corporate-PR 158
Corporate Responsibility 95
Corporate Social Responsibility (CSR) 196
Coverage Factor 81
Coyo 266
Crowdfunding 153

Datenbank 120
DAX 58, 93ff., 191, 241, 289
Dax-Konzern 93
Delivery Hero 83, 93–96, 289
Denner, Nora 26, 31
Deposit Solutions 289f., 292
Dept Agency 14, 205
Design 65, 168, 200, 208
Deutsche Bahn 230
Dienstleistung 32, 39, 43, 78, 102f., 150f., 193
digital kompakt 114
Diversität 94, 191, 201f., 217, 219, 246, 284
dpa 124, 127
Dröner, Alexandra 199f.
Düß, Thorsten 227, 238

earned content 27
earned media 195
Employee Value Proposition 62
Employer Brand 39, 50–54, 57f., 60, 62

Employer Branding 35, 39, 46, 49–52, 57, 59–66, 199, 208, 210, 254, 286
Employer-Branding-Manager:in 51
Employer-Branding-Strategie 51–54
Employer-Branding-Team 61, 63, 201
Employer Value Proposition 52
Engagement-Rate (EGR) 205f.
Entrepreneurial Spirit 96
Entwickler:in 50
Erfolgskontrolle 67, 110
Euler, Elisabeth 24, 67, 79
Exklusivität 127, 136, 138, 195
Expansion 83, 98, 127f., 142, 181, 246, 268, 283

Facebook 59, 201, 209f., 214, 219
Feedback 43, 46, 51, 55f., 59, 116, 172, 209, 218, 254, 257f., 267, 269, 271, 276, 302
Finanzierungsrunde 100, 127, 139, 142, 182ff., 187, 189
Finanzkommunikation 156, 186
FinTech 158, 181, 188
flaschenpost 289, 294, 296ff.
Flechsig, Klaas 39f.
FlixMobility 227
Fokusgruppe 246, 264, 267
Follower:in 205
foodpanda 95
Forto 67, 72f.
Fotograf:in 224
Freiberufler:in 48
Froehner, Ina 13, 156, 181
Fundraising 56, 74, 186f., 190
Fusion 139, 289–293

GameStop 211
Geschäftsführung 9, 74, 98, 132, 180,

184f., 252, 254f., 270, 283
Geschäftsmodell 25, 27, 68, 129, 132, 141, 156ff., 162, 181f., 186, 193, 197, 297f.
Getsafe 23, 26, 37, 67, 79ff., 265
Glassdoor 51, 57, 65
Google 41, 73, 75, 78, 92, 122, 220, 258, 266, 286
Google Meet 258
Gorillas 39
Grazia 114, 143–146
Grown-up 289
Gründer:in 25
Gründerszene 114, 139, 141f., 188

Handelsblatt 37, 99, 114, 188
Hands-On-Mentalität 173
Happeo 266
Hauer, Georg 113, 115
HD Vision Systems 88, 91f.
Heller, Katharina 84, 102
Hess, Alina 200, 205
Heuberger, Sarah 114, 139
Hillemeyer, Christian 155, 157
Hootsuite 220
Hornbach 165
Horvath, Isabell 156, 173
HR 39, 51f., 61, 63, 66, 108, 179f., 199, 201, 216, 239, 254, 270, 278
Hypergrowth 41, 95

Image 28
Impact Factor. 80f.
Influencer:in 28
Influencer:innen-Marketing 205
Informationsaustausch (Exchange) 261
Informationsbeschaffung (Pull) 261
Informationsvermittlung (Push) 261

Inklusion 94, 196, 201f., 217, 219, 284
Innovation 87, 92, 108
In Ovo 153
Insolvenz 124, 153, 227, 289
Instagram 55f., 59, 168, 201, 203, 206, 209f., 214f., 218, 220, 286
Interview 58, 69, 71, 80f., 95, 115–118, 129f., 136f., 141, 145, 172, 192
Investment 182, 187, 276
Investor:in 25
Investor Relations 156, 186f.
IPO 299–302

Jamboard 286
Jobs, Steve 192
Jobs-to-be-done 46
Jolie 114, 143–147, 169
Jolie, Angelina 169
Journalismus 99, 113f., 116, 123f., 137, 143ff., 150, 236
Journalist:in 23

Kaczmarek, Joël 114, 147
Kampagne 28
KI 31
Kiener, Julia 200, 213
Kirchler, Kathrin 156, 177
Klarna 155, 162
Klicks 31, 76, 202, 265
Klingelhöfer, Barbara 190
Koehler, Alexandra 67, 71
Kommunikation 9f., 23, 25, 28f., 31–34, 40, 42, 44, 46, 49, 51, 54, 61, 64, 67, 69f., 78, 81–90, 92–99, 101f., 104, 107f., 110, 117, 121, 124, 132, 153, 155f., 165ff., 170, 174–182, 186–199, 201, 203, 211, 213f., 216, 219, 229, 236, 238f., 241ff., 245–259, 261–264, 266–281, 283–287,

289f., 292–303
Kommunikation, externe 23, 29, 32, 37, 70, 83, 93, 155f., 175, 254, 256, 287, 291, 296
Kommunikation, interne 23
Kommunikationscontrolling 32f., 78f.
Kommunikationskanal 48, 282, 296
Kommunikationsmanager:in 33
Kommunikationsverantwortliche r 23f., 97, 103, 113, 129, 132, 242, 256, 293
Kommunikationswissenschaft 31f.
Kommunikator:in 69
Komoot 149
Konkurrenz 34, 50, 64, 78, 80, 119, 163, 230, 234, 286
Kramer, Lea-Sopie 192
Kratz, Benjamin 246, 277
Krebs, David 67, 75
Kreutzberg, Larissa 246, 268
Krieger, Carina 24, 246, 264
Krisenkommunikation 40, 227, 234, 236ff., 241ff., 289
Kund:in 25
Kund:innenakquise 159
Kund:innenservice 117, 199, 201, 212f., 219, 236, 242
Kununu 51, 65, 218
Kyle, Andrew 39, 60

Lady Gaga 162
Latham, Greg 200, 221
Leisewitz, Saskia 67
Lemonade 156, 197f.
Leser:in 120
Linke, Janna 114, 150
LinkedIn 23, 37, 55f., 59, 69f., 120, 151, 171, 199, 201, 209f., 214, 217, 219f.

Lobbying 28
Lobbyismus 230, 233
Lufthansa 240

Madisch, Ijad 149
Management 27, 31, 43, 46, 76, 87, 118, 124, 134, 171, 186, 199, 205, 212f., 220, 229, 231, 239f., 242, 251f., 257, 259f., 262, 268, 274, 283, 285, 298, 300
Marke 34, 39, 43–49, 59, 61, 88, 94, 100, 159f., 162, 166f., 177, 181, 190, 196, 198, 203f., 209, 213, 215, 302
Markenbotschafter:in 203
Marketing 26, 28, 31f., 35f., 39–42, 46, 50f., 54, 60f., 63, 83, 85, 88f., 92, 98f., 103, 109f., 158f., 162ff., 166, 169, 174f., 181, 199–203, 205, 209, 214, 216, 248, 254, 278, 286
Markt 32, 39, 45, 47, 74f., 78, 83f., 92, 98, 100, 104, 107, 119, 121, 128, 134, 151, 162–165, 180, 187, 215, 229–232, 294, 296
Markteintritt 156, 177
Maulhardt, Sarah 246, 281
Media Relations 28, 113, 115, 118, 155
Medien, die 25, 30, 33–38, 54, 56, 61, 65, 69, 71, 73f., 76f., 79f., 82f., 85, 91, 95, 98–102, 104, 108–111, 113f., 116f., 119, 122, 126, 128f., 131, 133, 136f., 139, 145, 149, 151, 153f., 161–164, 166f., 170f., 175–180, 182f., 185, 188f., 191, 199ff., 203f., 211f., 217f., 228, 234, 236ff., 240, 250, 275, 289, 291, 295ff., 301f.
Medienarbeit 27f., 69, 97, 99, 109, 122, 171, 181, 299
Medienresonanzanalyse 79
Medienvertreter:in 68
Mehrwert 46, 74, 76, 79, 85, 89, 125f.,

150, 168, 171, 176, 197, 202, 207f., 216, 248f., 255f., 265f., 271, 278, 291, 302
Meltwater 120
message control 293
Mister Spex 289
Müller, Stefan 227f.
Multiplikator:in 155
Musk, Elon 36, 192

N26 39, 50, 54, 84, 113, 117, 227, 231, 242
Nachhaltigkeit 44, 94, 128, 196f., 201, 217, 298
Nachrichtenagentur 114, 126ff., 188
Nachrichtenwert 135f., 174
Neipp, Martin 289, 294
Netzwerk 10, 55, 59, 90, 97, 103, 105, 113, 119, 121, 156, 161, 187f., 231, 255, 281f.
Newsletter 90, 183, 261, 264, 266f., 272, 278, 282, 297
ntv 114, 151f.

Oetker-Gruppe 289, 294
Öffentlichkeit 35ff., 42, 68, 70, 75, 95f., 103, 110, 115, 118, 122, 179, 182, 193f., 196, 199, 227, 229, 233, 235, 240, 242, 295, 297
Öffentlichkeitsarbeit 36, 82, 98, 103, 232
owned content 27
owned media 195

paid content 27
paid social 203
Pausder, Verena 192
PedidosYa 95
Performance Marketing 43, 48, 85, 110, 159
Personio 156, 178f.
Peters, Paul 83f.

Pitt, Brad 169
Plattform 28, 30, 51, 59, 62, 201, 214f., 219f., 260, 262, 297
Podcast 56, 71, 80, 114f., 147f., 175, 268, 274
PR 10, 23, 25, 27–37, 39–42, 50, 56, 67–79, 81, 83f., 89, 97–100, 102f., 105–110, 113, 115–119, 121–124, 131, 134f., 137f., 142, 145ff., 149, 152, 154f., 157ff., 161f., 164, 166–169, 172ff., 177ff., 181, 183f., 190, 192ff., 199f., 212f., 216, 234–237, 248
PR-Abteilung 68, 76, 122, 213, 237
PR-Agentur 83, 102f., 106f., 109, 173, 194
Presse 37, 74, 91, 122, 160, 168, 237
Pressearbeit 9, 70, 78, 104, 109, 113, 119, 121, 143, 173, 187, 192
Pressebericht 131, 134
Pressemeldung 37, 74, 125
Pressemitteilung 37, 125, 133, 135, 140, 145, 147
Pressesprecher:in 123
Pressevertreter:innen 142
Prexl, Lydia 9, 23f.
Print 81, 145, 150f., 153, 171, 220
PR-Manager:in 42
Produkt 32, 39, 43, 58, 103, 108, 119, 126, 134, 146, 150, 156f., 159ff., 164, 191, 193, 211
Produkteinführung 84, 180
Produktentwicklung 9, 44, 161, 163
Produktkommunikation 85, 110, 155, 157, 159–165
Produktmanager:in 35
Produktportfolio 164
Prozessoptimierung 94
PR-Strategie 67
PR-Tool 122

PR-Ziel 69, 109
Public Affairs 36, 227–233
Public Relations 26f., 31f., 34, 118f., 173

Quick Commerce 94f.
Quick Win 119

Radio 113, 115, 168
Raisin 289f., 292f.
Raisin DS 289, 292
Ratepay 193, 195
Rathenow, Solveig 113, 123
Rauch, Nina 156, 195
Recruiting 51f., 59, 85, 187, 201, 210
Redakteur:in 30
Redaktion 137ff., 143, 177
Reichweite 55f., 69f., 75f., 81, 91, 100, 110f., 137, 166, 169, 195, 202, 205, 207, 209, 289, 293, 302
Reputation 29, 32f., 68, 104, 158, 187f., 191, 235, 239, 241
ResearchGate 149
Return on Investment 41, 171
Reuters 114, 127, 188
Revolut 155, 167, 169
ReWalk 153
Ritual 45, 245, 259ff., 264
Romberg, Benjamin 39, 49
Rosenbaum, Attila 289f.
Rottinger, Daniel 26

Saleh-Büttner, Juliane 245, 258
Samwer, Oliver 150
Sandhu, Swaran 25f.
SAP 240
Scalable Capital 13, 156, 181
Scale-up 83, 93, 96, 133, 173
Scaling-Phase 52, 59

Scheitern 45, 93, 129, 141
Schier, Susanne 114, 130
Schimroszik, Nadine 114, 126
Schindler-Kotscha, Mareike 83, 88, 155
Schmidt, Stefan 245, 247
Schulte, Greta 227f.
Sharpist 67
Shewell, John 83, 97
Shitstorm 200, 211, 213, 218
Signaling 187
Silicon Valley 153
Slack 179, 258, 260f., 265f.
smava 83
Snoop Dogg 162
Social-First-Ansatz 201
Social Media 28, 30, 35f., 53, 56, 68, 77f., 82f., 90f., 104, 158f., 171, 184, 191f., 194, 200, 202, 204, 209, 211–220, 297, 299
Social-Media-Strategie 199ff., 204
Sonos 165
Spendesk 39, 49, 53, 55, 57f.
Sponsoring 28, 56, 62, 176, 188
Spotify 165, 286
Sprinklr 208, 220
Start-up-Inkubator 43
Steinweller, Maike 245, 252
Storytelling 94, 105, 148–151, 164, 176, 189, 202f., 213, 216
Stripe 39, 41f.
Stundner, Christine 155, 170
SumUp 245, 258, 262f.

t3n 114, 188
Technologie 9, 37, 89, 91, 153, 174, 188f., 194
Thelen, Frank 9f.
Thumbstopper 216
TikTok 199, 201, 209f., 215, 218, 286

Tilz, Jana 227, 234
Tone of Voice 48, 204, 213
Trade Republic 211
Traffic 43, 65, 78, 90, 177
Transparenz 33, 52, 64, 70, 121, 180, 204, 236, 249, 255, 269f., 277f.
Treeck, Helena 113, 118
Trudzinski, Friederike 114, 143
TV 10, 59, 115, 117, 120, 150ff., 161f., 168, 302
Twitch 44, 209
Twitter 55, 59, 164, 199, 201, 209f., 212, 220

Umsatz 32, 43, 68, 138, 248
Unique Selling Proposition 45
Unternehmenskommunikation 9, 24f., 28–34, 39, 69f., 83ff., 88, 97f., 111, 113f., 121, 156, 174, 186, 193f., 199, 201, 227f., 241, 245, 274, 282, 285, 289, 296, 298
Unternehmensmarke 40, 43, 210
Unternehmenswachstum 40, 42
Unternehmer:in 25
Urban Sports Club 246, 277
user generated content 208

Venture Capital 41
Verbraucher:in 48
Vertrieb 28, 54, 91, 98, 103, 137, 164
Vision 10, 25, 37, 44f., 47, 52, 54, 61, 88, 91f., 96, 167, 176, 189, 191, 215, 274, 283
Volocopter 113
Vorwerk 165

Wachstum 41f., 48f., 64, 74, 86, 94, 99, 157, 173, 197, 213, 246, 264, 268, 278, 281, 283, 293, 297f.
Wahl, Caroline Leonie 190
Webseite 65, 71, 78, 90, 92, 95, 131, 159, 171, 223, 299f.
Weck, Andreas 114, 135
wefox 83, 97, 100
Werbung 27f., 32, 89, 99, 109, 114, 146, 154, 161, 167, 203, 216
Wettbewerb 35, 39, 49, 53, 58f., 62f., 85, 163, 178, 187, 229
Wettbewerber:in 35
Wettbewerbsvorteile 43, 51
Wholefoods 44
Wićaz, Stanij 84, 102
Wiens, Christian 24, 34
Wingcopter 152
Wirecard 227
Wohlfahrt, Miriam 192f., 195
Wooga 245, 253f.

YouTube 55, 201, 215, 220

Zahn, David 155, 157
Zalando 84, 199, 201, 203f., 246, 283–286, 289
Zeitung 77, 113, 115, 188, 269
Zielgruppe 33, 45, 47f., 54, 57, 72, 80, 83f., 88–91, 101, 110, 119, 155, 161, 167, 169, 174ff., 180, 187, 192f., 201, 209, 214–217, 220, 242, 245, 262, 269, 274f., 282f.
Zoom 232, 258, 267
Zusammenschluss/Exit 289, 294